英特尔 FPGA 中国创新中心系列丛书

人工智能硬件电路设计基础及应用

廖永波 ◎编 著

电子工业出版社
Publishing House of Electronics Industry
北京·BEIJING

内 容 简 介

本书针对人工智能硬件电路设计基础，着重介绍硬件电路相关的设计知识及 SoC 设计开发过程中数字前端知识，包括 VHDL 技术、Verilog 技术及 HLS 技术。同时将开发 SoC 中常用的模块作为应用实例进行详细讲解。

VHDL 技术部分详细介绍了 VHDL 语言的背景知识、基本语法结构和 VHDL 代码的编写方法。另外，该部分还加入了基础电路和简单系统的设计实例，以及设计共享的内容，以便进行代码的分割、共享和重用。Verilog 技术部分详细介绍了与 VHDL 技术部分相对应的内容，以便读者对照学习。在此基础上，本书还给出了一些应用实例，为读者深入研究 SoC 设计开发提供了具体的系统电路设计和验证结果。本书附录详细介绍了 Xilinx 和 Altera FPGA 软件环境，以及在远程服务器下的操作步骤。同时附上书中涉及的所有代码，方便读者进行复现和二次开发。

未经许可，不得以任何方式复制或抄袭本书之部分或全部内容。
版权所有，侵权必究。

图书在版编目（CIP）数据

人工智能硬件电路设计基础及应用 / 廖永波编著．—北京：电子工业出版社，2022.3
（英特尔 FPGA 中国创新中心系列丛书）
ISBN 978-7-121-43035-0

Ⅰ．①人… Ⅱ．①廖… Ⅲ．①人工智能—硬件—电子电路—电路设计 Ⅳ．①TP18②TN702

中国版本图书馆 CIP 数据核字（2022）第 035896 号

责任编辑：刘志红（lzhmails@phei.com.cn）
印　　刷：三河市鑫金马印装有限公司
装　　订：三河市鑫金马印装有限公司
出版发行：电子工业出版社
　　　　　北京市海淀区万寿路 173 信箱　邮编　100036
开　　本：787×980　1/16　印张：34　字数：870.4 千字
版　　次：2022 年 3 月第 1 版
印　　次：2022 年 3 月第 1 次印刷
定　　价：198.00 元

凡所购买电子工业出版社图书有缺损问题，请向购买书店调换。若书店售缺，请与本社发行部联系，联系及邮购电话：(010) 88254888，88258888。
质量投诉请发邮件至 zlts@phei.com.cn，盗版侵权举报请发邮件至 dbqq@phei.com.cn。
本书咨询联系方式：(010) 88254479，lzhmails@phei.com.cn。

前 言

最近几年,国内人工智能的发展非常迅速。提到人工智能,首先让人们想到的是算法和软件编程,这方面的书籍很多。但随着人工智能实用化进程加快,集成电路规模越来越大,性能越来越高,人工智能领域硬件设计也急需提高和加强。

伴随着人工智能的发展对硬件工程师需求的增加,需要更多的学生和电子爱好者参与到硬件电路的设计中来。数字硬件电路的设计主要分为两类:一类是基于 VHDL 和 Verilog 的电子设计自动化发展而来;另一类是从电子系统级(ESL)的电子设计自动化发展而来。数字系统的设计也主要分为两类,一类是上面讲的数字硬件电路设计;另一类是基于 MCU 的嵌入式系统设计。

当今,人工智能的设计需要硬件工程师掌握所有数字系统设计方法,并且能够熟练应用这些数字系统设计方法。鉴于此,本书囊括了数字集成电路前端设计的基础知识,还对人工智能相关的应用实例进行详细讲解,是人工智能硬件电路前端设计从业者入门、基础、进阶的参考资料。

本书针对硬件设计中数字前端设计内容,着重介绍电子设计自动化及 SoC 设计开发过程中数字前端知识,包括 VHDL 技术、Verilog 技术及 HLS 技术。同时将开发 SoC 中常用的模块作为应用实例详细讲解,具体分为下面几个部分。

VHDL 技术部分详细介绍了 VHDL 语言的背景知识、基本语法结构和 VHDL 代码的编写方法。另外,该部分还加入了基础电路和简单系统的设计实例,以及设计共享的内容,以便进行代码的分割、共享和重用。这部分包括以下章节:

VHDL 程序的结构(第 1 章);

VHDL 语言规则(第 2 章);

VHDL 主要描述语句(第 3 章);

VHDL 组合逻辑电路设计(第 4 章);

VHDL 时序逻辑电路设计（第 5 章）；

VHDL 状态机设计（第 6 章）；

VHDL 设计实例（第 7 章）。

Verilog 技术部分详细介绍了与 VHDL 技术部分相对应的内容，以便读者对照学习。这部分包括以下章节：

Verilog 程序结构（第 8 章）；

Verilog 语言规则（第 9 章）；

Verilog 主要描述语句（第 10 章）；

Verilog 组合逻辑电路设计（第 11 章）；

Verilog 时序逻辑电路设计（第 12 章）；

Verilog 状态机设计（第 13 章）；

Verilog 设计实例（第 14 章）。

本书在 VHDL、Verilog 基础内容外，还给出了一些应用实例，为读者深入研究 SoC 和人工智能的设计开发提供方向指引，具体示例如下：

HLS 高层次综合（第 15 章）；

MIPS 架构处理器设计（第 16 章）；

RISC-V 架构处理器设计（第 17 章）；

基于 FPGA C5Soc 的 MobileNetV1 SSD 目标检测方案设计（第 18 章）。

本书附录详细介绍了 Xilinx 和 Altera FPGA 的软件环境，以及在远程服务器下的操作步骤。同时附上书中涉及的所有代码，方便读者进行复现和二次开发。

本书由廖永波编著。在编著过程中，得到了鞠家欣、田亮、徐璐、刘仰猛、徐丰和、路远等人的建议和帮助，在此表示衷心感谢。尽管作者和编辑对全书进行了认真的审校，由于水平有限，书中难免会有疏漏和不当之处，敬请读者指正。

本书配有相关在线课程和视频教学资源，购买本书的读者可以登录英特尔 FPGA 中国创新中心 FPGA 考试培训网站或扫描下方二维码进行观看。

作　者

2021 年 12 月

目 录

第 1 部分　VHDL 技术

第 1 章　VHDL 程序的结构·······002
1.1　库和包集·······002
1.1.1　库·······002
1.1.2　包集·······004
1.1.3　库和包集的声明·······008
1.2　实体、构造体和配置·······009
1.2.1　实体·······010
1.2.2　构造体·······011
1.2.3　配置·······013
1.3　课后习题·······013

第 2 章　VHDL 语言规则·······014
2.1　常量、信号和变量·······015
2.1.1　常量·······015
2.1.2　信号·······015
2.1.3　信号赋值语句·······016
2.1.4　变量·······018
2.1.5　变量赋值语句·······018
2.1.6　比较信号和变量·······020
2.2　数据类型·······020

- 2.2.1 标量类型 020
- 2.2.2 复合类型 025
- 2.2.3 存取类型 029
- 2.2.4 文件类型 032
- 2.2.5 保护类型 033
- 2.3 运算操作符和属性 035
  - 2.3.1 运算操作符 035
  - 2.3.2 属性 042
  - 2.3.3 通用属性 052
- 2.4 课后习题 053

第 3 章 VHDL 主要描述语句 054

- 3.1 顺序语句 054
  - 3.1.1 if 语句 054
  - 3.1.2 case 语句 056
  - 3.1.3 比较 if 语句和 case 语句 057
  - 3.1.4 wait 语句 060
  - 3.1.5 loop 语句 061
  - 3.1.6 null 语句 064
- 3.2 并行语句 064
  - 3.2.1 process 语句 065
  - 3.2.2 block 语句 067
  - 3.2.3 generate 语句 069
  - 3.2.4 component 实例化语句 072
- 3.3 子程序 076
  - 3.3.1 函数 077
  - 3.3.2 过程 080
- 3.4 课后习题 084

第 4 章 VHDL 组合逻辑电路设计 085

- 4.1 4-16 译码器 085
- 4.2 具有三态输出的 8 位 4 输入复用器 089
- 4.3 16 位桶形移位器 091

4.4 课后习题 096

第 5 章 VHDL 时序逻辑电路设计 097
5.1 带异步清零端的模 10 计数器 097
5.2 带同步清零端的 4 位移位寄存器 099
5.3 多路输出的时钟分频器 101
5.4 课后习题 104

第 6 章 VHDL 状态机设计 105
6.1 状态机基本组成部分 106
6.2 状态机设计实例 107
  6.2.1 带同步清零端和装载端的模 10 计数器 107
  6.2.2 带异步复位端的序列检测器 110
6.3 课后习题 112

第 7 章 VHDL 设计实例 113

第 2 部分 Verilog 技术

第 8 章 Verilog 程序结构 129
8.1 模块的端口定义和 I/O 说明 131
  8.1.1 模块端口的定义 131
  8.1.2 输入/输出（I/O）说明 132
8.2 数据类型定义 133
8.3 功能描述 133
  8.3.1 连续赋值语句（assign） 133
  8.3.2 过程（always） 133
  8.3.3 元件例化 134
8.4 课后习题 134

第 9 章 Verilog 语言规则 135
9.1 数字和字符串 135
  9.1.1 数字 135
  9.1.2 字符串 136

9.2 数据类型 137
   9.2.1 取值集合 138
   9.2.2 网络 138
   9.2.3 变量 141
   9.2.4 向量 143
   9.2.5 强度 144
   9.2.6 数组 144
   9.2.7 常量 145
   9.2.8 命名空间 146
9.3 运算符 147
   9.3.1 算术运算符 149
   9.3.2 逻辑运算符 150
   9.3.3 关系运算符 150
   9.3.4 相等运算符 150
   9.3.5 位运算符 150
   9.3.6 归约运算符 152
   9.3.7 移位运算符 152
   9.3.8 条件运算符 153
   9.3.9 连接与复制运算符 153
9.4 属性 153
9.5 课后习题 155

第10章 Verilog 主要描述语句 156

10.1 赋值语句 156
   10.1.1 连续赋值 156
   10.1.2 过程赋值 157
   10.1.3 过程性连续赋值 158
   10.1.4 赋值对象 160
   10.1.5 阻塞与非阻塞 161
10.2 if 语句 162
10.3 case 语句 163
10.4 循环语句 165
10.5 时间控制 166

10.5.1 延迟控制 ···167
 10.5.2 事件控制 ···167
 10.5.3 内部赋值定时控制 ···169
10.6 块 ···170
 10.6.1 顺序块 ···170
 10.6.2 并行块 ···171
10.7 结构化过程 ··172
 10.7.1 initial 结构 ··172
 10.7.2 always 结构 ···173
 10.7.3 task 结构 ··173
 10.7.4 Function 结构 ··176
 10.7.5 任务和函数的区别 ··179
10.8 课后习题 ···179

第 11 章 Verilog 组合逻辑电路设计 ···180

11.1 4-16 译码器 ··180
11.2 具有三态输出的 8 位 4 输入复用器 ···183
11.3 16 位桶形移位器 ··184
11.4 课后习题 ···189

第 12 章 Verilog 时序逻辑电路设计 ···190

12.1 带异步清零端的模 10 计数器 ··190
12.2 带同步清零端的 4 位移位寄存器 ··192
12.3 多路输出的时钟分频器 ··194
12.4 课后习题 ···196

第 13 章 Verilog 状态机设计 ··197

13.1 状态机基本组成部分 ···198
13.2 状态机设计实例 ···199
 13.2.1 带同步清零端和装载端的模 10 计数器 ··································199
 13.2.2 带异步复位端的序列检测器 ···201
13.3 课后习题 ···204

IX

第 14 章 Verilog 设计实例 ·· 205
14.1 实例一（半加器）··· 205
14.2 实例二（4-2 编码器）·· 206
14.3 实例三（优先编码器）·· 207
14.4 实例四（乘法器）·· 208
14.5 实例五（16 位并入串出寄存器）·· 209
14.6 实例六（行波计数器构成的 13 倍分频器）··································· 211
14.7 实例七（LFSR 构成的 13 倍分频器）·· 213
14.8 实例八（交通信号灯）·· 214
14.9 实例九（字符序列检测状态机）·· 219
14.10 实例十（IIC 协议-主机写数据）·· 222
14.11 实例十一（IIC 协议-主机读数据）·· 226
14.12 实例十二（可综合 IIC 协议读写功能实现）································· 230
14.13 实例十三（SPI 协议）··· 239

第 3 部分　系统设计

第 15 章 HLS 高层次综合 ·· 246
15.1 实验一　创建 HLS 工程 ·· 250
15.1.1 步骤一：建立一个新的工程 ··· 250
15.1.2 步骤二：验证 C 源代码 ·· 256
15.1.3 步骤三：高层次综合 ·· 258
15.1.4 步骤四：RTL 验证 ·· 260
15.1.5 步骤五：IP 创建 ··· 260
15.2 实验二　使用 TCL 命令接口 ·· 261
15.2.1 步骤一：创建 TCL 文件 ··· 261
15.2.2 步骤二：执行 TCL 文件 ··· 263
15.3 实验三　使用 Solution 进行设计优化 ·· 264
15.3.1 步骤一：创建新的工程 ·· 264
15.3.2 步骤二：优化 I/O 接口 ·· 265
15.3.3 步骤三：分析结果 ·· 269
15.3.4 步骤四：优化最高吞吐量（最低间隔）································· 270

第 16 章　MIPS 架构处理器设计 273

16.1　总体结构设计 275
16.1.1　MIPS 架构单周期处理器数据通路设计 276
16.1.2　接口定义和接口时序等 280

16.2　MIPS 架构单周期设计总体连接及仿真验证 282
16.2.1　验证方案 282
16.2.2　仿真结果及分析 284

16.3　课后习题 295

第 17 章　RISC-V 架构处理器设计 296

17.1　RISC-V 处理器设计 297
17.1.1　整体处理器设计 297
17.1.2　取指阶段电路设计 298
17.1.3　指令译码阶段电路设计 300
17.1.4　指令执行阶段电路设计 301
17.1.5　存储器访问阶段电路设计 302
17.1.6　写回阶段电路设计 303
17.1.7　异常和中断处理机制 303
17.1.8　邻接互连机制 305
17.1.9　邻接互连指令简介 306
17.1.10　乘法过程简介 306

17.2　基于 RISC-V 的邻接互连处理器仿真验证 308
17.2.1　仿真平台搭建 308
17.2.2　仿真方案 309
17.2.3　仿真结果及分析 313

17.3　课后习题 316

第 4 部分　基于人工智能的目标检测

第 18 章　基于 FPGA C5SoC 的 MobileNetV1 SSD 目标检测方案设计 318

18.1　背景介绍 318
18.1.1　SSD 模型介绍 318
18.1.2　Paddle Lite 简介 319

18.2 方案介绍 ·· 320
    18.2.1 功能介绍 ··· 320
    18.2.2 系统设计 ··· 320
    18.2.3 数据量化 ··· 321
    18.2.4 SoC_system 连接图 ·· 322
    18.2.5 方案创新点及关键技术分析 ·· 322
18.3 硬件加速器介绍及仿真 ··· 323
    18.3.1 硬件加速器整体架构 ··· 323
    18.3.2 卷积电路 ··· 324
    18.3.3 硬件加速器波形抓取 ··· 328
18.4 整体加速结果分析 ·· 329
    18.4.1 硬件加速器时序及资源报告 ··· 329
    18.4.2 加速结果对比与总结 ··· 330
18.5 课后习题 ·· 332

第 5 部分 附录

附录 A 在 ISE 设计组件下编写 VHDL 项目的方法 ·· 334

附录 B 在 Quartus 设计组件下编写 VHDL 项目的方法 ··· 379

附录 C 人工智能边缘实验室-FPGA 开发板调试 ··· 403

附录 D 正文中的程序代码 ·· 417

第1部分
VHDL 技术

  VHDL（VHSIC-HDL，Very High Speed Integrated Circuit Hardware Description Language）是一种硬件描述语言，常用于 EDA 设计中对数字或数模混合信号系统进行描述，如：现场可编程门阵列、集成电路等。基于 VHDL 语言和相关的软件工具，可以得到所期望的实际电路和系统。

  VHDL 语言诞生于 1983 年，最初是在美国国防部（U.S. Department of Defense）的要求下进行开发的。其最初的目的是帮助美国国防部的供应商对装备中专用集成电路（ASIC, Application Specific Integrated Circuit）的行为进行记录。美国国防部发布的 MIL-STD-454N 号标准明确要求使用 VHDL 描述供应商制造的微电子设备的行为。

  由于美国国防部当时要求文档的语法是基于 Ada 语言编写的，为了避免重新定义已经在 Ada 的开发中被完全测试过的概念，VHDL 在概念和语法上大量借鉴了 Ada 语言。

  VHDL 的初始版本由 IEEE 1076-1987 号标准进行定义。IEEE 1164 号标准为 VHDL 初始版本提供了一些补充，解决了多值逻辑等问题。1993 年，IEEE 发布了 1076-1993 号标准，对 VHDL 初始版本进行更新，使得 VHDL 语法和其他语言一致。2000 年和 2002 年，IEEE 为 1076 号标准增加了一些小的改动，例如：受保护类型的概念、取消端口映射的部分限制等。为了扩展 VHDL 的功能，IEEE 还发布了 1076.1、1076.2、1076.3 等标准为 VHDL 增加了模拟和混合信号电路设计扩展、微波电路设计扩展等一系列功能。

  在 IEEE 1076 号标准发布后，各大 EDA 公司先后推出了逻辑仿真器、逻辑综合工具等 EDA 设计工具。VHDL 在电子设计行业得到了广泛的认同，其在电子系统设计领域曾经是并将继续是一个里程碑。

  截至本书完成时，VHDL 的标准由 VHDL Analysis and Standardization Group 进行修正和补充，其最新版本为 2019 年 12 月发布的 IEEE 1076-2019。1076 号标准的包集最新源码是开源的，可在 https://opensource.ieee.org/vasg/Packages 获取。

第 1 章

VHDL 程序的结构

本章将分析构成 VHDL 代码的 5 个基本组成部分：库（LIBRARY）、包集（PACKAGE）、实体（ENTITY）、配置（CONFIGURATION）和构造体（ARCHITECTURE）。

1.1 库和包集

库（LIBRARY）是一些常用代码的合集。将电路设计中经常使用的一些代码段存放到库中，有利于设计的重用和代码的共享。图 1.1 是库的典型结构。库中的代码通常是以函数（FUNCTION）、过程（PROCEDURE）或者元件（COMPONENT）等标准形式存放在包集（PACKAGE）中的，用户根据需要对其进行编译使用。

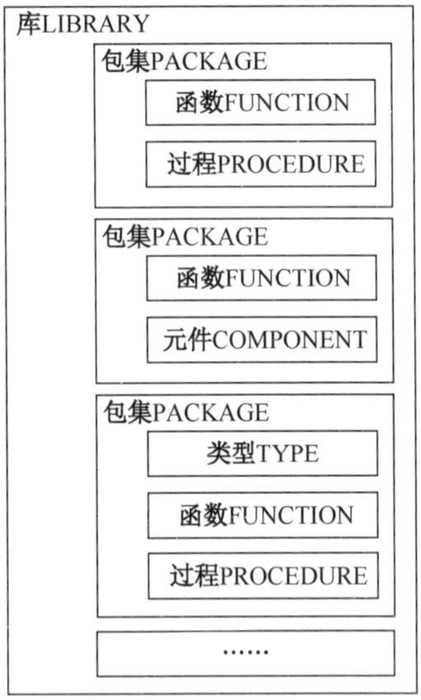

1.1.1 库

在使用 VHDL 进行电路设计时，常用的库可以分为 3 种：ieee 库、std 库和 work 库。除了以上 3 种库，EDA 领域的许多大公司，如 Synopsys，也会提供第三方的 VHDL 库。

图 1.1 库的典型结构

ieee 库

ieee 库是 IEEE 根据其所发布的 1076 号和其他扩展标准编写的 VHDL 库，被 IEEE 正式认可。ieee 库是 VHDL 设计中常用的库，其包含的包集非常丰富，表 1.1 是截至本书撰写完成时 ieee 库所包含的包集。

表 1.1 ieee 库包含的包集

包 集	说 明
std_logic_1164	该包集为描述 VHDL 设计中各数据类型之间的联系制定了标准；定义了 std_logic 和 std_ulogic 多值逻辑系统；定义了由 std_logic 构成的 std_logic_vector、由 std_ulogic 构成的 std_ulogic_vector 和相关的逻辑运算函数。该包集是 1164 号标准在 ieee 库中的体现
std_logic_textio	该包集是对 std_logic_1164 中不标准的功能实现的替代，旨在完善之前版本中不标准的功能实现
numeric_std	该包集基于 std_ulogic 定义了 unresolved_signed 和 unresolved_unsigned 两种数据类型，并为其分别取别名 u_signed 和 u_unsigned；定义了 u_signed 和 u_unsigned 的子类型，分别为 signed 和 unsigned，并定义算术运算、类型转换等函数
numeric_std_unsigned	该包集定义了适用于 std_ulogic_vector 按照 unsigned 进行算术运算的函数
numeric_bit	该包集基于 bit 定义了 signed 和 unsigned 两种数据类型及相关函数；定义了适用于 bit_vector 按照 signed 进行算术运算、类型转换等函数
numeric_bit_unsigned	该包集定义了适用于 std_ulogic_vector 按照 unsigned 进行算术运算的函数
fixed_float_types	该包集定义了定点数和浮点数两种类型
fixed_pkg	该包集定义了基础定点型的算术运算函数
fixed_generic_pkg	该包集定义了基础定点型的算术运算函数
float_pkg	该包集定义了基础浮点型的算术运算函数
float_generic_pkg	该包集定义了基础浮点型的算术运算函数
math_real	该包集定义了常见的实型常数和基本数学函数
math_complex	该包集定义了常见的复数常数和基本数学函数

std 库

std 库是 VHDL 设计的标准资源库，包括数据类型和输入输出文本等内容。表 1.2 是 std 库所包含的内容。

表 1.2 std 库包含的包集

包 集	说 明
standard	该包集定义了 bit、boolean 等数据类型；定义了数据类型相关的函数。
textio	该包集定义了实现文本文件读写操作的函数和子程序。
env	该包集定义了基本的接口子程序，为主机环境提供了 VHDL 接口。
reflection	该包集定义了受保护类型和可以访问这些受保护类型的 API。

第三方库

第三方库是 IEEE 外的公司、团体或者个人发布的 VHDL 库，为用户进行 VHDL 设计提供便利。表 1.3 是 Synopsys 库包含的包集。

表 1.3 Synopsys 库包含的包集

包　集	说　明
std_logic_arith	该包集定义了 SIGNED、UNSIGNED、SMALL_INT、INTEGER、STD_ULOGIC、STD_LOGIC 和 STD_LOGIC_VECTOR 的算术运算、类型转换和比较的函数
std_logic_unsigned	该包集定义了 STD_LOGIC_VECTOR 的无符号算术运算、类型转换和比较的函数
std_logic_signed	该包集定义了 STD_LOGIC_VECTOR 的有符号算术运算、类型转换和比较的函数
std_logic_misc	该包集为 ieee 库中的 std_logic_1164 包集定义了补充类型、子类型、常量和函数
std_logic_textio	该包集重写了 std 库中的 textio 包集读写操作的过程

work 库

work 库是当前工作库，当前设计的所有代码都存放在 work 库中。调用 work 库中的函数、过程等内容不需要预先声明。

▶ 1.1.2　包集

经常使用的 VHDL 代码段通常会以函数（FUNCTION）、过程（PROCEDURE）或者元件（COMPONENT）的形式编写。将这些代码段整合为包集，并将其添加到目标库中，可以实现常用代码段的代码分割、代码共享和代码重用。这在编写、调试、维护 VHDL 代码的过程中是非常实用且重要的。

除了函数、过程和元件之外，包集中也会包含类型（TYPE）和常量（CONSTANT）的定义。

包集的语法结构如下。

```
package package_name is
(声明)
end package_name;
```

```
[package body package_name is
(实现)
end package_name;]
```

包集通常有包集声明和包集主体两个部分,与 C 语言中函数的声明和定义类似。包集声明一般包含类型、常量、函数等的声明,是必须的。包集主体则包含对应声明中类型、常量、函数等部分的具体实现。包集声明和包集主体可以存在于同一个文件内,但一般情况下,包集声明和包集主体分别保存为"package_name.vhdl"和"package_name-body.vhdl"两个文件。VHDL 程序在综合时通过声明的包集名称定位到包集声明和主体两个文件上,并在包集文件中定位到调用的类型、常量、函数等代码段。

除了包集声明和包集主体外,包集还可以将已有包集进行实例化,与 JAVA 中类的继承类似。实例化包集相当于一个类属映射重定义的包集声明,包含了包集声明和包集主体。其语法结构如下。

```
package identifier is new uninstantiated_package_name
    [类属映射] ;
```

ieee.std_logic_1164 包集部分内容示例

类型定义

STD_ULOGIC 是 ieee.std_logic_1164 包集(以下简称 1164 包集)定义的枚举类型,可取范围是 9 值逻辑系统。9 值逻辑系统包含了未定义、强不确定值、强 0、强 1、高阻态、若不确定值、弱 0、弱 1、随意值。

STD_ULOGIC_VECTOR 是由一个或者多个 STD_ULOGIC 组成的数组类型。

```
-- logic state system   (unresolved)
type STD_ULOGIC is ( 'U',          -- Uninitialized
                     'X',          -- Forcing   Unknown
                     '0',          -- Forcing   0
                     '1',          -- Forcing   1
                     'Z',          -- High Impedance
                     'W',          -- Weak      Unknown
                     'L',          -- Weak      0
                     'H',          -- Weak      1
                     '-'           -- Don't care
                   );
-- unconstrained array of std_ulogic for use with the resolution
```

```
-- function and for use in declaring signal arrays of unresolved
-- elements
type STD_ULOGIC_VECTOR is array (NATURAL range <>) of STD_ULOGIC;
```

子类型定义

STD_LOGIC 是 VHDL 中常用的数据类型之一，是 1164 包集中 STD_ULOGIC 的决断子类型。STD_LOGIC 是为了解决 VHDL 多驱动问题而被定义的，其取值范围是 8 值逻辑系统，即强不确定值、强 0、强 1、高阻态、弱不确定值、弱 0、弱 1、随意值。

相应地，1164 包集还定义了 STD_ULOGIC_VECTOR 的决断子类型 STD_LOGIC_VECTOR。

```
subtype STD_LOGIC is resolved STD_ULOGIC;
subtype STD_LOGIC_VECTOR is (resolved) STD_ULOGIC_VECTOR;
```

函数定义

决断函数是进行 STD_ULOGIC 等数据类型的决断子类型定义的关键。1164 包集在包集声明中声明了如下决断函数。

```
-- resolution function
function resolved (s : STD_ULOGIC_VECTOR) return STD_ULOGIC;
```

1164 包集的包集主体内决断函数的具体实现如下所示。

```
function resolved (s : STD_ULOGIC_VECTOR) return STD_ULOGIC is
    variable result : STD_ULOGIC := 'Z';  -- weakest state default
begin
    -- the test for a single driver is essential otherwise the
    -- loop would return 'X' for a single driver of '-' and that
    -- would conflict with the value of a single driver unresolved
    -- signal.
    if (s'length = 1) then return s(s'low);
    else
        for i in s'range loop
            result := resolution_table(result, s(i));
        end loop;
    end if;
    return result;
end function resolved;
```

过程定义

1164 包集定义了一系列读取 STD_ULOGIC 的过程,通过重载的形式存放在包集中。如下是其中一个读取过程的声明,输出过程运行状态和读取结果。

```
procedure READ (L : inout LINE; VALUE : out STD_ULOGIC;
        GOOD : out BOOLEAN);
```

1164 包集的包集主体相应地对以上的读取过程声明进行了实现。

```
procedure READ (L   : inout LINE; VALUE : out STD_ULOGIC;
              GOOD : out    BOOLEAN) is
variable c        : CHARACTER;
   variable readOk : BOOLEAN;
begin
   VALUE := 'U';                        -- initialize to a "U"
skip_whitespace (L);
...
```

重载函数和重载过程

VHDL 的包集中,同一个函数或过程标识符会有不同的参数列表,进而实现不同的功能。这种不同参数的函数或过程称为重载。重载的函数或过程具有相同的标识符,如"+""abs"等,但每一个重载函数或过程的参数列表是不同的。VHDL 程序在综合时会根据所调用函数或过程的参数列表定位到对应的包集中对应的重载函数或过程。

重载不仅出现在同一个包集中,还会出现在不同的包集,甚至不同的库中。

以数值运算操作符"+"为例,IEEE 官方维护的 ieee.numeric_std 包集、Synopsys 发布的 ieee.std_logic_signed 包集及其他许多包集都有"+"的重载函数。

ieee.numeric_std 包集中对两个 UNRESOLVED_SIGNED 类型的加法运算有如下定义。

```
function "+" (L, R : UNRESOLVED_SIGNED) return UNRESOLVED_SIGNED is
   constant SIZE : NATURAL := MAXIMUM(L'length, R'length);
   variable L01  : UNRESOLVED_SIGNED(SIZE-1 downto 0);
   variable R01  : UNRESOLVED_SIGNED(SIZE-1 downto 0);
begin
   if ((L'length < 1) or (R'length < 1)) then return NAS;
   end if;
   L01 := TO_01(RESIZE(L, SIZE), 'X');
```

```
        if (L01(L01'left) = 'X') then return L01;
        end if;
        R01 := TO_01(RESIZE(R, SIZE), 'X');
        if (R01(R01'left) = 'X') then return R01;
        end if;
        return ADD_SIGNED(L01, R01, '0');
    end function "+";
```

ieee.std_logic_signed 包集中对两个 STD_LOGIC_VECTOR 类型的加法运算有如下定义。

```
function "+"(L: STD_LOGIC_VECTOR; R: STD_LOGIC_VECTOR) return STD_LOGIC_VECTOR is
    -- pragma label_applies_to plus
    constant length: INTEGER := maximum(L'length, R'length);
    variable result  : STD_LOGIC_VECTOR (length-1 downto 0);
begin
    result  := SIGNED(L) + SIGNED(R); -- pragma label plus
    return  std_logic_vector(result);
end;
```

UNRESOLVED_SIGNED 的决断子类型 SIGNED 也可以进行上述有符号数加法运算。SIGNED 和 STD_LOGIC_VECTOR 的定义是相似的，但是两者的有符号数加法运算却是完全不同的。SIGNED 和 STD_LOGIC_VECTOR 的定义如下所示。

```
type UNRESOLVED_SIGNED is array (NATURAL range <>) of STD_ULOGIC;
subtype SIGNED is (resolved) UNRESOLVED_SIGNED;
```

```
type STD_ULOGIC_VECTOR is array (NATURAL range <>) of STD_ULOGIC;
subtype STD_LOGIC_VECTOR is (resolved) STD_ULOGIC_VECTOR;
```

1.1.3 库和包集的声明

在调用包集中的内容之前，需要实现对所调用的库和包集进行声明。进行声明之后，在所声明的文件内就可以调用数据类型、函数、过程等内容了。库和包集的声明如下。

```
library library_name;
use library_name.package_name.package_parts;
```

std 库和 work 库是默认可以调用的，调用之前不需要事先声明。但在结构设计中进行元件的宏调用，是需要对 work 库进行声明的。

在 VHDL 程序中，经常使用的库和包集声明如下。

```
library ieee;
use ieee.std_logic_1164.all;
use ieee.std_logic_arith.all;
use ieee.std_logic_unsigned.all;
```

1.2 实体、构造体和配置

设计实体（Design Entity）是 VHDL 中最主要的硬件抽象部分，是硬件设计中表示输入输出及该部分所执行功能的部分。设计实体可以表示任何级别的电路，包括逻辑门电路、宏单元、芯片、电路板，甚至完整的系统或子系统。

在 VHDL 程序中，设计实体包含了实体（Entity）和构造体（Architecture）两部分。一个设计实体内有且仅有一个实体，描述设计实体的输入输出等信息；但一个设计实体中可以存在一个或者多个构造体，每一个构造体都是实体的具体实现。

设计实体按照块的层次结构来进行设计，每一个块描述整体设计的一部分。这种层次结构的顶层块是实体本身，可以用作外部元件被其他设计调用。而其他的块是内部块，由块语句（BLOCK）定义。

设计实体还可以由互联的元件进行描述。为了定义元件的结构和行为，实体的每一个元件都被绑定到一个低级别的设计实体上。设计实体可以不断地分解为元件，而这些元件又与其他的低层次实体绑定，这就形成了一个完整的设计实体的层次结构。这样的层次结构通常被称为设计层次（Design Hierarchy）。设计层次中互相的绑定关系需要在顶层实体中进行说明，也就是配置（Configuration）。

图 1.2 是 VHDL 程序的结构框图。

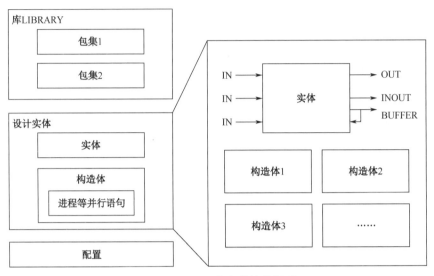

图 1.2　VHDL 程序的结构框图

▶ 1.2.1　实体

实体通常抽象地描述硬件的输入输出和所执行的功能。其语法结构如下。

```
entity identifier is
    [类属语句]
    [端口语句]
    声明
[begin
    实现]
end [ entity ] [ entity_simple_name ];
```

类属语句定义实体工作的环境，定义一系列环境量值。端口语句定义了实体的输入输出端口，语法结构如下所示。其中，端口可以定义为以下 4 种模式：IN、OUT、INOUT 和 BUFFER。IN 和 OUT 是单向引脚，分别表示输入和输出；INOUT 是双向引脚；BUFFER 是表示该引脚是可供电路内部使用的输出引脚。实体中的声明和实现还会定义一系列类型、子类型、常量等。

```
port (
    port_name: signal_mode signal_type;
    port_name: signal_mode signal_type;
    ...
```

```
    port_name: signal_mode signal_type
    );
```

例 1.1　8 位计数器示例

```
entity counter is
    port (
        clk, clear, load : in std_logic;
        data_in : in std_logic_vector(8 downto 0);
        data_out : out std_logic_vector(8 downto 0);
        co : out std_logic
    );
end counter;
```

计数器示例中，上述代码段定义了一个具有清零和加载功能的 8 位计数器实体 counter。实体 counter 有 4 个输入和 2 个输出，分别是时钟端（clk）、清零端（clear）、加载端（load）、加载数据（data_in）、计数器输出（data_out）和计数器进位（co）。上述实体描述的 8 位计数器如图 1.3 所示。

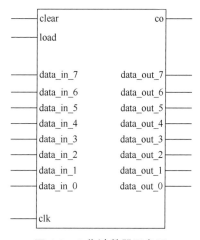

图 1.3　8 位计数器示意图

1.2.2　构造体

构造体是对所描述电路的具体实现部分，是 VHDL 程序的重要组成部分，其语法结构如下。

```
architecture identifier of entity_name is
    [声明]
begin
    描述
end [ architecture ] [ architecture_simple_name ] ;
```

声明部分主要是对类型、子类型、信号、常量的定义。描述部分则是对电路的行为描述；描述部分的顶层代码必须是并行语句，如：进程（Process）、When 语句、Block 语句等。顺序语句必须在进程（Process）、函数（Function）和过程（Procedure）中执行。

例 1.2 全加器示例

```
entity adder is
    port (
        a, b : in std_logic;
        ci : in std_logic;
        s, co : out std_logic
    );
end adder;

architecture f_adder of adder is
begin
    s <= a xor b xor ci;
    co <= (a and b) or (ci and (a xor b));
end f_adder;
```

全加器示例中，上述代码段定义了一个全加器实体 adder 和构造体 f_adder。实体 adder 有 3 个输入和 2 个输出，分别是两个加数（a 和 b）、前一个进位（ci）、和（s）和输出进位（co）。构造体 f_adder 内的描述部分是对两个加数进行全加操作，将结果赋予 s 和 co。上述实体和构造体描述的全加器如图 1.4 所示。

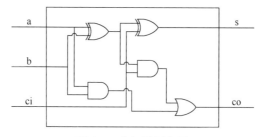

图 1.4 全加器示意图

1.2.3 配置

配置是 VHDL 中将多个实体组合为一个完整的设计的代码段，是进行 VHDL 系统设计过程中非常重要的一部分。其语法结构如下。

```
configuration identifier of entity_name is
    configuration_declarative_part
    { verification_unit_binding_indication ; }
    block_configuration
end [ configuration ] [ configuration_simple_name ] ;
```

VHDL 程序中有默认配置，即使不编写配置，也可以进行综合。

1.3 课后习题

1. 熟悉 VHDL 的库和包集的概念；选取 ieee.std_logic_1164 包集或者 ieee 库中其他包集，挑选其中的一个函数或类型进行理解。
2. 尝试编写 16 位计数器的实体。
3. 尝试编写半加器的构造体。

第 2 章

VHDL 语言规则

本章主要介绍 VHDL 的语言规则，包括常量、信号、变量、数据类型、运算操作符和属性。

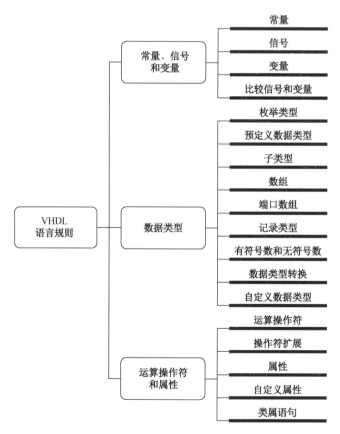

第 2 章
VHDL 语言规则

2.1 常量、信号和变量

在 VHDL 程序中,所有的数据信息都需要存储在一个数据容器中,动态数据用信号(signal)和变量(variable)存储,静态数据用常量(constant)存储。本节将介绍常量、信号和变量,并比较信号与变量的异同。

2.1.1 常量

在 VHDL 语言中,使用 constant 标识符定义用来存储静态数据的数据容器被称为常量。常量的值在定义后就不可改变,不可以对常量进行赋值。定义常量的语法规范如下。

```
constant identifier_list : subtype_indication [ := conditional_expression ] ;
```

其中,identifier_list 为常量名,subtype_indication 为常量的类型,conditional_expression 为常量的初始值。

常量定义示例如下。

```
-- 定义 bit 类型常量 data_default,初始值为 '1'
constant data_default: bit := '1';
-- 定义 real 类型常量 MATH_PI,即 π
constant MATH_PI: real := 3.14159_26535_89793_23846;
```

常量可以在包集、实体和结构体中声明。声明了包含常量声明的包集后,VHDL 程序内就可以直接调用常量进行赋值、运算等操作。同样,实体的所有结构体都可以调用实体内声明的常量;结构体中声明的常量仅可在结构体内部调用。

2.1.2 信号

在 VHDL 语言中,信号可以看作逻辑电路中的连线。电路的输入输出端口、电路内部各个单元的连接都需要用到信号。与常量不同,信号存储的数据是可以更改的。对信号进行赋值使用符号<=。定义信号的语法规范如下。

```
signal identifier_list : subtype_indication [ signal_kind ] [ :=
conditional_expression ] ;
```

其中,identifier_list 为信号名,subtype_indication 为信号的类型,signal_kind 为信号种类,conditional_expression 为信号的初始值。

信号定义及赋值示例如下。

```
-- 定义 standard 库 bit_vector 类型信号 s，10 位
signal s: standard.bit_vector (1 to 10);
-- 定义 std_logic 信号 clk1、clk2
signal clk1, clk2: std_logic;
-- 将信号 s 赋值为"1001101101"
s <= "1001101101";
```

信号一般在实体和结构体中声明。实体中声明的信号可以在实体的所有结构体重调用；结构体中声明的信号仅可在结构体内部调用。

在顺序语句中，如函数（function）等，更改信号的值不会立刻生效，信号只有在相应的函数、进程、过程结束时才会更新信号的值。

⊙ 2.1.3　信号赋值语句

信号赋值语句是实现对信号进行赋值的语句，修改一个或多个信号驱动的输出波形。信号赋值语句可以分为 3 种，分别是简单信号赋值语句、条件信号赋值语句、选择信号赋值语句。

简单信号赋值语句的语法结构如下。

```
signal_name <= waveform ;
```

其中，signal_name 是需要赋值的目标信号；waveform 是目标信号新的输出波形。

条件信号赋值语句的语法结构如下。

```
signal_name <= waveform when condition
        { else waveform when condition }
        [ else waveform ];
```

其中，signal_name 是需要赋值的目标信号；condition 是对目标信号赋予新输出波形的条件；waveform 是对应的 condition 为真时，目标信号新的输出波形。

选择信号赋值语句的语法结构如下。

```
with expression select
    signal_name <= { waveform when choices , }
                waveform when choices;
```

其中，expression 是进入赋值分支的判断表达式；signal_name 是需要赋值的目标信号；choices 是构成表达式的取值列表，并且必须涵盖表达式的所有可能取值；waveform

是对应 choices 的目标信号的新的输出波形。

信号赋值语句可作为并行语句使用，也可作为顺序语句使用。需要注意的是，信号的赋值需要等到 process 结束时才会生效。

例 2.1　信号赋值语句示例

示例一中，将信号 a 和信号 b 的异或操作和与操作的结果分别赋值给信号 s 和信号 c，实现半加器的功能。

```
-- 示例一
signal a, b, s, c : bit;
---
s <= a xor b;
c <= a and b;
```

示例二中，通过条件赋值语句实现 4 位优先级编码器。

```
-- 示例二
signal data_in : unsigned(3 downto 0);
signal data_out : std_logic;
---
data_out <= "00" when data_in(3) = '0' else
            "01" when data_in(2) = '0' else
            "10" when data_in(1) = '0' else
            "11";
```

示例三中，将 command 作为判断表达式，根据 command 的值实现各种基础的门电路，如 command 为"000"时，选择赋值语句为输入与门；command 为"100"时，选择赋值语句为异或门。

```
-- 示例三
with command select
    data_out <= a and  b when "000",
                a or   b when "001",
                a nand b when "010",
                a nor  b when "011",
                a xor  b when "100",
                a xnor b when "101",
                'Z'      when others;
```

2.1.4 变量

变量是另外一种存储动态数据的容器。与信号不同，变量只能在函数、进程和过程的内部使用，在局部电路中使用。另外，对变量进行赋值，变量的值是立即生效的。对变量进行赋值，使用符号:=。定义变量的语法规范如下。

```
[ shared ] variable identifier_list : subtype_indication [ generic_map_aspect ]
[ := conditional_expression ] ;
```

其中，shared 可以定义共享变量，identifier_list 为信号名，subtype_indication 为信号的类型，signal_kind 为信号种类，generic_map_aspect 为类属映射表，conditional_expression 为信号的初始值。

变量定义及赋值示例如下。

```
-- 定义 bit 类型变量 control，初始值为'0'
variable control: bit := '0';
-- 定义 integer 类型变量 count，范围是 0 到 100
variable count: integer range 0 to 100;
-- 定义 8 位 std_logic_vector 类型变量 temp，初始值为"10010101"
variable temp: std_logic_vector (7 downto 0) := "10010101";
-- 将变量 control 赋值为'1'
control := '1';
-- 将变量 count 自加 1
count := count + 1;
```

信号一般在函数、进程和过程中声明和调用。但是，共享变量可以在包集、实体和结构体中声明，也可以在相应的部分调用信号。

2.1.5 变量赋值语句

变量赋值语句是实现对变量进行赋值的语句，将变量的当前值修改为一个新的值。变量赋值语句可以分为两种，分别是简单变量赋值语句、选择变量赋值语句。

简单变量赋值语句的语法结构如下。

```
variable_name := expression ;
```

其中，variable_name 是需要赋值的目标变量；expression 是目标变量新值的表达式形式。

选择信号赋值语句的语法结构如下。

```
with expression_select select
    variable_name := { expression when choices , }
                expression when choices;
```

其中，expression_select 是进入赋值分支的判断表达式；variable_name 是需要赋值的目标变量；choices 构成表达式的取值列表，并且必须涵盖表达式的所有可能取值；expression 是对应 choices 的目标变量新值的表达式形式。

变量赋值语句是顺序语句的一种，只能在 process、function 和 procedure 内部使用，且变量的赋值是立即生效的。

例 2.2 变量赋值语句示例

示例一定义了记录类型 bit_record 和该类型的变量 a，定义了 bit 类型变量 e 和 integer 类型变量 i。语句 1 和语句 2 是对 bit_record 类型变量 a 的 bit_field 和 int_field 赋值；语句 3 是将变量 a 包含的值赋给变量 e 和变量 i。

```
-- 示例一
type bit_record is record
    bit_field : bit;
    int_field : integer;
end record;
variable a : bit_record;
variable e : bit;
variable i : integer;
a.bit_field := '1'; -- 语句1
a.int_field := 10; -- 语句2
(e, i) := a; -- 语句3
```

示例二与 2.1 的示例三实现相同的功能。但此处的 data_out 必须是变量，且示例二的选择变量赋值语句必须在 process、function 或 prcedure 中执行。

```
-- 示例二
with command select
    data_out := a and  b when "000",
                a or   b when "001",
                a nand b when "010",
                a nor  b when "011",
                a xor  b when "100",
                a xnor b when "101",
                'Z'      when others;
```

2.1.6 比较信号和变量

信号和变量之间的区别如表 2.1 所示。在顺序代码中，变量即时更新，信号却要到顺序代码段结束才会更新，这是实际项目中在信号和变量中做出选择需要考虑的因素之一。

表 2.1 信号和变量的比较

	信 号	变 量
赋值符号	<=	:=
功能	表示电路内部连接	表示局部信息
范围	全局	局部，仅在进程函数过程中使用
行为	在顺序代码中，信号值的更新不是即时的，信号的值要在进程、函数或过程完成以后才生效	即时更新
用途	用于包集、实体或结构体中，实体的所有端口默认为信号	仅用于顺序描述代码中

2.2 数据类型

本节主要介绍 VHDL 预定义的数据类型，包括以下 5 种：标量类型、复合类型、存取类型、文件类型和保护类型。

2.2.1 标量类型

标量类型包含一个单值。标量类型可分为枚举类型、整型类型、物理类型和浮点类型。枚举类型和整数类型是离散类型。整数类型、物理类型和浮点类型是数字类型。所有的标量类型都是有序的，离散类型和物理类型的位置序号都是整数。

枚举类型

枚举类型是一组具有明确值的集合。枚举中的值是一个命名项或者一个字符。定义枚举类型的语法规范如下。

```
type type_name is ( enumeration_literal {, enumeration_literal })
```

其中，type_name 为类型名，enumeration_literal 为枚举元素。枚举类型的枚举元素可以是标识符，也可以是字符。相同的枚举元素不可以出现在同一个枚举类型中，但可以存在于不同的枚举类型里。所有的枚举类型都是有序排列的。枚举类型中第一个枚举元素对应的序号是 0，后面元素的序号依次加 1。IEEE 库中的类型大都是基于枚举类型定义的，这部分内容会在后文介绍。

枚举类型定义示例如下。

```
-- 定义枚举类型 FSM_States，取值范围是 idle、start、stop 和 clear
-- 有限状态机状态
type FSM_States is (idle, start, stop, clear);
-- 定义枚举类型 bit，取值范围是'0'和'1'
type bit is ('0','1');
-- 定义枚举类型 SWITCH_LEVEL，取值范围是'0'、'1'和'X'
type SWITCH_LEVEL is ('0','1','X');
```

std 库内预定义了许多枚举类型，如 character、bit、boolean。预定义的 character 类型定义了一个字符的枚举类型，包含了 ISO/IEC8859-1 字符集的 256 个字符，其定义如下。

```
type CHARACTER is (
    NUL, SOH, STX, ETX, EOT, ENQ, ACK, BEL,
    BS,  HT,  LF,  VT,  FF,  CR,  SO,  SI,
    DLE, DC1, DC2, DC3, DC4, NAK, SYN, ETB,
    CAN, EM,  SUB, ESC, FSP, GSP, RSP, USP,
    ' ', '!', '"', '#', '$', '%', '&', ''',
    '(', ')', '*', '+', ',', '-', '.', '/',
    '0', '1', '2', '3', '4', '5', '6', '7',
    '8', '9', ':', ';', '<', '=', '>', '?',
    '@', 'A', 'B', 'C', 'D', 'E', 'F', 'G',
    'H', 'I', 'J', 'K', 'L', 'M', 'N', 'O',
    'P', 'Q', 'R', 'S', 'T', 'U', 'V', 'W',
    'X', 'Y', 'Z', '[', '\', ']', '^', '_',
    '`', 'a', 'b', 'c', 'd', 'e', 'f', 'g',
    'h', 'i', 'j', 'k', 'l', 'm', 'n', 'o',
    ...
);
```

整数类型

整数类型定义了一个在特定约束范围内取值的整数的数据类型。一个整数类型定义了其本身和该类型的子类型。整数类型是匿名类型，其取值范围应在实现时确定。在调用整数类型的信号和变量时，其值不能超过取值的范围。定义整数类型的语法规范如下。

```
type type_name is range range_constraint
```

其中，type_name 是类型名；range_constraint 是取值范围。一般取值范围有 3 种写法：范围描述名、范围表达式和简单范围。在数据取值没有约束时，可以使用范围描述名<>作为 range_constraint，表示该类型在合法范围内取值不受限制。简单范围也是较为常用的，其语法规范如下。

```
simple_expression direction simple_expression
```

simple_expression 是范围上下限的简单表达式；direction 是范围排列的类型，可用 to 或 downto。L to R 是递增范围，当 L>R 时为无效范围；L downto R 是递减范围，当 L<R 时为无效范围。

整数类型定义示例如下。

```
-- 定义整数类型 TWOS_COMPLEMENT_INTEGER，取值范围是-32768 到 32767，递增
type TWOS_COMPLEMENT_INTEGER is range -32768 to 32767;
-- 定义整数类型 BYTE_LENGTH_INTEGER，取值范围是 0 到 255，递增
type BYTE_LENGTH_INTEGER is range 0 to 255;
-- 定义整数类型 WORD_INDEX，取值范围是 31 到 0，递减
type WORD_INDEX is range 31 downto 0;
-- 定义 BYTE_LENGTH_INTEGER 的整数类型子类型 HIGH_BIT_LOW，取值范围是 0 到 127，递增
subtype HIGH_BIT_LOW is BYTE_LENGTH_INTEGER range 0 to 127;
```

std 库内预定义的唯一的整数类型是 integer。integer 类型的范围取决于实现，并且应包括-2^{63} 到 $2^{63}-1$ 之间的范围（递增范围，含-2^{63} 和$-2^{63}-1$），其定义如下。

```
type INTEGER is range implementation_defined;
```

物理类型

物理类型定义了一个物理量的数据类型，该类型值表示量度。物理类型的取值应该是该类型基本度量单位的整数倍。物理类型定义的语法规范如下。

```
type type_name is range range_constraint
    units
        primary_unit_declaration
```

```
    { secondary_unit_declaration }
end units [ type_name ]
```

其中，type_name 是类型名；range_constraint 是取值范围约束；primary_unit_declaration 是物理类型的基本度量单位的声明；secondary_unit_declaration 是基于基本度量单位的二级度量单位。

物理类型定义示例如下。

```
-- 定义整数类型 DURATION，取值范围是-1E18 到 1E18，递增范围
-- 定义该类型基本度量单位 fs
-- 定义该类型二级度量单位 ps、ns、us、ms、sec、min
type DURATION is range -1E18 to 1E18
    units
        fs; -- femtosecond
        ps = 1000 fs; -- picosecond
        ns = 1000 ps; -- nanosecond
        us = 1000 ns; -- microsecond
        ms = 1000 us; -- millisecond
        sec = 1000 ms; -- second
        min = 60 sec; -- minute
    end units;

-- 定义整数类型 DISTANCE，取值范围是 0 到 1E16，递增范围
-- 定义该类型基本度量单位 Å
-- 定义该类型二级度量单位 nm、um、mm、cm、m、km
type DISTANCE is range 0 to 1E16
    units
        -- primary unit:
        Å; -- angstrom
        -- metric lengths:
        nm = 10 Å; -- nanometer
        um = 1000 nm; -- micrometer (or micron)
        mm = 1000 um; -- millimeter
        cm = 10 mm; -- centimeter
        m = 1000 mm; -- meter
        km = 1000 m; -- kilometer
    end units DISTANCE;
-- 定义 distance 类型的变量 x、duration 类型的变量 y 和 integer 类型的变量 z
variable x: distance;
```

```
variable y: duration;
variable z: integer;

-- 调用变量 x、y 和 z，进行算数运算和赋值操作
x := 5 Å + 13 m - 27 cm;
y := 3 ns + 5 min;
z := ns / ps;
x := z * m;
y := y/10;
z := 159.34 cm / m;
```

std 库内预定义的唯一的整数类型是 time。time 类型的范围取决于实现，并且应包括 -2^{63} 到 $2^{63}-1$ 之间的范围（递增范围，含 -2^{63} 和 $-2^{63}-1$）。VHDL 程序中所有的延迟和脉冲抑制极限必须是 time 类型的信号或者变量。time 类型的定义如下。

```
type TIME is range implementation_defined
    units
        fs;                 -- femtosecond
        ps  = 1000 fs;      -- picosecond
        ns  = 1000 ps;      -- nanosecond
        us  = 1000 ns;      -- microsecond
        ms  = 1000 us;      -- millisecond
        sec = 1000 ms;      -- second
        min =   60 sec;     -- minute
        hr  =   60 min;     -- hour
    end units;
```

浮点类型

浮点类型定义了一个实数近似值的数据类型，用于通过浮点的方式存储实数。浮点类型定义中的范围约束的每个边界应为浮点类型的静态表达式，并且允许使用负浮点数。

```
type type_name is range range_constraint
```

其中，type_name 是类型名；range_constraint 是取值范围约束。

浮点类型的表示方式必须与 std 库中预定义匿名类型 universal_real 类型的表示方式相同；对于不相符的浮点类型，可以通过转换函数将 universal_real 类型转换为该浮点类型。

std 库内预定义的唯一的整数类型是 real。real 类型的范围取决于运行平台，并且取值范围是所允许的最大范围（递增范围）。real 类型的定义如下。

```
type REAL is range implementation_defined;
```

标量类型的预定义运算操作

std 库为所有的标量类型预定义了运算操作，其声明如下。

```
-- 假设 T 为一个标量类型
-- 定义标量类型最小值函数，返回两个参数中值较小的一个
function MINIMUM (L, R: T) return T;
-- 定义标量类型最大值函数，返回两个参数中值较大的一个
function MAXIMUM (L, R: T) return T;
-- 定义标量类型的字符串转换函数，返回参数的字符串表示形式
function TO_STRING (VALUE: T) return STRING;
```

boolean 和 bit 是 std 库预定义的枚举类型，其定义如下。

```
type BOOLEAN is (FALSE, TRUE);
type BIT is ('0', '1');
```

std 库还为以上两种类型定义了边沿判断函数，声明如下。

```
-- 上升沿判断函数声明
function RISING_EDGE (signal S: BOOLEAN) return BOOLEAN;
function RISING_EDGE (signal S: BIT) return BOOLEAN;
-- 下降沿判断函数声明
function FALLING_EDGE (signal S: BOOLEAN) return BOOLEAN;
function FALLING_EDGE (signal S: BIT) return BOOLEAN;
```

▶ 2.2.2 复合类型

复合类型是多个元素的集合类型，可分为数组类型和记录类型。

数组类型

数组类型是仅包含相同数据类型元素的集合类型。数组类型定义分为无约束定义和有约束定义两种。无约束数组类型定义如下。

```
type type_name is array ( type_mark range <> { , type_mark range <> } ) of element_subtype
```

其中，type_name 是类型名；type_mark 是索引的类型；type_mark range <>是对单机索引的定义；element_subtype 是数组内元素的类型。

有约束数组类型定义如下。

```
type type_name is array index_constraint of element_subtype
index_constraint ::= ( discrete_range { , discrete_range } )
```

其中，type_name 是类型名；element_subtype 是数组内元素的类型；index_constraint 是索引约束，discrete_range 是单级索引约束范围。

数组类型定义及对象声明示例如下。

```
-- 完全约束数组类型定义
-- 定义由 32 个 bit 组成的一维数组类型 MY_WORD，索引递增
type MY_WORD is array (0 to 31) of bit;
-- 定义由 8 个 bit 组成的一维数组类型 DATA_IN，索引递减
type DATA_IN is array (7 downto 0) of bit;

-- 无约束数组类型定义
-- 定义由任意数量的 bit 组成的数组类型 SIGNED_FXPT，用作有符号定点数
type SIGNED_FXPT is array (INTEGER range <>) of bit;
-- 定义由任意数量的 SIGNED_FXPT 组成的数组类型 SIGNED_FXPT_VECTOR
-- 索引数量在 natural（自然数）范围内，用作有符号定点数向量
type SIGNED_FXPT_VECTOR is array (NATURAL range <>) of
SIGNED_FXPT;

-- 部分约束数组类型定义
-- 定义由任意数量的 MY_WORD 组成的数组类型 MEMORY，索引数量在 integer 范围内
type MEMORY is array (INTEGER range <>) of MY_WORD;
-- 定义由 SIGNED_FXPT 组成的数组类型 SIGNED_FXPT_5x4，用作有符号定点数矩阵
type SIGNED_FXPT_5x4 is array (1 to 5, 1 to 4) of SIGNED_FXPT;

-- 数组类型信号、变量示例
-- Defines a data input line.
signal DATA_LINE: DATA_IN;
-- Defines a memory of 2n 32-bit words.
variable MY_MEMORY: MEMORY (0 to 2**n-1);
-- Defines an 8-bit fixed-point signal
signal FXPT_VAL: SIGNED_FXPT (3 downto -4);
-- Defines a vector of 20 10-bit fixed-point elements
signal VEC: SIGNED_FXPT_VECTOR (1 to 20)(9 downto 0);
```

std 库预定义了 6 种数组类型：string、boolean_vector、bit_vector、integer_vector、 real_vector 和 time_vector。string 类型是 character 类型的一位数组，索引为正数范围；boolean_vector、bit_vector、integer_vector、real_vector 和 time_vector 分别是 boolean、bit、integer、real 和 time 类型的一位数组，索引为自然数范围。这些数组类型的定义如下。

```vhdl
-- 定义 integer 子类型 positive 和 natural，分别用作正数和自然数
subtype positive is integer range 1 to integer'high;
subtype natural is integer range 0 to integer'high;

type string is array (positive range <>) of character;
type boolean_vector is array (natural range <>) of boolean;
type bit_vector is array (natural range <>) of bit;
type integer_vector is array (natural range <>) of integer;
type real_vector is array (natural range <>) of real;
type time_vector is array (natural range <>) of time;
```

预定义数组类型对象声明如下。

```vhdl
-- 定义 string 类型变量 message，索引范围是 1 到 17，
-- 初始值为"this is a message"
variable message: string (1 to 17) := "this is a message";
-- 定义 bit_vector 类型信号 low_byte，索引范围是 0 到 7
signal low_byte: bit_vector (0 to 7);
-- 定义 boolean_vector 类型常数 monitor_elements，索引范围与 low_byte 相同，
-- 常量值设为每一个元素为 false
constant monitor_elements: boolean_vector (low_byte'range)
      := (others => false);
-- 定义 time_vector 类型常数 element_delays，索引范围与 low_byte 相同，
-- 常量值假定每一个元素为 unit_delay
constant element_delays: time_vector (low_byte'range)
      := (others => unit_delay);
-- 定义 integer_vector 类型变量 buckets，索引范围是 1 到 10
variable buckets: integer_vector (1 to 10);
-- 定义 real_vector 类型变量 averages，索引范围是 1 到 10
variable averages: real_vector (1 to 10);
```

std 库为标量数组类型预定义了运算操作，其声明如下。

```vhdl
-- 假设 T 为一个标量数组类型
-- 定义标量数组类型最小值/最大值函数，返回两个参数中值较小/较大的一个
function MINIMUM (L, R: T) return T;
function MAXIMUM (L, R: T) return T;
```

```
-- 假设 T 为一个有标量类型 E 组成的一位数组类型
-- 定义寻找 T 类型数组 L 中最小/最大元素函数，返回参数数组中最小/最大的元素
-- 如果参数为无效数组，返回 E 的取值范围的最大值/最小值
function MINIMUM (L: T) return E;
function MAXIMUM (L: T) return E;
-- 假设 T 为一个可用字符串表示的数组类型
-- 定义 T 类型数组 value 字符串转换函数，返回参数数组的字符串表示形式
function TO_STRING (VALUE: T) return STRING;
```

记录类型

记录类型是一种符合类型，可包含不同数据类型的元素。如果一个记录类型对象的元素既不是保护类型，也不是文件类型，这个对象的值是由其包含的元素组成的复合值；否则，这个对象就不存在值。记录类型定义的语法规范如下。

```
type type_name is
    record
        { identifier_list : element_subtype ; }
    end record [ type_name ]
```

其中，type_name 是类型名；identifier_list 是元素的名称列表，由一个或多个元素名称组成，通过逗号隔开；element_subtype 是元素的数据类型。

记录类型定义及对象声明示例如下。

```
-- 定义记录类型 DATE，用作日期记录,
-- 包含三个元素：DAY、MONTH、YEAR
type DATE is
    record
        DAY : INTEGER range 1 to 31;
        MONTH : MONTH_NAME;
        YEAR : INTEGER range 0 to 4000;
    end record;

-- 定义记录类型 SIGNED_FXPT_COMPLEX，用作有符号定点复数记录,
-- 包含两个元素：RE 和 IM，都是 SIGNED_FXPT 类型，分别用作复数的实部和虚部
type SIGNED_FXPT_COMPLEX is
    record
        RE : SIGNED_FXPT;
        IM : SIGNED_FXPT;
    end record;
```

```
-- 定义 SIGNED_FXPT_COMPLEX 类型的信号 COMPLEX_VAL
signal COMPLEX_VAL: SIGNED_FXPT_COMPLEX
                    (RE(4 downto -16), IM(4 downto -12));
```

std 库为所有标量类型及其子类型定义了取值范围的记录类型，定义如下。

```
type DIRECTION is (
    ASCENDING,       -- The range is ascending.
    DESCENDING       -- the range is descending.
);
type <unnamed_range_record> is record
    Left : <scalar_type>;
    Right : <scalar_type>;
    Direction : RANGE_DIRECTION;
end record;
```

以 integer 类型为例，其范围记录类型为 INTEGER_RANGE_RECORD，包含 left、right 和 direction 3 个元素，分别表示取值范围的左边界、右边界和范围方向（递增或递减）。INTEGER_RANGE_RECORD 类型的定义如下。

```
-- Implicit defined range record for INTEGER'RANGE_RECORD:
type INTEGER_RANGE_RECORD is record
    Left      : INTEGER;
    Right     : INTEGER;
    Direction : DIRECTION;
end record;
```

对于可用字符串表示的记录类型，std 库预定义了字符串转换函数 to_string，可返回字符串表示形式。to_string 函数定义如下。

```
-- 假设 T 为一个可用字符串表示的记录类型
function TO_STRING (VALUE: T) return STRING;
```

2.2.3 存取类型

由对象声明定义的对象是通过对象声明的详细说明创建的，并用简单名称或者其他形式的名称标记的。相反，通过分配器创建的对象是没有简单名称的。对这类对象的访问操作是通过分配器返回的存取值来实现的；存取值指向了这个对象。存取类型与 C 语言和 Pascal 语言中的指针具有类似的定义。存取类型定义的语法规范如下。

```
type type_name is access data_type [ generic_map_aspect ]
```

其中，type_name 是类型名；data_type 是存取类型指向的数据类型。

每一个存取类型对象的初始值是 null，即存取类型还未指向其他对象。存取类型的值必须由分配器来返回，通过这个返回值，存取类型就指向了另一个数据类型，也称为被指向类型。存取类型的对象必须是变量。被指向类型的对象通常也是变量。共享变量不可以被定义为存取类型。

如果被指向类型是文件类型或者包含文件类型元素的复合类型，存取类型的存取值就指向文件对象。同样地，被指向类型是保护类型或者包含保护类型元素的复合类型，存取类型的存取值会指向带有保护类型的对象。

存取类型指向的数据不必在程序的声明部分定义，也不必等到程序段结束才释放，而是需要时随时开辟，不需要时随时释放。根据程序运行时的实际需要，可以随时向系统申请部分空间。由于这些对象没有在声明部分定义，因此，不能通过对象的名称去调用这些数据，需要通过存取类型来引用。当不再需要这些对象时，可以通过预定义的过程释放这部分空间。

存取类型定义示例如下。

```
-- 定义指向 MEMORY 类型的存取类型 ADDRESS
type ADDRESS is access MEMORY;
-- 定义指向 TEMP_BUFFER 类型的存取类型 BUFFER_PTR
type BUFFER_PTR is access TEMP_BUFFER;
```

存取类型的递归示例如下。

```
-- 声明数据类型 CELL
type CELL; -- Incomplete type declaration.
-- 定义指向 CELL 类型的存取类型 LINK
type LINK is access CELL;
-- 定义 CELL 类型详细内容
type CELL is
    record
        -- 节点当前值
        VALUE : INTEGER;
        -- 指向下一个节点
        SUCC : LINK;
        -- 指向上一个节点
        PRED : LINK;
end record CELL;
```

```vhdl
-- 定义 link 类型变量 HEAD，指向一个新开辟的 CELL 类型对象
-- 初始值为 0，前一个节点和后一个节点
variable HEAD: LINK := new CELL'(0, null, null);
-- 定义 link 类型变量\NEXT\
-- 本例中，HEAD.SUCC 指向 null，则\NEXT\的值是 null
variable \NEXT\: LINK := HEAD.SUCC;
```

两个存取类型互相依赖的示例如下。

```vhdl
-- 声明数据类型 PART 和 WIRE
type PART; -- Incomplete type declarations.
type WIRE;

-- 定义指向 PART 和 WIRE 类型的存取类型 PART_PTR 和 WIRE_PTR
type PART_PTR is access PART;
type WIRE_PTR is access WIRE;

-- 定义 PART_PTR 和 WIRE_PTR 的数组类型 PART_LIST 和 WIRE_LIST，索引取值为正数
type PART_LIST is array (POSITIVE range <>) of PART_PTR;
type WIRE_LIST is array (POSITIVE range <>) of WIRE_PTR;

-- 定义指向 PART_LIST 和 WIRE_LIST
type PART_LIST_PTR is access PART_LIST;
type WIRE_LIST_PTR is access WIRE_LIST;

-- 定义 PART 类型详细内容
type PART is
    record
        PART_NAME : STRING (1 to MAX_STRING_LEN);
        CONNECTIONS : WIRE_LIST_PTR;
end record;

-- 定义 WIRE 类型详细内容
type WIRE is
    record
        WIRE_NAME : STRING (1 to MAX_STRING_LEN);
        CONNECTS : PART_LIST_PTR;
    end record;
```

std 库为存取类型定义了释放过程 deallocate，为不需要的存取类型指向对象释放空间。其声明如下。

```
-- 假设 AT 是指向数据类型 T 的存取类型
procedure DEALLOCATE (P: inout AT);
```

2.2.4 文件类型

文件类型用来描述主机系统环境内文件的数据类型。文件类型对象的值是主机系统文件内容的序列。

```
type type_name is file of type_mark
```

其中，type_name 是类型名；type_mark 是文件中数据的类型。

文件类型定义示例如下。

```
-- 定义包含任意个任意长度字符串的文件类型 file_str
type file_str file of STRING
-- 定义仅包含自然数的文件类型 file_num
type file_num file of NATURAL
```

std 库为文件类型定义了一些文件读写操作的函数和过程。这些函数和过程声明如下。

```
-- 定义打开文件的过程和函数 FILE_OPEN
procedure FILE_OPEN (file F: TEXT;
                     External_Name: in STRING;
                     Open_Kind: in FILE_OPEN_KIND := READ_MODE);
procedure FILE_OPEN (Status: out FILE_OPEN_STATUS;
                     file F: TEXT;
                     External_Name: in STRING;
                     Open_Kind: in FILE_OPEN_KIND := READ_MODE);
impure function FILE_OPEN (file F: FT;
                     External_Name: in STRING;
                     Open_Kind: in FILE_OPEN_KIND := READ_MODE)
                     return FILE_OPEN_STATUS;
-- 定义将文件位置重置到文件开始的过程 FILE_REWIND
procedure FILE_REWIND (file F: FT);
-- 定义将文件位置移动到指定位置的过程 FILE_SEEK
procedure FILE_SEEK (file F: FT;
```

```
                    Offset : INTEGER;
                    Origin : FILE_ORIGIN_KIND := FILE_ORIGIN_BEGIN);
-- 定义设置文件的过程 FILE_TRUNCATE
procedure FILE_TRUNCATE (file F: FT;
                    Size : INTEGER;
                    Origin : FILE_ORIGIN_KIND := FILE_ORIGIN_BEGIN);
-- 定义返回当前文件状态的函数 FILE_STATE
function  FILE_STATE (file F: FT) return FILE_OPEN_STATE;
-- 定义返回当前文件模式的函数 FILE_MODE
function  FILE_MODE (file F: FT) return FILE_OPEN_KIND;
-- 定义返回当前文件位置的函数 FILE_POSITION
function  FILE_POSITION (file F: FT;
                    Origin : FILE_ORIGIN_KIND := FILE_ORIGIN_BEGIN)
                    return INTEGER;
-- 定义返回当前文件大小的函数 FILE_SIZE
function  FILE_SIZE (file F: FT) return INTEGER;
-- 定义文件对搜索和大小操作支持的判断函数 FILE_CANSEEK
function  FILE_CANSEEK (file F: FT) return BOOLEAN;
-- 定义关闭文件的过程 FILE_CLOSE
procedure FILE_CLOSE (file F: TEXT);
-- 定义文件读取过程 READ
procedure READ (file F: TEXT; VALUE: out STRING);
-- 定义文件写入过程 WRITE
procedure WRITE (file F: TEXT; VALUE: in STRING);
-- 定义刷新文件过程 FLUSH
procedure FLUSH (file F: TEXT);
-- 定义文件写入操作支持的判断函数 ENDFILE
function  ENDFILE (file F: TEXT) return BOOLEAN;
```

2.2.5 保护类型

为了解决多个进程同时访问共享变量的问题，IEEE 1076-2002 号标准正式引入了保护类型。保护类型通过将数据结构和运算操作封装到一个容器中，实现对容器内代码访问控制，提高程序操作的安全性，类似于 C++中类访问修饰符。引入保护类型这个概念之后，程序中的变量、函数、过程等数据和运算操作可以设置不同的访问级别，方便程序测试和编写。

保护类型的定义包括声明和实现两个部分。在保护类型中，可以定义过程、函数、变量等数据和操作。保护类型定义示例如下。

```
-- 保护类型 FLAG_TYPE 声明部分
type FLAG_TYPE is protected
    procedure Set;
    procedure Reset;
    impure function Inactive return Boolean;
    impure function Active  return Boolean;
end protected FLAG_TYPE;

-- 保护类型 FLAG_TYPE 实现部分
type FLAG_TYPE is protected body
    variable flag : Boolean;

    procedure Set is
    begin
        flag := True;
    end procedure Set;

    procedure Reset is
    begin
        flag := False;
    end procedure Reset;

    impure function Inactive return Boolean is
    begin
        return not flag;
    end function Inactive;

    impure function Active return Boolean is
    begin
        return flag;
    end function Active;
end protected body FLAG_TYPE;
```

保护类型调用示例如下。

```
-- 定义 flag_type 类型共享变量
shared variable my_flag : flag_type;
```

```
-- 调用变量 my_flag
if my_flag.active then
    ...
end if;
```

保护类型可以通过类属映射来实现新的实例，类似于 C++ 中的基类和派生类。

2.3 运算操作符和属性

2.3.1 运算操作符

运算操作符是进行信号、变量等对象运算时不可或缺的。表 2.2 是 VHDL 中的运算操作符，共 8 类。其中，运算操作符类别的序号越大，优先级越高。同类别运算符在运算时具有相同的优先级，不同类别运算符的优先级依据表 2.2 中的优先级先后运算。

表 2.2 VHDL 运算操作符

优先级	类别		运算操作符
1	条件运算符		??
2	逻辑运算符		and | or | nand | nor | xor | xnor
3	关系运算符		= | /= | < | <= | > | >= | ?= | ?/= | ?< | ?<= | ?> | ?>=
4	移位运算符		sll | srl | sla | sra | rol | ror
5	加法运算符		+ | - | &
6	标志运算符		+ | -
7	乘法运算符		* | / | mod | rem
8	其他运算符	二元运算符	**
9		一元运算符	abs | not

条件运算符

VHDL 条件运算符如表 2.3 所示。

表 2.3 VHDL 条件运算符

运算操作符	操作	操作数类型	结果类型
??	条件转换	bit	boolean

运算符??将 bit 类型的取值'0'和'1'与 boolean 类型的 false 和 true 对应转换，一般用在条件表达式中。这个转换运算符也会在库中重载给其他数据类型，例如，ieee 库中的 std_logic_1164 包集将 std_ulogic 的"1"和"H"转换为 true，其他值转换为 false。条件运算符一般是隐式的，不会在程序中以代码的形式体现出来。

逻辑运算符

逻辑运算符是执行逻辑运算操作的运算符。VHDL 逻辑运算符如表 2.4 所示。

表 2.4 VHDL 逻辑运算符

运算操作符	操作	操作数类型	结果类型
and	与非	bit、boolean 和以 bit 或 boolean 为元素的一维数组类型	与操作数类型相同
or	或非		
nand	与非		
nor	或非		
xor	异或		
xnor	异或非/同或		
not	非		

逻辑运算符示例如下。

```
variable a, b, res : bit;

a := '0';
b := '1';
res := a and b;   -- res='0'
res := a or b;    -- res='1'
res := a nand b;  -- res='1'
res := a nor b;   -- res='0'
res := a xor b;   -- res='1'
res := a xnor b;  -- res='0'
res := not a;     -- res='1'
```

关系运算符

关系运算符是判断两个操作数之间的数值关系的运算符。VHDL 关系运算符如表 2.5 所示。

第 2 章
VHDL 语言规则

表 2.5　VHDL 关系运算符

运算操作符	操 作	操作数类型	结 果 类 型
=	相等	除文件类型、保护类型和具有文件类型、保护类型子元素的复合类型外的任意类型	boolean
/=	不相等		boolean
< | <= | > | >=	大小比较	标量类型、标量数组类型	boolean
?=	相等	bit、std_ulogic	与操作数类型相同
		以 bit 或 boolean 为元素的一维数组类型	与元素类型相同
?/=	不相等	bit、std_ulogic	与操作数类型相同
		以 bit 或 boolean 为元素的一维数组类型	与元素类型相同
?< | ?<= | ?> | ?>=	大小比较	bit、std_ulogic	与操作数类型相同

操作符=和/=为所有非文件类型、非保护类型和不包含文件类型、保护类型子元素的复合类型提供数值相等和不相等判断。进行相等操作的两个操作数相等时，表达式返回 true，否则返回 false；不相等操作与之相反。当且仅当两个同类型的标量类型对象的值完全相同时，两者相等。当且仅当两个同类型的复合类型对象的子元素一一匹配且完全相同时，两者相等。

对于大小比较的运算符，标量类型的对象依据两个操作数的值的大小进行比较。对于标量数组类型，如果左操作数是空数组，右操作数是非空数组，那么左操作数小于右操作数。如果左右操作数都是非空数组，那么就从最高位开始逐位比较。

运算操作符?=、?/=、?<、?<=、?>和?>=是 std 库和 ieee 库为 bit 类型和 std_ulogic 预定义的匹配操作符。对于 bit 类型的操作数，这些匹配操作符的运算操作与普通的操作符相同。对于 std_ulogic 类型的操作数，匹配操作符?=和?<的运算定义如表 2.6 和表 2.7 所示，其余的匹配操作符的运算定义可以依此类推。

表 2.6　操作符?=运算定义

	?=				右 操 作 数				
左操作数	'U'	'X'	'0'	'1'	'Z'	'W'	'L'	'H'	'-'
'U'	'U'	'U'	'U'	'U'	'U'	'U'	'U'	'U'	'1'
'X'	'U'	'X'	'X'	'X'	'X'	'X'	'X'	'X'	'1'
'0'	'U'	'X'	'1'	'0'	'X'	'X'	'1'	'0'	'1'
'1'	'U'	'X'	'0'	'1'	'X'	'X'	'0'	'1'	'1'
'Z'	'U'	'X'	'X'	'X'	'X'	'X'	'X'	'X'	'1'

续表

?=					右操作数				
'W'	'U'	'X'	'X'	'X'	'X'	'X'	'X'	'X'	'1'
'L'	'U'	'X'	'1'	'0'	'X'	'X'	'1'	'0'	'1'
'H'	'U'	'X'	'0'	'1'	'X'	'X'	'0'	'1'	'1'
'-'	'1'	'1'	'1'	'1'	'1'	'1'	'1'	'1'	'1'

表 2.7 操作符?<运算定义

?<	右操作数								
左操作数	'U'	'X'	'0'	'1'	'Z'	'W'	'L'	'H'	'-'
'U'	'U'	'U'	'U'	'U'	'U'	'U'	'U'	'U'	'X'
'X'	'U'	'X'	'X'	'X'	'X'	'X'	'X'	'X'	'X'
'0'	'U'	'X'	'0'	'1'	'X'	'X'	'0'	'1'	'X'
'1'	'U'	'X'	'0'	'0'	'X'	'X'	'0'	'0'	'X'
'Z'	'U'	'X'	'X'	'X'	'X'	'X'	'X'	'X'	'X'
'W'	'U'	'X'	'X'	'X'	'X'	'X'	'X'	'X'	'X'
'L'	'U'	'X'	'0'	'1'	'X'	'X'	'0'	'1'	'X'
'H'	'U'	'X'	'0'	'0'	'X'	'X'	'0'	'0'	'X'
'-'	'X'	'X'	'X'	'X'	'X'	'X'	'X'	'X'	'X'

移位运算符

移位操作符是对目标对象进行移位操作的运算符。VHDL 中的移位操作符如表 2.8 所示。

表 2.8 VHDL 移位运算符

运算操作符	操作	左操作数类型	右操作数类型	结果类型
sll	逻辑左移	以 bit 或 boolean 为元素的一维数组类型	integer	与左操作数类型相同
srl	逻辑右移			
sla	算术左移			
sra	算术右移			
rol	逻辑循环左移			
ror	逻辑循环右移			

运算符 sll 和 srl 实现数据移位,移位产生的空位用 '0' 填充。运算符 sla 实现数据左移,移位结束后将最右端的位复制后填充到空位上;运算符 sra 则与之相反,实现数据右移,移位结束后,将最左端的位复制后填充到空位上。运算符 rol 和 ror 实现数据循

环移位，将移出的位依次填充到空位上。

移位运算符的示例如下。

```
-- 假设 x 为"01001"
--逻辑左移两位 y="00100"
y := x sll 2;
--算术左移两位 y="00111"
y := x sla 2;
--逻辑右移三位 y="00001"
y := x srl 3;
--算术右移三位 y="00001"
y := x sra 3;
--循环逻辑左移两位 y="00101"
y := x rol 2;
--等同于逻辑左移两位 y="00100"
y := x srl -2;
```

加法运算符

VHDL 中的加法运算符包括+、-和串联运算符&。VHDL 中的加法运算符如表 2.9 所示。

表2.9 VHDL 加法运算符

运算操作符	操作	左操作数类型	右操作数类型	结果类型
+	加法	任意数字类型	与左操作数相同	与左操作数相同
-	减法	任意数字类型	与左操作数相同	与左操作数相同
&	串联	任意一维数组类型	与数组类型相同	与数组类型相同
		任意一维数组类型	与数组元素类型相同	与数组类型相同
		与数组元素类型相同	任意一维数组类型	与数组类型相同
		与数组元素类型相同	与数组元素类型相同	任意一维数组类型

运算符+和-的操作为常规的数学加减操作。串联运算符的位移为数组类型定义的操作符，用于数据的拼接。串联运算符的示例如下。

```
subtype BYTE is BIT_VECTOR (7 downto 0);
type MEMORY is array (Natural range <>) of BYTE;
-- 定义 BYTE 类型常量 ZERO，初始值为"00000000"
constant ZERO: BYTE := "0000" & "0000";
-- 定义 BIT_VECTOR 类型常量 C1，初始值为"0000000000000000"
constant C1: BIT_VECTOR := ZERO & ZERO;
```

```
-- 定义 MEMORY 类型常量 C2
-- 初始值为("0000000000000000","0000000000000000")
constant C2: MEMORY := ZERO & ZERO;
-- 定义 MEMORY 类型常量 C3
-- 初始值为("0000000000000000","0000000000000000","0000000000000000")
constant C3: MEMORY := ZERO & C2;
-- 定义 MEMORY 类型常量 C4
-- 初始值为("0000000000000000","0000000000000000","0000000000000000")
constant C4: MEMORY := C2 & ZERO;
-- 定义 MEMORY 类型常量 C5
-- 初始值为("0000000000000000","0000000000000000","0000000000000000",
-- "0000000000000000","0000000000000000")
constant C5: MEMORY := C2 & C3;
```

标志运算符

标志运算符分别表示标识和取反的+和-。VHDL 标志运算符如表 2.10 所示。

表 2.10　VHDL 标志运算符

运算操作符	操 作	操作数类型	结 果 类 型
+	标识	任意数字类型	与操作数相同
-	取反	任意数字类型	与操作数相同

标志运算符的示例如下。

```
variable a, b, res : integer;

-- 非法，+运算符优先级比/运算符低，+运算符不会先计算+b 这个部分
res := a / +b;
-- 合法
res := a / (+b);
-- 非法，-运算符优先级比**运算符低，-运算符不会先计算-b 这个部分
res := a ** -b;
-- 合法
res := a ** (-b);
```

乘法运算符

VHDL 中的乘法运算符如表 2.11 所示，包括*、/、mod 和 rem，分别表示乘法、除法、取模和取余 4 种操作。

第 2 章
VHDL 语言规则

表 2.11 VHDL 乘法运算符

运算操作符	操作	左操作数类型	右操作数类型	结果类型
*	乘法	任意整数类型	与左操作数相同	与左操作数相同
		任意浮点类型	与左操作数相同	与左操作数相同
/	除法	任意整数类型	与左操作数相同	与左操作数相同
		任意浮点类型	与左操作数相同	与左操作数相同
mod	取模	任意整数类型	与左操作数相同	与左操作数相同
rem	取余	任意整数类型	与左操作数相同	与左操作数相同

运算符*、/对任意整数类型和浮点类型有常规的算术操作。对于整数类型，除法运算是整除运算，运算结果会舍去小数部分转换为整数类型。运算符 mod 和 rem 针对任意的整数类型实现取模和取余操作。

VHDL 乘法运算符对物理类型的定义，如表 2.12 所示。

表 2.12 VHDL 乘法运算符对物理类型的定义

运算操作符	操作	左操作数类型	右操作数类型	结果类型
*	乘法	任意物理类型	integer	与左操作数相同
		任意物理类型	real	与左操作数相同
		integer	任意物理类型	与右操作数相同
		real	任意物理类型	与右操作数相同
/	除法	任意物理类型	integer	与左操作数相同
		任意物理类型	real	与左操作数相同
		任意物理类型	与左操作数相同	integer
mod	取模	任意物理类型	与左操作数相同	与左操作数相同
rem	取余	任意物理类型	与左操作数相同	与左操作数相同

乘法运算符的示例如下。

```
variable a : integer;

a :=   5  rem   3 ; -- a =  2
a :=   5  mod   3 ; -- a =  2
a := (-5) rem   3 ; -- a = -2
a := (-5) mod   3 ; -- a =  1
a := (-5) rem (-3); -- a = -2
a := (-5) mod (-3); -- a = -2
a :=   5  rem (-3); -- a =  2
a :=   5  mod (-3); -- a = -1
```

```
a := 5 ns rem 3 ns; -- a = 2 ns
a := 5 ns mod 3 ns; -- a = 2 ns
a := (-5 ns) rem 3 ns; -- a = -2 ns
a := (-5 ns) mod 3 ns; -- a = 1 ns
a := 1 ns mod 300 ps; -- a = 100 ps
a := (-1 ns) mod 300 ps; -- a = 200 ps
```

其他运算符

VHDL 中还有两个操作符，不属于以上分类，如表 2.13 和表 2.14 所示。

表 2.13　VHDL 运算符 abs

运算操作符	操作	操作数类型	结果类型
abs	取绝对值	任意数字类型	与左操作数相同

表 2.14　VHDL 运算符**

运算操作符	操作	左操作数类型	右操作数类型	结果类型
**	幂运算	任意整数类型	integer	与左操作数相同
		任意浮点类型	integer	与左操作数相同

运算符 abs 和**的示例如下。

```
variable a : integer;

a := abs (-12); -- a = 12
a := abs 10086; -- a = 10086


a := 2 ** 10; -- a = 1024
-- 以下两个示例得出结果不同是运算符的优先级导致的
-- 运算符**的优先级比标志运算符-的优先级高
a := (-3) ** 2; -- a = 9 先计算运算符-，再计算运算符**
a := -3 ** 2; -- a = -9 先计算运算符**，再计算运算符-
```

2.3.2　属性

VHDL 中的属性可以从指定的对象中获得相关的数据和信息，使得 VHDL 代码更加灵活。VHDL 中预定义的属性可以划分为 7 类，即数据类型和对象的属性、数组类型的属性、信号的属性、命名实体的属性、范围的属性、PSL 对象的属性和模式视图的属性。

数据类型和对象的属性

VHDL 中的数据类型和对象的属性如表 2.15 所示。

表 2.15 VHDL 中的数据类型和对象的属性

属 性	说 明	
	属性类型	数据类型
P'base	前缀	类型 T 的对象 P，或代表 T 的别名 P
	结果类型	T 的基本类型
	限制	该属性仅可用作其他类型的前缀
	属性类型	值
P'high	前缀	标量类型 T 的对象 P，或代表 T 的别名 P
	结果类型	与 T 相同
	结果	T 的左边界
	属性类型	值
P'low	前缀	标量类型 T 的对象 P，或代表 T 的别名 P
	结果类型	与 T 相同
	结果	T 的右边界
	属性类型	值
P'high	前缀	标量类型 T 的对象 P，或代表 T 的别名 P
	结果类型	与 T 相同
	结果	T 的上边界
	属性类型	值
P'low	前缀	标量类型 T 的对象 P，或代表 T 的别名 P
	结果类型	与 T 相同
	结果	T 的下边界
	属性类型	值
P'ascending	前缀	标量类型 T 的对象 P，或代表 T 的别名 P
	结果类型	boolean
	结果	T 是递增范围时，返回 true，否则为 false
	属性类型	函数
P'length	前缀	离散类型或物理类型 T 的对象 P，或代表 T 的别名 P
	结果类型	universal_integer
	结果	T'LENGTH = maximum(0, T'POS(T'HIGH) − T'POS(T'LOW) + 1)

续表

属 性	说 明	
P'range	属性类型	范围
	前缀	标量类型 T 的对象 P，或代表 T 的别名 P
	结果类型	范围
	结果	如果 T 是递增范围，返回 T'LEFT to T'RIGHT；如果 T 是递减范围，返回 T'RIGHT to T'LEFT
P'reverse_range	属性类型	范围
	前缀	标量类型 T 的对象 P，或代表 T 的别名 P
	结果类型	范围
	结果	如果 T 是递增范围，返回 T'RIGHT to T'LEFT；如果 T 是递减范围，返回 T'LEFT to T'RIGHT
O'subtype	属性类型	子类型
	前缀	对象 O，或代表对象的别名 O
	结果	完全约束子类型
O'image	属性类型	函数
	前缀	标量类型 T 的对象 O，或代表 T 的别名 O
	结果	O'SUBTYPE'IMAGE(O)
O'pos	属性类型	函数
	前缀	离散类型或物理类型 T 的对象 O，或代表 T 的别名 O
	结果	O'SUBTYPE'POS(O)
O'succ	属性类型	函数
	前缀	离散类型或物理类型 T 的对象 O，或代表 T 的别名 O
	结果	O'SUBTYPE'SUCC(O)
O'pred	属性类型	函数
	前缀	离散类型或物理类型 T 的对象 O，或代表 T 的别名 O
	结果	O'SUBTYPE'PRED(O)
O'leftof	属性类型	函数
	前缀	离散类型或物理类型 T 的对象 O，或代表 T 的别名 O
	结果	O'SUBTYPE'LEFTOF(O)
O'rightof	属性类型	函数
	前缀	离散类型或物理类型 T 的对象 O，或代表 T 的别名 O

续表

属　性	说　明	
O'rightof	结果	O'SUBTYPE'RIGHTOF(O)
T'image(x)	属性类型	函数
	前缀	标量类型或可字符串表示的复合类型 T
	参数	类型 T 的基本类型的表达式
	结果类型	string
	结果	参数的字符串表示形式
T'value(x)	属性类型	函数
	前缀	标量类型或可字符串表示的复合类型 T
	参数	string 类型的表达式
	结果类型	T 的基本类型
	结果	字符串的 T 类型值
	限制	如果参数不是类型 T 的字符串表示形式,该属性出错
T'pos(x)	属性类型	函数
	前缀	离散类型或物理类型 T
	参数	类型 T 的基本类型的表达式
	结果类型	universal_integer
	结果	参数的值的位置
	限制	如果参数 X 不属于类型 T,该属性出错
T'val(x)	属性类型	函数
	前缀	离散类型或物理类型 T
	参数	整数类型的表达式
	结果类型	T 的基本类型
	结果	位置编号对应参数 X 的内容
	限制	如果结果超过 T 的取值范围,该属性出错
T'succ(x)	属性类型	函数
	前缀	离散类型或物理类型 T
	参数	类型 T 的基本类型的表达式
	结果类型	T 的基本类型
	结果	位置编号比参数 X 的位置编号大 1 的内容
	限制	如果参数超过 T 的取值范围或参数 X 与 T'high 相等,该属性出错
T'pred(x)	属性类型	函数
	前缀	离散类型或物理类型 T
	参数	类型 T 的基本类型的表达式

续表

属性		说明
T'pred(x)	结果类型	T 的基本类型
	结果	位置编号比参数 X 的位置编号小 1 的内容
	限制	如果参数超过 T 的取值范围或参数 X 与 T'low 相等，该属性出错
T'leftof(x)	属性类型	函数
	前缀	离散类型或物理类型 T
	参数	类型 T 的基本类型的表达式
	结果类型	T 的基本类型
	结果	在 T 范围内参数左侧的值
	限制	如果参数超过 T 的取值范围或参数 X 与 T'left 相等，该属性出错
T'rightof(x)	属性类型	函数
	前缀	离散类型或物理类型 T
	参数	类型 T 的基本类型的表达式
	结果类型	T 的基本类型
	结果	在 T 范围内参数右侧的值
	限制	如果参数超过 T 的取值范围或参数 X 与 T'right 相等，该属性出错
P'designated_subtype	属性类型	子类型
	前缀	存取类型 T 的对象 P，或代表 T 的别名 P
	结果类型	存取类型表示的子类型
P'designated_subtype	属性类型	子类型
	前缀	文件类型 T 的对象 P，或代表 T 的别名 P
	结果类型	文件类型指定的值的子类型
T'reflect	属性类型	函数
	前缀	类型 T 的对象
	结果类型	SUBTYPE_MIRROR_PT 类型的值的存取值
	结果	STD.REFLECTION.SUBTYPE_MIRROR
O'reflect	属性类型	函数
	前缀	类型 T 的对象
	结果类型	VALUE_MIRROR_PT 类型的值的存取值
	结果	STD.REFLECTION.VALUE_MIRROR

数组类型的属性

VHDL 中的数组类型的属性如表 2.16 所示。

表 2.16 VHDL 中的数组类型的属性

属　　性	说　　明	
A'left[(n)]	属性类型	函数
	前缀	数组类型 T 的对象 A，或代表有索引范围约束的数组类型 T 的别名
	参数	universal_integer 类型静态表达式，需大于 0 且不超过 A 的维度，默认值为 1
	结果类型	A 的第 N 个索引范围的类型
	结果	A 的第 N 个索引范围的左边界
A'right[(n)]	属性类型	函数
	前缀	数组类型 T 的对象 A，或代表有索引范围约束的数组类型 T 的别名
	参数	universal_integer 类型静态表达式，需大于 0 且不超过 A 的维度，默认值为 1
	结果类型	A 的第 N 个索引范围的类型
	结果	A 的第 N 个索引范围的右边界
A'high[(n)]	属性类型	函数
	前缀	数组类型 T 的对象 A，或代表有索引范围约束的数组类型 T 的别名
	参数	universal_integer 类型静态表达式，需大于 0 且不超过 A 的维度，默认值为 1
	结果类型	A 的第 N 个索引范围的类型
	结果	A 的第 N 个索引范围的上边界
A'low[(n)]	属性类型	函数
	前缀	数组类型 T 的对象 A，或代表有索引范围约束的数组类型 T 的别名
	参数	universal_integer 类型静态表达式，需大于 0 且不超过 A 的维度，默认值为 1
	结果类型	A 的第 N 个索引范围的类型
	结果	A 的第 N 个索引范围的下边界
A'range[(n)]	属性类型	范围
	前缀	数组类型 T 的对象 A，或代表有索引范围约束的数组类型 T 的别名
	参数	universal_integer 类型静态表达式，需大于 0 且不超过 A 的维度，默认值为 1
	结果类型	A 的第 N 个索引范围的类型

续表

属　性		说　明
A'range[(n)]	结果	如果 A 的第 N 个索引范围是递增范围,返回 A'LEFT(N) to A'RIGHT(N);如果 A 的第 N 个索引范围是递减范围,返回 A'LEFT(N) downto A'RIGHT(N)
A'reverse_range[(n)]	属性类型	范围
	前缀	数组类型 T 的对象 A,或代表有索引范围约束的数组类型 T 的别名
	参数	universal_integer 类型静态表达式,需大于 0 且不超过 A 的维度,默认值为 1
	结果类型	A 的第 N 个索引范围的类型
	结果	如果 A 的第 N 个索引范围是递增范围,返回 A'RIGHT(N) downto A'LEFT(N);如果 A 的第 N 个索引范围是递减范围,返回 A'RIGHT(N) to A'LEFT(N)
A'length[(n)]	属性类型	函数
	前缀	数组类型 T 的对象 A,或代表有索引范围约束的数组类型 T 的别名
	参数	universal_integer 类型静态表达式,需大于 0 且不超过 A 的维度,默认值为 1
	结果类型	universal_integer
	结果	如果 A 的第 N 个索引范围是空范围,返回 0;否则,返回 TN'POS(A'HIGH(N)) - TN'POS(A'LOW(N)) + 1,TN 是 A 的第 N 个索引的类型
A'ascending[(n)]	属性类型	函数
	前缀	数组类型 T 的对象 A,或代表有索引范围约束的数组类型 T 的别名
	参数	universal_integer 类型静态表达式,需大于 0 且不超过 A 的维度,默认值为 1
	结果类型	boolean
	结果	如果 A 的第 N 个索引范围是递增范围,返回 true;否则,返回 false
A'index[(n)]	属性类型	子类型
	前缀	数组类型 T 的对象 A,或代表 T 的别名
	参数	universal_integer 类型静态表达式,需大于 0 且不超过 A 的维度,默认值为 1
	结果	A 的第 N 个索引范围的类型
A'element[(n)]	属性类型	子类型
	前缀	数组类型 T 的对象 A,或代表 T 的别名
	结果	A 的元素的类型

信号的属性

VHDL 中信号的属性如表 2.17 所示。

表 2.17　VHDL 中信号的属性

属　　性		说　　明
S'delayed[(t)]	属性类型	信号
	前缀	静态信号名 S 表示的信号
	参数	time 类型的静态表达式，需为非负值，默认值为 0ns
	结果类型	S 的基本类型
	结果	信号 S 延时 T 后的信号
S'stable[(t)]	属性类型	信号
	前缀	静态信号名 S 表示的信号
	参数	time 类型的静态表达式，需为非负值，默认值为 0ns
	结果类型	boolean
	结果	如果在时间 T 内，信号 S 没有发生变化，返回 true，否则返回 false
S'quiet[(t)]	属性类型	信号
	前缀	静态信号名 S 表示的信号
	参数	time 类型的静态表达式，需为非负值，默认值为 0ns
	结果类型	boolean
	结果	如果在时间 T 内，信号 S 没有发生变化，返回 true，否则返回 false
S'transaction	属性类型	信号
	前缀	静态信号名 S 表示的信号
	结果类型	bit
	结果	在每个仿真周期，将信号 S 翻转
	限制	如果描述依赖 S'transaction 初始值，那么描述出错
S'event	属性类型	函数
	前缀	静态信号名 S 表示的信号
	结果类型	boolean
	结果	如果标量信号 S 或复合信号 S 的标量元素发生变化，返回 true；否则，返回 true
S'active	属性类型	函数
	前缀	静态信号名 S 表示的信号
	结果类型	boolean
	结果	
S'last_event	属性类型	函数
	前缀	静态信号名 S 表示的信号

续表

属　性	说　明	
S'last_event	结果类型	TIME
	结果	信号 S 最后一次变化到现在经过的时间
S'last_active	属性类型	函数
	前缀	静态信号名 S 表示的信号
	结果类型	TIME
	结果	
S'last_value	属性类型	函数
	前缀	静态信号名 S 表示的信号
	结果类型	S 的基本类型
	结果	信号 S 最后一次变化前的值
S'driving	属性类型	函数
	前缀	静态信号名 S 表示的信号
	结果类型	boolean
	结果	如果信号 S 或复合类型 S 的任意元素的驱动为空时，返回 false。否则，返回 true
	限制	该属性仅在进程、具有等效进程的并行语句和子程序中使用；前缀为端口信号时，不可具有 inout、out、buffer 模式；前缀为子程序形参时，必须具有 inout 或 out 模式
S'driving_value	属性类型	函数
	前缀	静态信号名 S 表示的信号
	结果类型	S 的基本类型
	结果	信号 S 的当前驱动值
	限制	该属性仅在进程、具有等效进程的并行语句和子程序中使用；前缀为端口信号时，不可具有 inout、out、buffer 模式；前缀为子程序形参时，必须具有 inout 或 out 模式

命名实体的属性

VHDL 中的命名实体的属性如表 2.18 所示。

表 2.18　VHDL 中的命名实体的属性

属　性	说　明	
E'simple_name	属性种类	值
	前缀	命名实体 E
	结果类型	string
	结果	包含实体 E 的名称的字符串

第 2 章
VHDL 语言规则

续表

属性	属性种类	说明
	属性种类	值
E'instance_name	前缀	除本地端口和组件声明的泛型以外的命名实体
	结果类型	string
	结果	包含从设计顶层到命名实体 E 的层次路径的字符串，包含实体 E 的名称
	属性种类	值
E'path_name	前缀	
	结果类型	string
	结果	包含从设计顶层到命名实体 E 的层次路径的字符串，不包含实体 E 的名称

范围的属性

VHDL 中的范围的属性如表 2-19 所示。

表 2-19　VHDL 中的范围的属性

属性	属性类型	说明
	属性类型	类型
R'recode	前缀	表示范围的名称 R
	结果	与范围 R 的类型对应的范围记录类型
	属性类型	值
R'value	前缀	表示范围的名称 R
	结果类型	R'recode
	结果	R'record 的范围记录，每个元素根据范围进行初始化。如果 R 为递增范围，则将元素 RANGE_DIRECTION 设置为 ASCENDING

PSL 对象的属性

VHDL 中的 PSL 对象的属性如表 2.20 所示。

表 2.20　VHDL 中的 PSL 对象的属性

属性	属性类型	说明
	属性类型	信号
P'signal	前缀	静态名称 P 表示的 PSL 指令（assert、cover、assume、restrict）
	结果类型	boolean
	结果	如果完成了当前指令 P，返回 true。否则，返回 false
	属性类型	函数
P'event	前缀	静态名称 P 表示的 sequence、property、assert 或 cover
	结果类型	boolean
	结果	在仿真周期内，如果完成了指令 P，返回 true。否则，返回 false

模式视图的属性

VHDL 中的模式视图的属性如表 2.21 所示。

表 2.21　VHDL 中的模式视图的属性

属性	属性类型	模式视图
M'converse	前缀	复合类型 T 的模式视图 M，或其别名
	结果	每个元素模式 EM 都与前缀相反的复合类型的模式视图相同；模式 in 和模式 out 互为相反模式，模式 inout 是自身的相反模式，模式 buffer 的相反模式是模式 in；如果 EM 是模式视图，其相反模式是 EM'converse

2.3.3　通用属性

通用属性（generic）是 VHDL 中定义的静态常规参数，可以在实体、元件等程序段的声明中定义。在通用属性定义的程序段中，通用属性是静态的，是不可更改的。通用属性实现内部参数与外部程序的联系，在元件实例化或者配置声明中可以重新配置参数的值，从而实现程序段的功能多样化，增加代码的灵活性和重用性。通用属性的语法结构如下。

```
generic (
    {parameter_name : parameter_type := parameter_value;}
    parameter_name : parameter_type := parameter_value
);
```

其中，parameter_name 是参数的名称；parameter_type 是参数的类型；parameter_value 是参数的默认值。在通用属性实例化时，如果没有重新配置参数的值，参数将保持默认值不变。

例 2.3　通用属性示例

下方代码实现了 2 输入的通用门，定义通用参数 gate_type 是实现在多种基本逻辑门中切换。在实例化元件或配置声明时，重新配置 gate_type 的值，可以将元件或者实体的功能切换为目标逻辑门。

```
entity universal_gate is
    generic (
        -- type | and or nand nor xor xnor
```

```
        -- code | 0  1  2  3  4  5
        gate_type : integer := 0
    );
    port (
        in1, in2 : in std_logic;
        outp : out std_logic
    );
end universal_gate;

architecture behavioral of universal_gate is
begin
    outp <= in1 and  in2 when gate_type = 0 else
           in1 or   in2 when gate_type = 1 else
           in1 nand in2 when gate_type = 2 else
           in1 nor  in2 when gate_type = 3 else
           in1 xor  in2 when gate_type = 4 else
           in1 xnor in2 when gate_type = 5 else
           'Z';
end behavioral;
```

2.4 课后习题

1. 详细阅读 2.1.6，深入理解 VHDL 中信号和变量的区别和联系。
2. 以例 2.1 为参考，尝试使用信号来实现 38 译码。
3. 以例 2.2 为参考，尝试使用变量来实现 38 译码。
4. 以例 2.3 为参考，尝试使用通用属性来实现一个 2 至 6 输入的与非门。

第 3 章

VHDL 主要描述语句

VHDL 的主要描述语句分为顺序语句和并行语句两大类。绝大多数的编程语言是顺序语句，如：C、JAVA、Python，都是编译后在 CPU、MCU 上运行的。而在 VHDL 所描述的硬件电路中，逻辑门在任何时刻都处于执行状态，这是与其他编程语言的最大不同。这也造成了 VHDL 以并行语句为主体，顺序语句为补充的状态。

3.1 顺序语句

顺序语句是用来描述算法的语句，仅存在于 process、function 和 procedure 代码段中。在这些代码段中，顺序语句是逐行顺序执行的。

VHDL 中的顺序语句包括 if 语句、case 语句、wait 语句、loop 语句、null 语句、信号赋值语句（见第 2.1.3 节）和变量赋值语句（见第 2.1.5 节）。

3.1.1 if 语句

if 语句是 VHDL 顺序语句的一种。根据一个或者多个条件，if 语句选择相应的语句进行执行。计语句的语法结构如下：

```
[ if_label : ]
if condition then
    sequence_of_statements
{ elsif condition then
```

```
    sequence_of_statements}
[ else
    sequence_of_statements]
end if [ if_label ] ;
```

其中，if_label 是 if 语句的标签；condition 是 if 语句选择执行代码段的判断条件；sequence_of_statements 是与 condition 对应的执行语句。

例 3.1　if 语句示例

本例的代码嵌套使用 4 条 if 语句，实现异步复位的同步计数功能。

语句 1 的判断条件是判断低电平有效的复位信号 rst_n 是否有效。如果为真，将计数器的计数值和进位值清零；如果为假，进入后续操作。

语句 2 的判断条件是判断计数器时钟的上升沿是否到来。如果为真，进行后续操作。

语句 3 的判断条件是计数器使能信号是否有效。如果为真，计数器进行计数操作；如果为假，计数器的计数值保持不变。

语句 4 的判断条件是计数值是否达到最大值。如果为真，计数值清零，进位置高电平；如果为假，计数值自加一，进位置低电平。

```
if rst_n = '0' then                    -- 语句1
    cnt <= "0000";
    tmp_carry <= '0';
elsif clk'event and clk = '1' then     -- 语句2
    if en = '1' then                   -- 语句3
        if cnt = cnt_max then          -- 语句4
            cnt <= "0000";
            tmp_carry <= '1';
        else
            cnt <= cnt + 1;
            tmp_carry <= '0';
        end if;
    else
        cnt <= cnt;
    end if;
end if;
```

3.1.2 case 语句

case 语句是 VHDL 顺序语句的一种。根据指定表达式的值，case 语句从可选分支的语句段中选择其中一个分支进行执行。case 语句的语法结构如下。

```
[ case_label : ]
case expression is
    when choices =>
        sequence_of_statements
    { when choices =>
        sequence_of_statements }
end case [ case_label ] ;
```

其中，case_label 是 case 语句的标签；expression 是 case 语句进入分支的判断表达式；choices 构成表达式的取值列表；sequence_of_statements 是与选项列表中 choices 对应分支的执行语句。取值列表必须涵盖表达式所有可能的取值，并且每一种取值只能出现一次。

choices 可由多个 choice 构成，choice 可由常量表达式、范围或者 others 表示。case 语句需要在取值列表列出表达式的可能取值，这就需要用到 others 来表示所有未列出的情况。使用 others 表示其他情况时，others 必须是最后一个 choice。

```
choices ::= choice { | choice }
choice  ::= constant_expression | range | others
```

例 3.2　case 语句示例

示例一中，根据 x 和 y 的值，case 语句 C1 和 C2 分别对 out_1 和 out_2 赋值 0、1、2 或 3。

```
-- 示例一
signal x : integer range 1 to 3;
signal y : bit_vector(1 to 0);
---
C1: case x is
    when 1 => out_1 <= 0;
    when 2 => out_1 <= 1;
    when 3 => out_1 <= 2;
end case C1;
C2: case y is
    when "00" => out_2 <= 0;
```

```
        when "01" => out_2 <= 1;
        when "10" => out_2 <= 2;
        when "11" => out_2 <= 3;
    end case C2;
```

示例二中，case 语句 C3 在 ex 的值为 num 或 num+1 时，将 op 赋值为 0；在 ex 的值为 num+2 时，将 op 赋值为 1；在 ex 的值为 num+3、num+4、num+5 或 num+6 时，将 op 赋值为 2；在 ex 的值为其他情况时，将 op 赋值为 3。

```
-- 示例二
variable ex : integer range 0 to 10;
constant num : integer := 0;
---
C3: case ex is
    when num | num + 1 =>
        op := 0;
    when num + 2 =>
        op := 1;
    when num + 3 to num + 6 =>
        op := 2;
    when others =>
        op := 3;
end case C3;
```

3.1.3 比较 if 语句和 case 语句

if 语句和 case 都是分支语句，可以在不同的条件下执行不同的操作，但两者之间还是有很大区别的。case 语句必须将所有可能的分支都列出，而 if 语句则可以通过多层嵌套更加灵活地实现功能。

例 3.3　4 位优先级编码器

示例一中，if 语句通过嵌套的方式实现优先级编码器。首先，检测 data_in 最高位是否为低电平。如果为真，直接将输出赋值为"00"；如果为假，检测次高位是否为低电平。接下来的操作以此类推。

```
-- 示例一
if data_in(3) = '0' then
    data_out <= "00";
```

```vhdl
   elsif data_in(2) = '0' then
      data_out <= "01";
   elsif data_in(1) = '0' then
      data_out <= "10";
   else
      data_out <= "11";
   end if;
```

示例二中，case 语句实现优先级编码器。case 语句直接将 data_in 作为表达式，列出 data_in 的所有可能情况，在每种情况后对 data_out 赋值。

```vhdl
-- 示例二
case data_in is
   when "0000" => data_out <= "00";
   when "0001" => data_out <= "00";
   when "0010" => data_out <= "00";
   when "0011" => data_out <= "00";
   when "0100" => data_out <= "00";
   when "0101" => data_out <= "00";
   when "0110" => data_out <= "00";
   when "0111" => data_out <= "00";
   when "1000" => data_out <= "01";
   when "1001" => data_out <= "01";
   when "1010" => data_out <= "01";
   when "1011" => data_out <= "01";
   when "1100" => data_out <= "10";
   when "1101" => data_out <= "10";
   when "1110" => data_out <= "11";
   when "1111" => data_out <= "11";
   when others => data_out <= "11";
end case;
```

示例一和示例二都实现了优先级编码器的功能，但采用 if 语句的示例一在代码量上要明显少于使用 case 语句的示例二。可以预见的是，如果分别使用 if 语句和 case 语句实现 8 位优先级编码器，两者的代码量将有很大的差别。

尽管 if 语句在代码展示上存在优先级，但是，在编写类似多路复用器的电路时，EDA 工具在实际综合时会优化这部分电路设计。

第3章 VHDL 主要描述语句

例 3.4 4 选 1 多路复用器

示例一是通过 if 语句实现 4 选 1 多路复用器的代码。图 0.1 是示例一综合后的 RTL 电路。

```
-- 示例一
if sel = "00" then
   data_out <= data_in(0);
elsif sel = "01" then
   data_out <= data_in(1);
elsif sel = "10" then
   data_out <= data_in(2);
else
   data_out <= data_in(3);
end if;
```

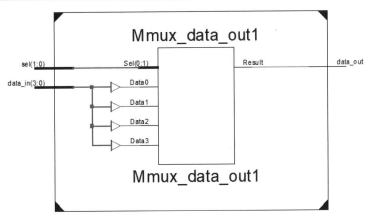

图 3.1 示例一综合后的 RTL 电路

示例一是通过 case 语句实现 4 选 1 多路复用器的代码。图 3.2 是示例二综合后的 RTL 电路。

```
-- 示例二
case sel is
   when "00" => data_out <= data_in(0);
   when "01" => data_out <= data_in(1);
   when "10" => data_out <= data_in(2);
   when others => data_out <= data_in(3);
end case;
```

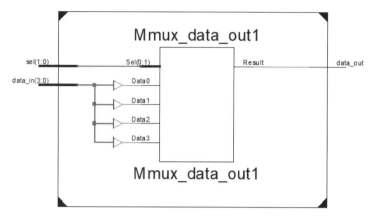

图 3.2 示例二综合后的 RTL 电路

比较图 3.1 和图 3.2，不难看出，这两张 RTL 电路图是完全相同的。示例一和示例二综合后都是一个多路复用器模块，即使是使用了嵌套 if 语句的示例一也会被综合工具优化为多路复用器模块。

3.1.4 wait 语句

wait 语句是用来暂停 process 或者 procedure 顺序语句的。wait 语句的语法结构如下。

```
[ wait_label : ] wait [ on signal_name { , signal_name } ] [ until condition ]
[ for time_expression ] ;
```

其中，wait 是 wait 语句的标签；signal_name 是 wait 语句的敏感列表中的敏感信号，直到敏感列表中的其中一个信号发生变化，才开始执行后续操作；condition 是 wait 语句需要满足的条件，指导满足 condition 的条件，才开始执行后续操作；time_expression 是表示时间的表达式，直到等待 time 所确定的时间，才开始执行后续操作。

如果 process 中有 wait 语句，那么该 process 不可设置敏感列表。

例 3.5 wait 语句示例

示例一中，语句 1 在 clk 的上升沿时结束暂停，将 a 的值赋值给 Q，进入语句 2 的暂停；语句 2 在 10ns 后结束暂停，将 b 的值赋值给 Q，进入语句 3 的暂停；语句 3 在 c 发生变化时结束暂停，将 c 的值赋值给 Q，进入语句 4 的暂停；语句 4 没有结束暂停的条件，该代码段进入永久暂停。

```
-- 示例一
wait until clk'event and clk = '1'; -- 语句 1
```

```
Q <= a;
wait for 10 ns; -- 语句2
Q <= b;
wait on c; -- 语句3
Q <= c;
wait; -- 语句4
```

示例二中，首先将 x 赋值为高电平，进入 wait 产生的暂停；等到 a 或者 b 发生变化，并且 clk 为高电平时，结束 wait 产生的暂停，将信号 x 取反。

```
-- 示例二
x <= '1';
wait on a, b until clk = '1';
x <= not x;
```

示例三中，wait 语句是当 enable 为高电平时结束暂停，其效果与注释中的 loop 语句功能相同。

```
-- 示例三
wait until enable = '1';

-- loop
--     wait on enable;
--     exit when enable = '1';
-- end loop;
```

3.1.5 loop 语句

loop 语句是可以实现多次执行同一段语句的顺序语句。loop 语句的语法结构如下。

```
[ loop_label : ]
[ iteration_scheme ] loop
    sequence_of_statements
end loop [ loop_label ] ;
```

其中，loop_label 是 loop 语句的标签；iteration_scheme 是 loop 语句循环的迭代方案；sequence_of_statements 是需要循环执行的语句段。iteration_scheme 的语法结构如下。

```
while condition | for identifier in discrete_range
```

其中，iteration_scheme 分为 while 和 for 两种结构。while 结构中，condition 是进入循环的前置条件，只有满足 condition 的条件，才能进入下一次循环；for 结构中，identifier

是循环参数的标识符，discrete_range 是给定的离散范围，每一次循环结束时，该参数都会自加一，只有循环参数在离散范围内，才能进入下一次循环。在每一次循环中，循环参数可以看作常量，在循环过程中，不可以对循环参数进行赋值操作。

为了完善 loop 语句的功能，VHDL 还定义了 next 和 exit 两个语句为 loop 语句进行补充。next 语句实现跳出本次循环功能，如果还满足进入下一次循环的条件，循环会继续执行；exit 语句实现结束循环的功能，无论是否满足进入下一次循环的条件，都会开始执行 loop 语句的下一条语句。

next 语句的语法结构如下。

```
[ next_label : ] next [ loop_label ] [ when condition ] ;
```

其中，next_label 是 next 语句的标签；loop_label 是所跳出循环的标签；condition 是 next 语句可选的执行条件。

exit 语句的语法结构如下。

```
[ exit_label : ] exit [ loop_label ] [ when condition ] ;
```

其中，exit_label 是 exit 语句的标签；loop_label 是所结束循环的标签；condition 是 exit 语句可选的执行条件。

例 3.6 loop 语句示例

示例一中，loop 语句没有迭代方案。循环内容是延迟 5ns 将 clk 取反，实现周期为 10ns 的时钟信号输出。

```
-- 示例一
L1: loop
    clk <= not clk after 5 ns;
end loop L1;
```

示例二中，loop 语句采用 while 格式的迭代方案。i 是模拟的循环参数，与 for 格式的循环参数不同，此处的 i 可以进行赋值操作。一般来说，模拟的循环参数在每次循环过程中赋新的值，否则，该循环可能会永远无法结束循环，成为无限循环。此处，i 在每次循环结束时自加一，当大于 8 时，不再进入下一次循环。

```
-- 示例二
L2 : while i <= 8 loop
    output1(i) <= input1(i+2);
    i := i + 1;
end loop L2;
```

示例三中，loop 语句采用 for 格式的迭代方案。循环参数 i 的初始值是 1。当 i 在 1

至 8 的范围时，将不断进行循环；当 i 等于 9 时，将结束整个循环。

```
-- 示例三
L3: for i in 1 to 8 loop
    output1(i) <= input1(i + 2);
end loop L3;
```

示例四中，语句 1 是结束整个 L4 的 loop 语句，不再进入下一次循环。语句 2 是在满足 i 与 m 相等时结束语句所在的 loop 语句，即 L5 的 loop 语句，结束后程序会进入 L4 的下一个循环。

```
-- 示例四
L4: loop
    L5: for i in b'range loop
        if b(i) = 'u' then
            exit L4;        -- 语句 1
        end if;
        exit when i = m;    -- 语句 2
    end loop L5;
    ...
end loop L4;
```

示例五中，语句 1 是在满足 countvalue 与 n 相等时跳出所在 loop 语句的本次循环，即 L7 的本次循环。跳出本次循环后，如果循环参数在自加一后仍然满足迭代方案的条件，则继续进入下一次循环；否则，结束 L7 的 loop 语句。语句 2 是跳出 L6 的 loop 语句的本次循环。跳出本次循环后，继续进入下一次 L6 循环。此处的 L6 没有设置循环条件，也没有在循环内部模拟循环参数，或使用 exit 语句，该循环是一个无限循环。

```
-- 示例五
L6: loop
    k:= 0;
    L7: for countvalue in 1 to 8 loop
        next when countvalue = n; -- 语句 1
        if a(k) = 'u' then
            next L6;              -- 语句 2
        end if;
        k:= k + 1;
    end loop L7;
end loop L6;
```

3.1.6 null 语句

null 语句是执行空操作的语句，即语句不会对程序产生任何影响，直接跳转到下一条语句。null 语句的语法结构如下。

```
[ null_label : ] null ;
```

其中，null_label 是 null 语句的标签。

当程序对于某些分支中不需要执行任何操作时，可以使用 null 语句。case 语句必须列出所有可能出现的分支，也就会出现不执行任何操作的分支，这时就可以使用 null 语句来作为分支执行的内容。

例 3.7　null 语句示例

示例中，当 data_in 为低电平时，不执行任何操作，即不修改 data 的值；当 data_in 为高电平时，将 data 赋值为"01"；当 data_in 为其他值时，将 data 赋值为"10"。

```
signal data_in : std_logic;
---
case data_in is
    when '0' => null;
    when '1' => data <= "01";
    when others => data <= "10";
end case;
```

3.2 并行语句

并行语句是用来描述互相连接的块和进程的语句。这些块和进程共同描述了一个电路设计的行为和结构。从本质上来说，VHDL 程序是由许多并行语句组成的，是并行语句的集合。并行语句相互之间是异步执行的，是相互独立的。并行语句互相补充，组成一个完整的电路设计，又是相互联系的。

VHDL 的并行语句包括 process 语句、when 语句、block 语句、component 语句、generate 语句和信号赋值语句（见第 2.1.3 节）。

3.2.1 process 语句

VHDL 中，进程（process）是并行语句，但其内部的语句是顺序描述语句，代表了整体设计中的一部分功能。进程的语法结构如下。

```
[ process_label : ] process [ ( process_sensitivity_list ) ] [ is ]
    [ process_declarative_part ]
begin
    process_statement_part
end process [ process_label ] ;
```

其中，process_label 是进程的标签；process_sensitivity_list 是进程的敏感列表；process_declarative_part 是进程的声明部分；process_statement_part 是进程的语句部分。

process 一般都会添加敏感列表或 wait 语句对 process 的执行条件进行判断。敏感列表本质上是隐性的 wait 语句。具有敏感列表的 process 和将 wait 语句放在最后的 process 是完全相同的，即下面的两段代码是等价的。

```
process(clk, rst_n)
begin
    ...
end process;
```

```
process
begin
    ...
    wait on clk, rst_n;
end process;
```

另外，需要特别注意的是，process 并不是在敏感列表发生变化时才开始执行，而是在敏感列表发生变化时继续执行下一次。为了验证这一点，可以通过例 3.8 进行测试。

例 3.8 process 执行过程测试

本示例是 process 执行过程的测试程序。第一个 process 中，首先将共享变量 b 赋值为高电平，将临时信号 tmp_re1 取反，然后等待信号 a 变化；等到信号 a 变化后，将临时信号 tmp_re2 取反。第二个 process 中，设置时钟信号 clk 为敏感列表，在共享变量 b 为高电平时，将临时变量 tmp_re3 取反。

```
library IEEE;
use IEEE.STD_LOGIC_1164.ALL;
```

```
use IEEE.NUMERIC_STD.ALL;

entity process_test is
    port (
        clk : in std_logic;
        a : in std_logic;
        re1 : out std_logic;
        re2 : out std_logic;
        re3 : out std_logic
    );
end process_test;

architecture Behavioral of process_test is
    signal tmp_re1, tmp_re2, tmp_re3 : std_logic := '0';
    shared variable b : std_logic := '0';
begin
    process
    begin
        b := '1';
        tmp_re1 <= not tmp_re1;
        wait on a;
        tmp_re2 <= not tmp_re2;
    end process;

    process (clk)
    begin
        if b = '1' then
            tmp_re3 <= not tmp_re3;
        end if;
    end process;

    re1 <= tmp_re1;
    re2 <= tmp_re2;
    re3 <= tmp_re3;
end Behavioral;
```

本示例的仿真结果如图 3.3 和图 3.4 所示。图 3.3 中，输出端口 re3 一直在跟随时钟信号 clk 变化。当 clk 变化时，re3 也在这个时刻取反。由此不难看出，从 0 ns 开始，共享变量 b 就已经被赋值为高电平了。那么，第一个 process 在输入端口 a 变化之前就已经开始执行了。另外，在 0 ns 时，共享变量 b 被赋值后，临时变量 tmp_re1 也改变了，但由于临时变量 tmp_re1 是信号，需要等到 process 结束时才能将值传递给输出端口 re1。

图 3.4 是将仿真时间范围放大到 50 ns 的波形图。临时变量 tmp_re3 的初始值是低电平，而 re3 在 0 ns 时的值是高电平，说明第二个 process 在 0 ns 时就执行了 tmp_re3 取反的操作。但 clk 在 0 ns 时并没有发生改变，也就不会触发敏感列表，process 在 clk 变化之前就已经执行了一次。这里的现象再次验证了 process 的执行过程。

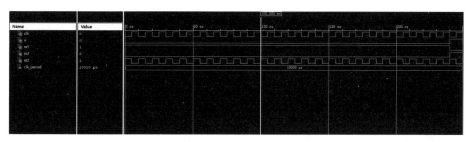

图 3.3　process 执行过程仿真结果

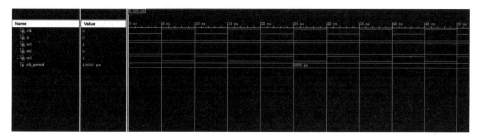

图 3.4　process 执行过程仿真结果

▶ 3.2.2　block 语句

　　block 语句是将结构体中并行语句分组的语句，实现设计的模块化。block 语句的语法结构如下：

```
block_label :
block [ ( guard_condition ) ] [ is ]
    block_header
    block_declarative_part
begin
    block_statement_part
end block [ block_label ] ;
```

其中，block_label 是 block 语句的标签；guard_condition 是保护块的条件；block_header 是 block 头部，包含 generic、port 等语句；block_declarative_part 是 block 声明部分，包含在 block 内部使用的常量、信号等声明；block_statement_part 是 block 语句的主题，包含待执行的并行语句。

block 语句按照是否具有保护块条件，分为简单块和保护块。简单块可以理解为对原有代码的区域分割，将结构体模块化，增强结构体内部的层次性和可维护性。

例 3.9 简单块示例

示例一中，block 语句 B1 和 B2 将 3 条赋值语句分割为两部分，每条语句都会同时执行。综合工具综合后，其实际功能与示例最后的注释部分是完全相同的。

```
-- 示例一
B1 : block
begin
    out1 <= '1';
end block;

B2 : block
begin
    out2 <= '1';
    out3 <= '0';
end block;

-- out1 <= '1';
-- out2 <= '1';
```

示例二中，block 语句 B3 和 B4 实现了 block 语句的嵌套。

```
-- 示例二
signal a, b : bit := '1';
---
B3 : block
    signal s : bit;
begin
    s <= a xor b;
    B4 : block
    begin
        a <= s;
    end block;
```

```
end block;
```

保护块是一种特殊的 block 语句，比简单块多了保护块条件。只有当保护块条件为真时，保护块内带有 guarded 关键词的语句才会被执行。保护块是不可综合的。

例 3.10 保护块示例

本示例通过保护块实现了同步复位上升沿触发的 D 触发器。只有在保护块条件为真且 rst 为高电平时，q 会被赋值为高电平。否则，q 被赋值为 d 的值。

```
GB1 : block(clk'event and clk = 1)
begin
    q <= guarded '0' when rst = '1' else d;
end block;
```

3.2.3　generate 语句

generate 语句是为并行语句提供迭代循环和条件分支机制语句。generate 根据实现的功能可以分为 for/generate、if/generate 和 case/generate。在功能和语法结构上，与顺序语句中的 for/loop 语句、if 语句和 case 语句大致相同。

for/generate 语句的语法结构如下。

```
generate_label :
for identifier in discrete_range generate
    generate_statement_body
end generate [ generate_label ] ;
```

其中，generate_label 是 generate 语句的标签；identifier 是 generate 语句进行迭代循环的生成参数；discrete_range 是生成参数的离散范围；generate_statement_body 是进行循环的并行语句段。

if/generate 语句的语法结构如下。

```
generate_label :
if [ alternative_label : ] condition generate
    generate_statement_body
{ elsif [ alternative_label : ] condition generate
    generate_statement_body }
[ else [ alternative_label : ] generate
    generate_statement_body ]
end generate [ generate_label ] ;
```

其中，generate_label 是 generate 语句的标签；alternative_label 是分支的标签；condition 是 if/generate 进入分支的条件；generate_statement_body 是每个分支对应的并行语句段。

case/generate 语句的语法结构如下。

```
generate_label :
case expression generate
    when [ alternative_label : ] choices =>
        generate_statement_body
    { when [ alternative_label : ] choices =>
        generate_statement_body }
end generate [ generate_label ] ;
```

其中，generate_label 是 generate 语句的标签；expression 是进入分支的判断表达式；alternative_label 是分支的标签；generate_statement_body 是每个分支对应的并行语句段。

例 3.11　generate 语句示例

示例一实现了多输入与门的电路。通过 for/generate 语句，将输入信号的每一位都进行逻辑与操作。port_num 是通用属性定义的输入端口数量，端口定义了相应数量的输入。

```
-- 示例一
generic (
    port_num : integer := 2
);
port (
    inp : in unsigned(port_num - 1 downto 0);
    outp : out std_logic
);
---
outp(0) <= inp(0);
gen : for i in 1 to port_num - 1 generate
    outp(i) <= outp(i - 1) and inp(i);
end generate;
```

示例二实现逻辑与/或门的电路。通过 case/generate 语句，判断通用属性 gate_type 的值，实现逻辑与门或逻辑或门的功能。

```
-- 示例二
generic (
    -- type | and or
    -- code |  0   1
```

```
    gate_type : integer := 0
);
---
gen : if gate_type = 0 generate
    outp <= in1 and in2;
elsif gate_type = 1 generate
    outp <= in1 or in2;
else generate
    outp <= 'Z';
end generate;
```

示例三实现了通用触发器的电路。通过 case/generate 语句，判断 ff_type 的值，实现 D 触发器、JK 触发器或 T 触发器的功能。

```
-- 示例三
generic (
    --       type  num
    -- d_ff    0    1
    -- jk_ff   1    2
    -- t_ff    2    1
    ff_type : integer := 0;
    port_num : integer := 1;
    -- rising_edge  '1'
    -- falling_edge '0'
    clk_edge : std_logic := '1'
);
---
gen : case ff_type generate
    when 0 =>
        q <= inp(0) when (clk'event and clk = clk_edge)
            else q;
    when 1 =>
        q <= (inp(1) and not q) or (not inp(0) and q)
            when (clk'event and clk = clk_edge)
            else q;
    when 2 =>
        q <= (inp(0) and not q) or (not inp(0) and q)
            when (clk'event and clk = clk_edge)
            else q;
```

```
        when others =>
            q <= 'Z';
end generate;
```

3.2.4　component 实例化语句

component（元件）是一段结构完整的代码段。使用 component 时，需要 component 声明和 component 实例化两部分。component 声明是为一个设计实体创建一个虚拟接口供实例化语句使用的。component 实例化语句是关联 component 的端口，重新配置 component 的通用属性，将一个设计实体实例化为当前设计实体的子元件。

component 声明的语法结构如下。

```
component component_name [ is ]
    [ generic (generic_list); ]
    [ port (port_list); ]
end [ component ] [ component_name ] ;
```

其中，component_name 是元件的名称；generic_list 是元件的通用属性列表；port_list 是元件的端口列表。

component 实例化语句的语法结构如下。

```
label : [ component ] component_name
        [ generic map ( generic_association_list ) ]
        [ port map ( port_association_list ) ];
```

其中，component_name 是 component 声明中的元件名称；generic_association_list 是重新配置通用属性的列表，即通用属性映射列表；port_association_list 是关联端口的列表，即端口映射列表。映射列表的语法结构如下。

```
generic map (
    [ parameter_name => value, ]
    parameter_name => value
)
port map (
    [ port_name => signal_expression, ]
    port_name => signal_expression
)
```

其中，映射列表可以包含多个通用属性或者端口的映射，也可以省略不需要修改的通用属性和不需要连接的端口。

例 3.12　component 示例

通用触发器 flip_flop 是通过通用属性实现多种触发器功能的设计实体。示例在结构体的声明部分声明了元件 flip_flop，在实现部分将 flip_flop 实例化为 D 触发器，实现同步模 10 的 8421BCD 码计数器电路。

```
-- 通用触发器示例
entity flip_flop is
    generic (
        --       type num
        -- d_ff   0   1
        -- jk_ff  1   2
        -- t_ff   2   1
        ff_type : integer := 0;
        port_num : integer := 1;
        -- rising_edge  '1'
        -- falling_edge '0'
        clk_edge : std_logic := '1'
    );
    port (
        clk : in std_logic;
        inp : in unsigned(port_num - 1 downto 0);
        q   : out std_logic;
        nq  : out std_logic
    );
end flip_flop;
```

通用触发器 flip_flop 的 RTL 原理图如图 3.5 所示。使用 D 触发器实现同步模 10 的 8421BCD 码计数器的原理图如图 3.6 所示。依据计数器原理图，将实际的连接在下述代码中实现。

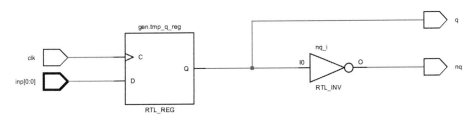

图 3.5　通用触发器 flip_flop 的 RTL 原理图

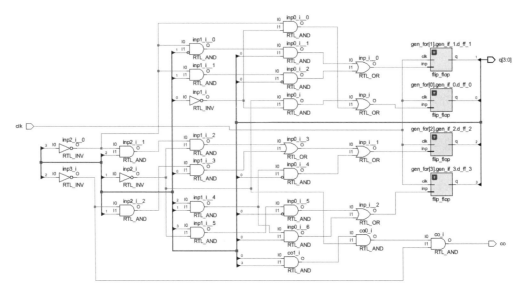

图 3.6 使用 D 触发器实现同步模 10 的 8421BCD 码计数器的原理图

```
-- 计数器实现代码
entity counter_bcd is
    port (
        clk : in std_logic;
        q : out unsigned(3 downto 0);
        co : out std_logic
    );
end entity counter_bcd;

architecture struct of counter_bcd is
    component flip_flop
        generic (
            --      type num
            -- d_ff   0   1
            -- jk_ff  1   2
            -- t_ff   2   1
            ff_type : integer := 0;
            port_num : integer := 1;
            -- rising_edge  '1'
            -- falling_edge '0'
            clk_edge : std_logic := '1'
        );
```

```vhdl
        port (
            clk : in std_logic;
            inp : in unsigned(port_num - 1 downto 0);
            q   : out std_logic;
            nq  : out std_logic
        );
    end component;

    signal tmp : unsigned(3 downto 0) := "0000";
begin
    q <= tmp;
    co <= tmp(0) and tmp(3) and not tmp(1) and not tmp(2);

    gen_for : for i in 0 to 3 generate
        gen_if_0 : if i = 0 generate
            d_ff_0 : flip_flop
                port map (
                    clk => clk,
                    inp(0) => (not tmp(1) and not tmp(0)) or (not tmp(3) and not tmp(0)),
                    q => tmp(0)
                );
        end generate;
        gen_if_1 : if i = 1 generate
            d_ff_1 : flip_flop
                port map (
                    clk => clk,
                    inp(0) => (not tmp(3) and not tmp(1) and tmp(0)) or (not tmp(3) and tmp(1) and not tmp(0)),
                    q => tmp(1)
                );
        end generate;
        gen_if_2 : if i = 2 generate
            d_ff_2 : flip_flop
                port map (
                    clk => clk,
                    inp(0) => (not tmp(3) and tmp(2) and not tmp(1)) or (not tmp(2) and tmp(1) and tmp(0)) or (tmp(2) and tmp(1) and not tmp(0)),
                    q => tmp(2)
```

```
                );
            end generate;
            gen_if_3 : if i = 3 generate
                d_ff_3 : flip_flop
                    port map (
                        clk => clk,
                        inp(0) => (tmp(3) and not tmp(1) and not tmp(0)) or (tmp(2) and tmp(1) and tmp(0)),
                        q => tmp(3)
                    );
            end generate;
        end generate;
    end struct;
```

对计数器设计实体进行仿真，仿真结果如图3.7所示。在时钟信号clk上升沿时，计数状态q会自加一；当状态q达到"1001"时，进位co变为高电平；当计数器重新开始新一轮计数时，进位co变为低电平。

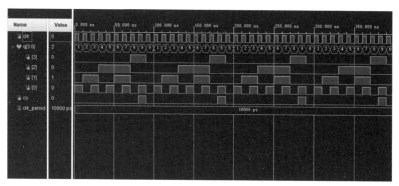

图3.7　同步模10的8421BCD码计数器的仿真结果

3.3　子程序

子程序是包含计算值或描述电路行为算法程序段，包含函数（function）和过程（procedure）两种形式，实现数据类型转换、以固定分辨率驱动信号等功能。子程序的使用包含两个重要的部分：子程序定义和子程序调用。子程序定义是对子程序具体功能的声明，子程序调用是执行定义中的程序段，实现特定功能。另外，顺序语句可以在子程序的内部使用,这是子程序的重要特征。

3.3.1 函数

函数是定义算法或者描述电路行为的子程序。函数可以看作返回特定数据类型的表达式,这是函数的一个重要特征。函数的返回类型可以是标量类型,也可以是复合类型。

函数的定义包含函数声明和函数主体两部分。函数声明包含了函数的部分信息,包括通用属性、参数列表、返回值。函数主体是函数定义的主要内容,除了包含以上信息,还对函数的具体行为或者算法进行了描述。

函数声明的语法结构如下。

```
[ pure | impure ] function designator
    [ generic ( generic_list )
    [ generic_map_aspect ] ]
    [ [ parameter ] ( formal_parameter_list ) ]
    return [ return_identifier of ] type_mark
```

其中,designator 是函数的名称,可以是自定义的标识符,也可以是运算符;generic 部分是函数的通用属性和通用属性映射;parameter 部分是函数的参数列表,关键词 parameter 可以省略;return_identifier 是函数返回值的标识符,type_mark 是函数返回值的数据类型;在关键词 function 前添加 impure 可以将函数设置为非纯函数,添加 pure 或者省略可以将函数设置为纯函数。

函数主体的语法结构如下。

```
[ pure | impure ] function designator
    [ generic ( generic_list )
    [ generic_map_aspect ] ]
    [ [ parameter ] ( formal_parameter_list ) ]
    return [ return_identifier of ] type_mark is
    function_declarative_part
begin
    function_statement_part
end function [ designator ];
```

其中,function_declarative_part 是函数的声明部分,包含子程序定义、包集声明、数据类型定义、变量定义等内容。function_statement_part 是函数的语句部分,包含实现函数功能的语句段。

函数调用是函数执行的标志,此时,程序执行函数主体,将返回值作为函数的值继续进行其他运算和操作。函数调用的实质是表达式，因此可以出现在顺序语句或并行语句中。函数调用的语法结构如下。

```
function_name [ generic_map_aspect ] [ [ parameter map ]
( parameter_association_list ) ]
```

其中，function_name 是函数的名称；generic_map_aspect 是通用属性映射；parameter_association_list 是参数列表，关键词 parameter map 可省略。

在 VHDL 中，函数还可以分为纯函数和非纯函数。使用相同的参数列表调用纯函数，得到的返回值是固定的；而使用相同的参数列表调用非纯函数，得到的返回值是不固定的。

return 语句是仅在子程序中使用的顺序语句，用来结束子程序返回到主程序。在函数中，return 语句的语法结构如下。

```
[ return_label : ] return expression [when condition];
```

其中，return_label 是 return 语句的标签；expression 是需要传递给主程序的返回值；condition 是可设置的 return 语句触发条件。

例 3.13 函数示例

示例一定义了两个 and 操作符函数，实现 std_logic 类型和 bit 类型的与操作。在函数一中，依据 bit 类型 b 的值设置与之对等的 std_logic 类型 tmp，然后将 a 和 tmp 的与操作结果作为返回值返回给调用函数的主程序。函数二是函数一的重载，可以实现相同函数标识对不同参数列表执行不同操作。示例一中的函数二是针对 bit 类型参数为左操作数时的与操作，可以将参数对调后调用函数一作为函数二的返回值。

操作符函数调用有两种方式：使用操作符的字符串形式调用，按照"左操作数+操作符+右操作数形式"调用。

```
-- 示例一
-- 函数一
function "and" (a : std_logic; b : bit) return std_logic is
    variable tmp : std_logic;
begin
    tmp := '1' when  b = '1' else
           '0';
    return a and tmp;
end function;
-- 函数二
function "and" (a : bit; b : std_logic) return std_logic is
```

```
begin
    return b and a;
end function;
---
signal ina : std_logic;
signal inb : bit;
signal outp1, outp2, outp3 : bit;
---
outp1 <= "and"(ina, inb);
outp2 <= ina and inb;
outp3 <= inb and ina;
```

图 3.8 是与操作的函数示例仿真结果。从图 3.8 可以看出，outp1、outp2 和 outp3 的波形是完全相同的，当且仅当 ina 和 inb 都为高电平时，与操作输出才为高电平。否则，输出低电平。

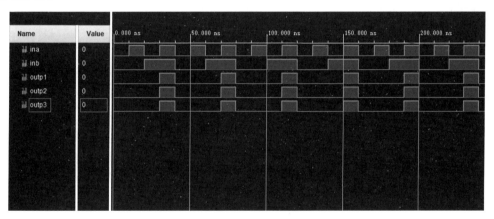

图 3.8　与操作的函数示例仿真结果

示例二定义了两个 4 位 unsigned 类型的安全比较函数，完全比较两个参数后返回比较结果。安全比较函数的执行时间与参数的类型有关，与参数的值无关。

```
-- 示例二
function safe_compare(a, b : unsigned(3 downto 0)) return boolean is
    variable flag : boolean := true;
begin
    for i in 3 downto 0 loop
        if not a(i) = b(i) then
            flag := false;
```

```
            end if;
        end loop;
        return flag;
    end function;
    ---
    outp <= '1' when safe_compare(ina, inb) else
            '0';
```

图 3.9 是安全比较的函数示例仿真结果。仿真结果中，inb 的值为"0101"，ina 的值一直在变化。当 ina 变化为"0101"时，outp 输出为高电平；当 ina 继续变化为其他值时，outp 输出为低电平。

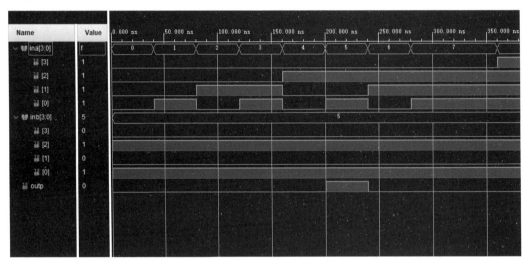

图 3.9　安全比较的函数示例仿真结果

3.3.2　过程

过程语句的作用与函数类似，但过程参数有输入和输出，比函数更为灵活。过程可以重复使用，相当于其他高级语言的子程序。

过程由过程名和参数表组成。参数表可以对常数、变量和信号这三类数据对象目标做出说明，并用关键词 IN、OUT、INOUT 定义这些参数的工作模式，即信息的流向。如果没有指定模式，则默认为 IN。如果只定义了 IN 模式而未定义目标参数类型，则默认为常量。若定义了 INOUT 或 OUT，则默认目标参数类型是变量。

过程声明的语句格式如下：

```
procedure designator is
  [ generic ( generic_list )
  [ generic_map_aspect ] ]
[ [ parameter ] ( formal_parameter_list ) ]
```

其中，designator 是过程的名称，它始终是一个标识符；generic 部分是过程的通用属性和通用属性映射；parameter 部分是过程的参数列表，关键词 parameter 可以省略。

参数有常数、变量、信号,需明确说明，用关键字 IN、OUT、INOUT 定义参数信息流向,参数无特别说明,IN 作为常数对待；只说明 OUT、INOUT,作为变量对待,信号必须明确用关键字 SIGNAL 声明。数据类型只能是非限制形式，不能使用 STD_LOGIC_VECTOR(0 TO 7)INTEGER RANGE 20 DOWNTO 0。

```
procedure prog1(signal a,b,c: INOUT STD_LOGIC_VECTOR);
procedure prog2(CONSTANT a: IN BIT; VARIABLE b: INOUT BIT; SIGNAL c: OUT BIT);
procedure prog3(a: IN BIT; b: INOUT BIT; c: OUT BIT);
```

函数主体的语法结构如下。

```
procedure designator is
    [ generic ( generic_list )
    [ generic_map_aspect ] ]
    [ [ parameter ] ( formal_parameter_list ) ]
       procedure_declarative_part
begin
    procedure_statement_part
end procedure [ designator ];
```

其中，procedure_declarative_part 是过程的声明部分，包含子程序定义、包集声明、数据类型定义、变量定义等内容，procedure_statement_part 是过程的语句部分，包含实现过程功能的语句段。

过程调用就是执行一个给定名字和参数的过程。调用过程的语句格式如下：

过程名[([形参名 =>] 实体表达式{ , [形参名 =>]实参表达式})];

括号中的实参表达式称为实参，它可以是一个具体的数值，也可以是一个标识符，是当前调用程序中过程形参的接受体。

形参名，即为当前欲调用的过程中已说明的参数名，即与实参表达式相联系的形参名。

return 语句是仅在子程序中使用的顺序语句，用来结束子程序返回到主程序。在过程中，return 语句的语法结构如下。

```
[ return_label : ] return [when condition];
```

其中，return_label 是 return 语句的标签；condition 是可设置的 return 语句触发条件。过程可以返回多个值，也可以不返回值。

例 3.14

在此示例中编写的是一个比较最大值的 max 过程。定义了两个 4 位 STD_LOGIC_VECTOR 类型的比较数。

```
procedure max( signal a,b:IN STD_LOGIC_VECTOR;
 signal c : out STD_LOGIC_VECTOR) is
   BEGIN
   c<=a;
   if(a<=b) then
   c<=b;
   end if;
 END procedure max;


 LIBRARY IEEE ;
 USE IEEE.STD_LOGIC_1164.ALL;
 use work.hanshu.ALL;
 entity axamp is
 port(data1,data2:IN STD_LOGIC_VECTOR(3 downto 0);
 data3,data4:IN STD_LOGIC_VECTOR(3 downto 0);
 out1,out2:OUT STD_LOGIC_VECTOR(3 downto 0));
 end;

 architecture bhv of axamp is
 begin
 max(data1,data2,out1);
 process(data3,data4)
 begin
 max(data3,data4,out2);
 end process;
 end bhv;
```

上面示例中还显示了调用的部分，分别使用了并行过程调用和顺序过程调用。

顺序过程调用：

```
process(data3,data4)
 begin
 max(data3,data4,out2);
end process;
```

并行过程调用：

```
begin
  max(data1,data2,out1);
End
```

并行过程调用语句可以作为一个并行语句直接出现在结构体或块语句中。并行过程调用语句的功能等效于包含同一个过程调用语句的进程。

图 3.10 是 max 过程的示例仿真结果。仿真结果中，data1 的值为 "0101"，data3 的值为 "1101"。data2 和 data4 的值在变化。当 data2>data1/data4>data3 时，也就是 0~1 ms 的位置，输出 out1/out2 为 data2/data4 的值。当 data2<data1/data4<data3 时，也就是 1~2 ms 时，输出 out1/out2 为 data1/data3 的值。其中，c、d、e 为十六进制表达形式，对应的二进制分别为 1100，1101，1110。

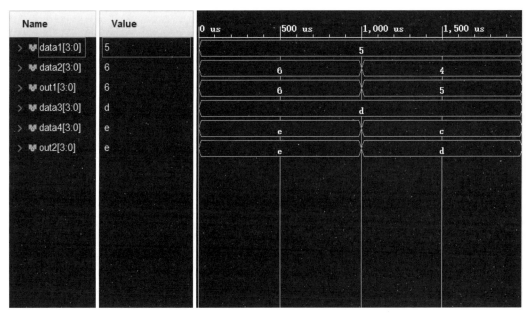

图 3.10　max 过程的示例仿真结果

3.4 课后习题

1. 以例 3.1 为参考，尝试实现一个同步复位的计数器，并分析 VHDL 代码执行逻辑以验证其有效性。
2. 以例 3.11 为参考，尝试使用 case 语句来实现一位全加器。
3. 以例 3.12 为参考，尝试使用 generate 语句实现三位加/减法器。
4. 以例 3.13 为参考，尝试编写对 3bit 数据取模操作的函数。

第 4 章

VHDL 组合逻辑电路设计

本章将结合之前介绍的 VHDL 语法,设计并分析一系列组合逻辑电路。

4.1 4-16 译码器

本示例设计的是输出高电平有效的 4-16 译码器,将 4 位二进制编码转化为 16 位独热码。4-16 译码器具有高电平有效的使能输入端口、选择输入端口。当使能信号有效时,输出的结果又选择决定信号。比如,使能信号有效时,选择信号为 "0101",那么输出信号为 "0000000000100000"。本设计将 3-8 译码器作为元件进行级联实现 4-16 译码器。

3-8 译码器的 VHDL 代码如下。3-8 译码器具有 3 个使能输入端口:en、ena_n 和 enb_n,多使能端口使得 3-8 译码器级联更为便捷。

```
----------------------------------------
-- Date        : 2020/08/08 Fri
-- Design Name : decoder_4to16
-- Module Name : decoder_3to8
-- Description : This entity (" decoder_3to8 ") is buit as a 3-to-8 decoder. The
--               decoder has three enable inputs (en, ena_n, enb_n) and
--               active-high outputs. An output is asserted if and only if the
--               decoder is enabled and the output is selected by the
--               select-input (inp).
----------------------------------------
library ieee;
```

```vhdl
use ieee.std_logic_1164.all;
use ieee.numeric_std.all;

entity decoder_3to8 is
    port (
        en    : in  std_logic;
        ena_n : in  std_logic;
        enb_n : in  std_logic;
        inp   : in  unsigned(2 downto 0);
        outp  : out unsigned(7 downto 0)
    );
end decoder_3to8;

architecture decoder_3to8_behavioral of decoder_3to8 is
    signal tmp : unsigned(7 downto 0);
    signal enable : std_logic;
begin
    -- 根据选择输入端口 inp 的值，将输出值保存在临时信号 tmp
    tmp <= "00000001" when inp = "000" else
           "00000010" when inp = "001" else
           "00000100" when inp = "010" else
           "00001000" when inp = "011" else
           "00010000" when inp = "100" else
           "00100000" when inp = "101" else
           "01000000" when inp = "110" else
           "10000000" when inp = "111" else
           "00000000";
    -- 生成译码器的总使能信号
    enable <= en and not ena_n and not enb_n;
    -- 根据总使能信号对输出端口 outp 赋值
    outp <= tmp when enable = '1' else
            "00000000";
```

4-16 译码器的 VHDL 代码如下。以下代码中，结构体的声明部分将 3-8 译码器 decoder_3to8 声明为元件，语句部分实例化了两个 3-8 译码器，分别作为低 8 位和高 8 位译码器。

```vhdl
---------------------------------------------------------------
-- Date          : 2020/08/08 Fri
-- Design Name : decoder_4to16
-- Module Name : decoder_4to16
-- Description : This Module (" decoder_4to16 ") is buit as a 4-to-16 decoder.
--               The decoder has one enable input (en) and active-high
--               outputs. An output is asserted if and only if the decoder is
--               enabled and the output is selected by the select-input (inp).
---------------------------------------------------------------

library ieee;
use ieee.std_logic_1164.all;
use ieee.numeric_std.all;

entity decoder_4to16 is
    port (
        en   : in  std_logic;
        inp  : in  unsigned(3 downto 0);
        outp : out unsigned(15 downto 0)
    );
end decoder_4to16;

architecture decoder_4to16-structure of decoder_4to16 is
    -- 声明 decoder_3to8 为元件
    component decoder_3to8 is
        port (
            en    : in  std_logic;
            ena_n : in  std_logic;
            enb_n : in  std_logic;
            inp   : in  unsigned(2 downto 0);
            outp  : out unsigned(7 downto 0)
        );
    end component;
begin
    -- 实例化 decoder_3to8 为输出端口低 8 位的译码器
    dec_1 : decoder_3to8
        port map (
            en   => en,
```

```
            ena_n => inp(3),
            enb_n => '0',
            inp   => inp(2 downto 0),
            outp  => outp(7 downto 0)
        );
    -- 实例化 decoder_3to8 为输出端口高 8 位的译码器
    dec_2 : decoder_3to8
        port map (
            en    => en,
            ena_n => not inp(3),
            enb_n => '0',
            inp   => inp(2 downto 0),
            outp  => outp(15 downto 8)
        );
end decoder_4to16-structure;
```

图 4.1 是 4-16 译码器的 RTL 原理图。图 4.1 中,使能信号 en 和选择信号 inp 的第 3 位连接到两个 3-8 译码器元件的使能端,控制低 8 位和高 8 位译码器进行工作。两个 3-8 译码器元件的 8 位输出端口分别作为低 8 位和高 8 位连接 16 位输出端口 outp,实现 4-16 译码器的独热码输出。

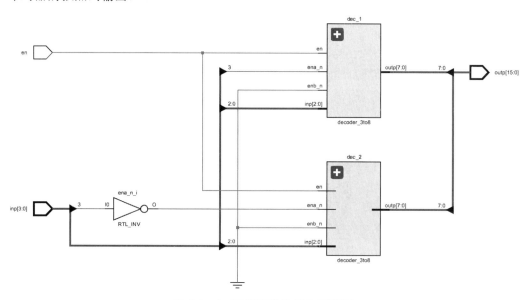

图 4.1　4-16 译码器的 RTL 原理图

图 4.2 是 4-16 译码器的仿真结果。图 4.2 中,0 ns 至 200 ns,使能信号有效,选择

输入信号每 10 ns 自加一，输出端口输出选择信号对应的独热码。200 ns 后，使能信号无效，无论选择输入信号如何变化，输出端口始终为 16 位低电平。仿真结果验证了设计的正确性。

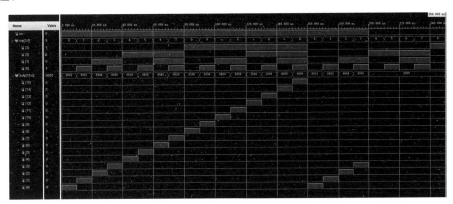

图 4.2 4-16 译码器的仿真结果

4.2 具有三态输出的 8 位 4 输入复用器

本示例设计的是具有三态输出的 8 位 4 输入复用器。在 4 路信号中，选择 1 路连接到输出。复用器具有高电平有效的使能端口，当使能信号有效时，选择信号决定输出端口接入的信号。当使能信号无效时，输出端口进入高阻态。比如，使能信号有效时，选择信号为"01"，那么输出信号为编号为"01"的 8 位输入信号；使能信号无效时，输出信号始终为"ZZZZZZZZ"。

本示例的 VHDL 代码如下。

```
-- Date         : 2020/08/08 Fri
-- Design Name  : mux_4in8bit_3state
-- Module Name  : mux_4in8bit_3state
-- Description  : This Module (" mux_4in8bit_3state ") is buit as a 4in 8bit
--                multiplexer with three-state output. The mux has one enable
--                input (en) to control the Hi-Z state of the output. When the
--                enable input is active, the 8-bit output is depended on the
--                select-input (sel) and the four 8-bit input data (inpa, inpb,
--                inpc, inpd).
```

```vhdl
library ieee;
use ieee.std_logic_1164.all;
use ieee.numeric_std.all;

entity top is
    port (
        en : in std_logic;
        sel : in unsigned(1 downto 0);
        inpa : in unsigned(7 downto 0);
        inpb : in unsigned(7 downto 0);
        inpc : in unsigned(7 downto 0);
        inpd : in unsigned(7 downto 0);
        outp : out unsigned(7 downto 0)
    );
end top;

architecture behavioral of top is
    constant zzz : unsigned(7 downto 0) := "ZZZZZZZZ";
begin
    outp <= zzz when en = '0' else
            inpa when sel = "00" else
            inpb when sel = "01" else
            inpc when sel = "10" else
            inpd when sel = "11" else
            zzz;
end behavioral;
```

图 4.3 是具有三态输出的 8 位 4 输入复用器的仿真结果。图 4.3 中，0 ns 至 40 ns，使能信号有效，选择输入信号每 10 ns 自加一，输出端口输出对应通道的输入信号。40 ns 后，使能信号无效，输出端口进入高阻态。仿真结果验证了设计的正确性。

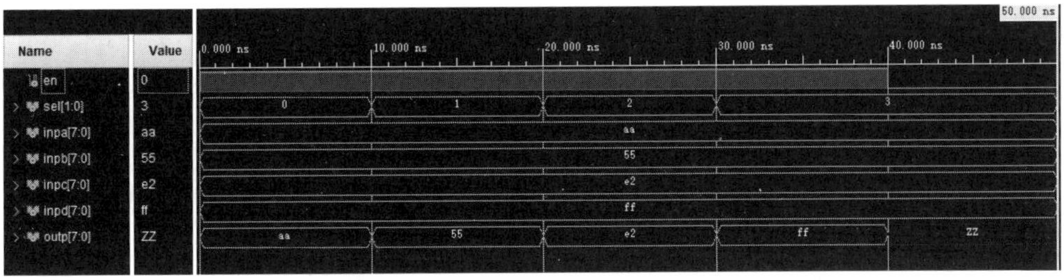

第 4 章
VHDL 组合逻辑电路设计

图 4.3　具有三态输出的 8 位 4 输入复用器的仿真结果

4.3　16 位桶形移位器

本示例设计的是 16 位桶形移位器，可实现对 16 位输入信号的循环左移、循环右移、逻辑左移、逻辑右移、算术左移和算术右移这 6 种操作。移位器的功能选择由模式输入信号决定。移位器将循环左移、循环右移、逻辑左移、逻辑右移、算术左移和算术右移这 6 种操作，分别定义为"001"模式、"010"模式、"011"模式、"100"模式、"101"模式和"110"模式。对于"000"模式和"111"模式，移位器输出进入高阻态。比如，移位器的 16 位输入数据为"1011011101001000"，模式输入为"001"，即循环左移，移位量为 2，那么，输出信号为"1101110100100010"。

本示例的 VHDL 代码如下。代码在实体内预定义了移位器的 6 种状态码。在结构体内使用 when 赋值语句实现移位模式的选择。代码中的 my_rol、my_ror、my_sll、my_srl、my_sla 和 my_sra 是自定义的移位函数，分别可以实现对 unsigned 数据的循环左移、循环右移、逻辑左移、逻辑右移、算术左移和算术右移。本示例使用模块化的设计，以上移位函数的定义被放置在 work 库的 shifter_pkg 包集内，调用时只需在 VHDL 文件头部声明该包集即可。

```
---------------------------------------------------------
-- Date           : 2020/08/08 Fri
-- Design Name : barrel_shifter_16
-- Module Name : barrel_shifter_16
-- Description : This Module (" barrel_shifter_16 ") is buit as a 16-bit barrel
--                shifter with 6 modes which contant rol, ror, sll, srl, sla and
--                sra. The shifter shifts the 16-bit input data in the mode
--                decided by then mode-input. The shift amount is the input s.
--                The output will go into Hi-Z when mode-input is illegal.
---------------------------------------------------------
```

```vhdl
library ieee;
use ieee.std_logic_1164.all;
use ieee.numeric_std.all;
use work.shifter_pkg.all;

entity top is
    port (
        data_in : in unsigned(15 downto 0);
        s : in unsigned(3 downto 0);
        mode : in unsigned(2 downto 0);
        data_out : out unsigned(15 downto 0)
    );
    constant mode_rol : unsigned(2 downto 0) := "001";
    constant mode_ror : unsigned(2 downto 0) := "010";
    constant mode_sll : unsigned(2 downto 0) := "011";
    constant mode_srl : unsigned(2 downto 0) := "100";
    constant mode_sla : unsigned(2 downto 0) := "101";
    constant mode_sra : unsigned(2 downto 0) := "110";
end top;

architecture behavioral of top is
begin
    data_out <=
        my_rol(data_in, s) when mode = mode_rol else
        my_ror(data_in, s) when mode = mode_ror else
        my_sll(data_in, s) when mode = mode_sll else
        my_srl(data_in, s) when mode = mode_srl else
        my_sla(data_in, s) when mode = mode_sla else
        my_sra(data_in, s) when mode = mode_sra else
        (others => 'Z');
end behavioral;
```

包集 shifter_pkg 的 VHDL 代码如下。

```vhdl
library IEEE;
use IEEE.STD_LOGIC_1164.ALL;
use IEEE.NUMERIC_STD.ALL;
```

```vhdl
package shifter_pkg is
    -- shift left rotate
    function my_rol (arr : unsigned; s : unsigned) return unsigned;
    -- shift right rotate
    function my_ror (arr : unsigned; s : unsigned) return unsigned;
    -- shift left logical
    function my_sll (arr : unsigned; s : unsigned) return unsigned;
    -- shift right logical
    function my_srl (arr : unsigned; s : unsigned) return unsigned;
    -- shift left arith
    function my_sla (arr : unsigned; s : unsigned) return unsigned;
    -- shift right arith
    function my_sra (arr : unsigned; s : unsigned) return unsigned;
end package;

package body shifter_pkg is

    -- shift left rotate
    function my_rol (arr : unsigned; s : unsigned) return unsigned is
        constant len : integer := arr'length;
        variable n : integer;
        variable result : unsigned(len - 1 downto 0) := (others => '0');
    begin
        n := to_integer(s);
        result(len - 1 downto n) := arr(len - 1 - n downto 0);
        result(n - 1 downto 0) := arr(len - 1 downto len - n);
        return result;
    end function;

    -- shift right rotate
    function my_ror (arr : unsigned; s : unsigned) return unsigned is
        constant len : integer := arr'length;
        variable n : integer;
        variable result : unsigned(len - 1 downto 0) := (others => '0');
    begin
        n := to_integer(s);
        result(len - 1 downto len - n) := arr(n - 1 downto 0);
        result(len - n - 1 downto 0) := arr(len - 1 downto n);
```

```vhdl
        return result;
    end function;
    
    -- shift left logical
    function my_sll (arr : unsigned; s : unsigned) return unsigned is
        constant len : integer := arr'length;
        variable n : integer;
        variable result : unsigned(len - 1 downto 0) := (others => '0');
    begin
        n := to_integer(s);
        result(len - 1 downto n) := arr(len - 1 - n downto 0);
        return result;
    end function;
    
    -- shift right logical
    function my_srl (arr : unsigned; s : unsigned) return unsigned is
        constant len : integer := arr'length;
        variable n : integer;
        variable result : unsigned(len - 1 downto 0) := (others => '0');
    begin
        n := to_integer(s);
        result(len - n - 1 downto 0) := arr(len - 1 downto n);
        return result;
    end function;
    
    -- shift left arith
    function my_sla (arr : unsigned; s : unsigned) return unsigned is
        constant len : integer := arr'length;
        variable n : integer;
        variable result : unsigned(len - 1 downto 0) := (others => arr(0));
    begin
        n := to_integer(s);
        result(len - 1 downto n) := arr(len - 1 - n downto 0);
        return result;
    end function;
    
    -- shift right arith
    function my_sra (arr : unsigned; s : unsigned) return unsigned is
```

```
            constant len : integer := arr'length;
            variable n : integer;
            variable result : unsigned(len - 1 downto 0) := (others => arr(len - 1));
        begin
            n := to_integer(s);
            result(len - n - 1 downto 0) := arr(len - 1 downto n);
            return result;
        end function;

end package body;
```

图 4.4 是 16 位桶形移位器的仿真结果。仿真可每 10 ns 分为一个时间段，共 10 个时间段。16 位输入数据为"1011011101001000"。第 1 个时间段，模式输入为"000"，即无效模式，输出进入高阻态。第 2 个时间段，模式输入为"001"，即循环左移，移位量为 0，输出与输入数据相同。第 3 个时间段，模式输入为"001"，即循环左移，移位量为 5，输出为"1110100100010110"。第 4 个时间段，模式输入为"001"，即循环左移，移位量为 2，输出为"1101110100100010"。第 5 个时间段，模式输入为"010"，即循环右移，移位量为 2，输出为"0010110111010010"。第 6 个时间段，模式输入为"011"，即逻辑左移，移位量为 2，输出为"1101110100100000"。第 7 个时间段，模式输入为"100"，即逻辑右移，移位量为 2，输出为"0010110111010010"。第 8 个时间段，模式输入为"101"，即算术左移，移位量为 2，输出为"1101110100100000"。第 9 个时间段，模式输入为"110"，即算术右移，移位量为 2，输出为"1110110111010010"。第 10 个时间段，模式输入为"111"，即无效模式，输出进入高阻态。仿真结果验证了设计的正确性。

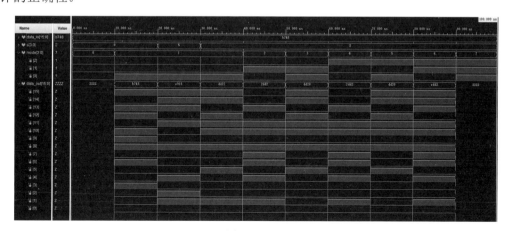

图 4.4　16 位桶形移位器的仿真结果

4.4 课后习题

1. 使用已设计好的 3-8 译码器模块,尝试编写 5-32 译码器。
2. 尝试编写 4 位 16 输入复用器。
3. 尝试编写进制转换器。

第 5 章

VHDL 时序逻辑电路设计

本章将结合之前介绍的 VHDL 语法，设计并分析一系列时序逻辑电路。

5.1 带异步清零端的模 10 计数器

本示例设计的是带异步清零端的模 10 计数器，可实现对输入时钟计数，输出计数状态和进位，并且具有同步使能端和异步清零端。计数器内置了 "0000" ~ "1001" 共 10 种状态。计数器在时钟信号上升沿到来时，改变计数器的状态；如果计数器的当前状态是 "1001"，那么，计数器的下一状态为 "0000"，并且进位变为高电平。如果使能信号无效，计数器的状态和进位不变。如果清零信号有效，计数器的状态变为 "0000"，进位归零。

本示例的 VHDL 代码如下。代码在实体端口声明后声明了计数器的最大计数状态数的常量，即计数器的模。

```vhdl
library ieee;
use ieee.std_logic_1164.all;
use ieee.numeric_std.all;

entity top is
    port (
        clk : in std_logic;
        en : in std_logic;
        clr_n : in std_logic;
```

```vhdl
        data_out : out unsigned(3 downto 0);
        carry_out : out std_logic
    );
    
    constant cnt_max : unsigned := "1010";
end top;

architecture behavioral of top is
    signal cnt : unsigned(3 downto 0) := "0000";
    signal carry : std_logic;
begin

    count : process( clk, clr_n )
    begin
        if clr_n = '0' then
            cnt <= "0000";
            carry <= '0';
        elsif clk'event and clk = '1' then
            if en = '1' then
                if cnt = cnt_max - 1 then
                    cnt <= "0000";
                    carry <= '1';
                else
                    cnt <= cnt + 1;
                    carry <= '0';
                end if;
            else
                cnt <= cnt;
            end if;
        end if;
    end process; -- count
    
    data_out <= cnt;
    carry_out <= carry;

end behavioral;
```

图 5.1 是带异步清零端的模 10 计数器的仿真结果。输入是周期为 20 ns 的时钟信号，

第 5 章
VHDL 时序逻辑电路设计

使能信号在 0 ns 至 330 ns 始终有效，清零信号在 245 ns 至 285 ns 有效。0 ns 至 330 ns，计数器正常计数，在输入时钟上升沿，计数器自动进入下一状态。200 ns 处，计数器由"1001"进入"0000"，进位变为高电平；220 ns 处，计数器由"0000"进入"0001"，进位变为低电平。245 ns 处，清零信号有效，时钟信号没有处在上升沿处，计数器状态变为"0000"。285 ns 处，清零信号失效，计数器正常工作，计数器在 300 ns 的时钟上升沿处由"0000"进入"0001"。330 ns 后，使能信号无效，计数器状态在时钟上升沿到来时不再改变。仿真结果验证了设计的正确性。

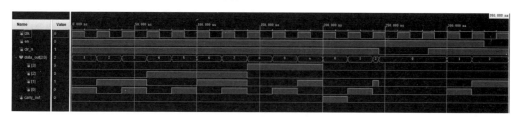

图 5.1　带异步清零端的模 10 计数器的仿真结果

5.2　带同步清零端的 4 位移位寄存器

本示例设计的是带同步清零端的 4 位移位寄存器，可实现 4 位信号的保持、左移、右移和加载 4 种操作。移位寄存器将保持、右移、左移和加载分别定义为"00"模式、"01"模式、"10"模式和"11"模式。比如，移位寄存器的功能选择端输入为"11"时，移位寄存器会载入输入的数据；为"01"时，移位寄存器会在时钟上升沿到来时将数据右移一位。

本示例的 VHDL 代码如下。代码在端口定义后定义了 4 种工作模式的模式代码常量，由输入的功能选择端 sel 决定移位寄存器的工作模式。

```
library ieee;
use ieee.std_logic_1164.all;
use ieee.numeric_std.all;

entity top is
    port (
        clk : in std_logic;
        clr_n : in std_logic;
        rin : in std_logic;
```

```vhdl
        lin : in std_logic;
        sel : in unsigned(1 downto 0);
        data_in : in unsigned(3 downto 0);
        data_out : out unsigned(3 downto 0)
    );
    constant mode_hold : unsigned := "00";
    constant mode_shift_right : unsigned := "01";
    constant mode_shift_left : unsigned := "10";
    constant mode_load : unsigned := "11";
end top;

architecture behavioral of top is
    signal data : unsigned(3 downto 0);
begin

    shrg : process(clk, clr_n)
    begin
        if (clk'event and clk = '1') then
            if (clr_n = '0') then
                data <= "0000";
            else
                case sel is
                    when mode_hold => null;
                    when mode_shift_right => data <= (rin, data(3 downto 1));
                    when mode_shift_left => data <= (data(2 downto 0), lin);
                    when mode_load => data <= data_in;
                    when others => null;
                end case;
            end if;
        end if;
    end process; -- shrg

    data_out <= data;

end behavioral;
```

图 5.2 是带同步清零端的 4 位移位寄存器的仿真结果。输入信号是周期为 10 ns 的时钟信号，清零信号在 0 ns 至 10 ns 和 85 ns 后有效。0 ns 至 10 ns，清零信号有效，寄存

器输出为"0000";10 ns 至 20 ns,寄存器处于"00"模式,寄存器保持数据不变;20 ns 至 40 ns,寄存器处于"01"模式,寄存器右移两次;40 ns 至 60 ns,寄存器处于"11"模式,寄存器载入输入的数据;60 ns 至 70 ns,寄存器处于"10"模式,寄存器左移一次;70 ns 后,寄存器处于"00"模式,寄存器保持数据不变。85 ns 时,清零信号有效,若寄存器是同步清零的,需要等到 90 ns 的时钟上升沿到来时,寄存器输出才清零。仿真结果验证了设计的正确性。

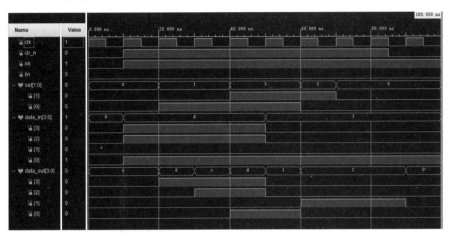

图 5.2 带同步清零端的 4 位移位寄存器的仿真结果

5.3 多路输出的时钟分频器

本示例设计的是多路输出的时钟分频器,可实现将一个高频时钟信号分频为多个频率较低的时钟信号。

本示例的 VHDL 代码如下。代码在实体中定义了 generic 属性源频率 freq_src 和目标频率 freq_dest,默认值分别为 50000000 和 1000。实例化该实体的元件时,可以根据实际输入和需求输出修改 generic 属性的值。本示例的分频器是采用计数的方式实现的,计数状态数为源频率与目标频率比值的二分之一。

```vhdl
library ieee;
use ieee.std_logic_1164.all;
use ieee.numeric_std.all;

entity divider is
```

```vhdl
    generic (
        freq_src : integer := 50000000;
        freq_dest : integer := 1000
    );
    port (
        clk : in std_logic;
        clk_out : out std_logic
    );
end divider;

architecture behavioral of divider is
    -- frequency ratio = freq_src / freq_dest
    constant freq_ratio : integer := freq_src / freq_dest;
    constant cnt_max : integer := freq_ratio / 2;

    signal clk_tmp : std_logic := '0';
begin

    divide : process(clk)
        variable cnt : integer range 0 to cnt_max := 0;
    begin
        if (clk'event and clk = '1') then
            if cnt = cnt_max - 1 then
                clk_tmp <= not clk_tmp;
                cnt := 0;
            else
                cnt := cnt + 1;
            end if;
        end if;
    end process; -- divide

    clk_out <= clk_tmp;

end behavioral;
```

本示例的实例化测试代码如下。测试代码将分频器 divider 声明为元件，实例化两个元件用于将 50MHz 的信号分别分频为 25MHz 和 5MHz 的时钟信号。

```vhdl
library ieee;
```

```vhdl
use ieee.std_logic_1164.all;
use ieee.numeric_std.all;

entity top is
    port (
        clk_50MHz : in std_logic;
        clk_25MHz : out std_logic;
        clk_5MHz : out std_logic
    );
end top;

architecture behavioral of top is
    component divider is
        generic (
            freq_src : integer := 50000000;
            freq_dest : integer := 1000
        );
        port (
            clk : in std_logic;
            clk_out : out std_logic
        );
    end component;
begin

    d1_50MHz_to_25MHz : divider
        generic map (
            freq_src => 50000000,
            freq_dest => 25000000
        )
        port map (
            clk => clk_50MHz,
            clk_out => clk_25MHz
        );
    d2_50MHz_to_5MHz : divider
        generic map (
            freq_src => 50000000,
            freq_dest => 5000000
        )
```

```
        port map (
            clk => clk_50MHz,
            clk_out => clk_5MHz
        );

end behavioral;
```

图 5.3 是多路输出的时钟分频器的仿真结果。输入信号是 50MHz 的时钟信号，输出的 25MHz 和 5MHz 信号满足分频需求。仿真结果验证了设计的正确性。

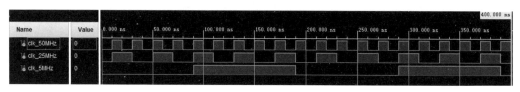

图 5.3　多路输出的时钟分频器的仿真结果

5.4　课后习题

1. 尝试编写同步清零端的模 6 计数器。
2. 尝试编写异步清零端的 8 位移位寄存器。

第 6 章

VHDL 状态机设计

在数字逻辑设计中，有一种建模方法叫作有限状态机（Finite State Machine，FSM），包含一组状态集、一个起始状态、一组输入符号集、一个映射输入符号和当前状态到下一状态的转换函数的计算模型。图 6.1 是 FSM 原理图。有限状态机主要分为两大类：Moore 状态机和 Mealy 状态机。Moore 状态机的特点是输出只和当前的状态有关，而与当前的输入无关。Mealy 状态机的特点是输出不仅和当前的状态有关，而且和当前的输入有关。

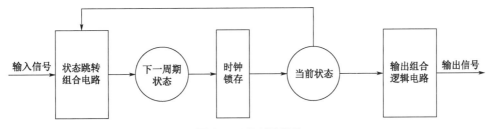

图 6.1 FSM 原理图

有限状态机的设计步骤可以分为四步：状态机编码、状态机复位、状态机跳转及状态机输出。

状态机的编码是指对不同的状态进行编码，增强程序的可读性。状态机的编码可以采用顺序码（二进制码）、格雷码（Gray）、独热编码（One-hot）、Johnson 码及 Nova 三态码等。比较常用的编码为前三种，采用哪一种编码应根据具体情况而定。

状态机的复位可以分为同步复位和异步复位。同步复位指复位与时钟信号同步，异步复位是指时钟信号与复位信号都为敏感信号进行触发的。

状态机跳转是状态机设计中比较重要的部分。设计者通常需要列出状态跳转表，根据状态跳转表设计出状态跳转条件，从而控制状态机之间的状态切换。

状态机输出就是根据所设计的状态机类型为 Moore 型，还是 Mealy 型，确定输出的组合逻辑电路。Mealy 型的状态机输出与输入有关，输出信号中很容易出现毛刺，因此建议读者使用 Moore 型状态机进行描述。

有限状态机可以有一段式、二段式、三段式等多种描述风格。每一种描述风格都有各自的优缺点及适用的应用场合。一段式的风格是将状态跳转、状态寄存和输出逻辑电路放在一个进程中；二段式描述的代码由两部分构成，其中一部分用于完成状态寄存，另一部分用于把状态跳转和输出逻辑电路两个组合逻辑放在一起；三段式描述的代码则将状态跳转、状态寄存和输出组合逻辑电路分别放在进程和块中。从芯片设计实践角度看，三段式描述是最佳的描述方法。

6.1 状态机基本组成部分

对于有限状态机（FSM），其状态存储部分是由触发器和锁存器组成的。在目前的状态机设计中，D 触发器使用最为广泛。

D 触发器是一个具有记忆功能，且有两个稳定状态的信息存储器件，是构成多种时序电路的最基本逻辑单元，也是数字逻辑电路中重要的单元电路。式（6.1）是 D 触发器的状态转移方程。图 6.2 是 D 触发器的时序图。

$$Q^{n+1} = D \tag{6.1}$$

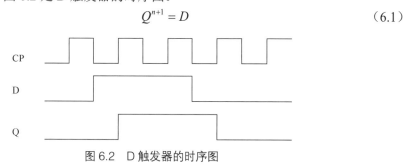

图 6.2　D 触发器的时序图

例 6.1　D 触发器示例

以下示例是 D 触发器的 VHDL 实现，有 clk 和 d 两个输入，输出 q 和 nq。

```
library ieee;
use ieee.std_logic_1164.all;
use ieee.numeric_std.all;
```

```
entity flip_flop is
    port (
        clk : in  std_logic;
        d   : in  std_logic;
        q   : out std_logic;
        nq  : out std_logic
    );
end flip_flop;

architecture behavioral of flip_flop is
    signal tmp_q : std_logic := '0';
begin
    tmp_q <=    d when (clk'event and clk = '1') else
                tmp_q;

    q <= tmp_q;
    nq <= not tmp_q;

end behavioral;
```

6.2 状态机设计实例

6.2.1 带同步清零端和装载端的模 10 计数器

本示例设计的是带同步清零端和装载端的模 10 计数器,可实现对输入时钟计数,输出当前计数结果和进位,并且具有使能端、同步清零端和同步装载端。计数器有"0000"~"1001"共 10 种计数状态和"0"、"1"两种进位状态。计数器分为三个部分。第一个部分为下一状态生成电路,根据复位端输入、装载端输入和当前状态生成下一计数状态和下一进位状态。第二部分为状态转移电路,在使能端为高电平时,计数器在时钟信号上升沿到来时,改变计数器的状态。第三部分为输出电路,根据计数器的当前状态输出计数结果和进位。

本示例的 VHDL 代码如下。

```
library IEEE;
use IEEE.STD_LOGIC_1164.ALL;
```

```vhdl
use IEEE.NUMERIC_STD.ALL;

entity top is
    port (
        clk : in std_logic;
        en : in std_logic;
        rst_n : in std_logic;
        load : in std_logic;
        data_in : in unsigned(3 downto 0);
        data_out : out unsigned(3 downto 0);
        carry_out : out std_logic
    );
end top;

architecture Behavioral of top is
    type state_type is
        record
            state : unsigned(3 downto 0);
            carry : std_logic;
        end record;

    signal current_state, next_state : state_type := ("0000", '0');
begin

    next_state_generator : block
    begin
        next_state.state <= "0000"  when rst_n = '0' else
                            data_in when load = '1' else
                            "0000"  when current_state.state = "1001" else
                            current_state.state + 1;
        next_state.carry <= '0' when rst_n = '0' else
                            '0' when load = '1' else
                            '1' when current_state.state = "1001" else
                            '0';
    end block; -- next_state_generator

    state_switch : process( clk )
    begin
```

```
            if ( rising_edge(clk) and en = '1' ) then
                current_state <= next_state;
            end if;
        end process ; -- state_switch

        output : block
        begin
            data_out <= current_state.state;
            carry_out <= current_state.carry;
        end block; -- output

end Behavioral;
```

带同步清零端和装载端的模 10 计数器的 RTL 图如图 6.3 所示。

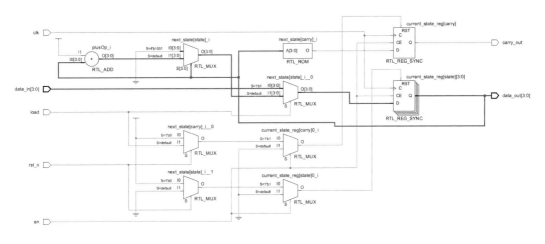

图 6.3 带同步清零端和装载端的模 10 计数器的 RTL 图

图 6.4 是带同步清零端和装载端的模 10 计数器的仿真结果。输入是周期为 20 ns 的时钟信号，使能信号在 0 ns 至 200 ns 及 230 ns 后始终有效，清零信号在 105 ns 至 145 ns 有效。计数器使能有效时，在输入时钟上升沿时，计数器自动进入下一状态。当计数器的计数状态由"1001"状态进入"0000"状态时，进位状态变为高电平；计数器由"0000"进入"0001"，进位变为低电平。清零信号有效时，计数器输出没有立即清零，而是在下一个时钟上升沿才做出响应，实现了同步清零。装载信号有效时，计数器输出同样没有立即响应，而是在下一个时钟上升沿将状态转换为输入数据。仿真结果验证了设计的正确性。

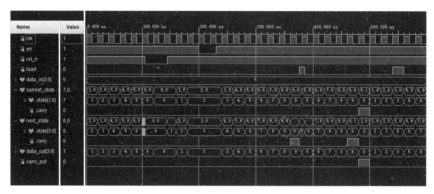

图 6.4 带同步清零端和装载端的模 10 计数器的仿真结果

6.2.2 带异步复位端的序列检测器

本示例设计的是带异步复位端的序列检测器，可实现对输入串行数据流中"10110"子序列的检测，输出当前检测结果，并且具有异步复位端。序列检测器使用独热码表示内部的状态，最大限度地在设计过程中降低延时和竞争的出现。序列检测器分为三个部分。第一个部分为下一状态生成电路，根据串行数据流输入端和当前状态生成下一个状态。第二部分为状态转移电路，实现异步复位，以及状态转换。第三部分为输出电路，根据序列检测器的当前状态输出检测结果。当检测到"10110"子序列时，检测器输出"1"。

本示例的 VHDL 代码如下。

```
library ieee;
use ieee.std_logic_1164.all;
use ieee.numeric_std.all;

entity top is
    port (
        clk : in std_logic;
        rst_n : in std_logic;
        din : in std_logic;
        dout : out std_logic
    );
end top;

architecture behavioural of top is
    type state_predef_type is array(natural range<>) of unsigned(5 downto 0);
```

```vhdl
        constant s : state_predef_type(0 to 5) := ("000001", "000010", "000100",
"001000", "010000", "100000");
        signal current_state, next_state : unsigned(5 downto 0) := s(0);
        signal s1_condition, s2_condition, s3_condition, s4_condition, s5_condition :
std_logic := '0';
    begin

        next_state_generator : block
        begin
            -- state switch condition
            s1_condition <= '1' when (current_state = s(0) and din = '1') or
                            (current_state = s(1) and din = '1') or
                            (current_state = s(4) and din = '1') or
                            (current_state = s(5) and din = '1') else
                            '0';
            s2_condition <= '1' when (current_state = s(1) and din = '0') else
                            '0';
            s3_condition <= '1' when (current_state = s(2) and din = '1') else
                            '0';
            s4_condition <= '1' when (current_state = s(3) and din = '1') else
                            '0';
            s5_condition <= '1' when (current_state = s(4) and din = '0') else
                            '0';

            -- generate next state
            next_state <=   s(1) when s1_condition = '1' else
                            s(2) when s2_condition = '1' else
                            s(3) when s3_condition = '1' else
                            s(4) when s4_condition = '1' else
                            s(5) when s5_condition = '1' else
                            s(0);
        end block;

        state_switch : process ( clk, rst_n )
        begin
            if ( rst_n = '0' ) then
                current_state <= s(0);
            elsif ( rising_edge(clk) ) then
```

```
                current_state <= next_state;
            end if;
    end process;

    output : block
    begin
        dout <= '1' when current_state = s(5) else
                '0';
    end block;

end behavioural;
```

图 6.5 是带异步复位端的序列检测器的仿真结果。输入是周期为 20 ns 的时钟信号，复位信号在 150 ns 至 160 ns 之间有效。在输入时钟上升沿，序列检测器根据相应规则自动进入下一个状态。当序列检测器进入"000001"状态时，输出变为"1"。复位信号有效时，序列检测器立即复位到初始状态，实现了异步复位。仿真结果验证了设计的正确性。

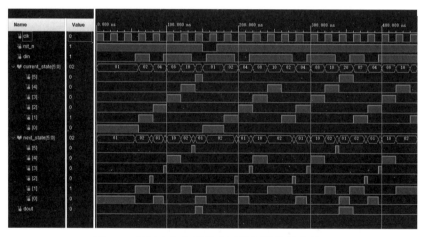

图 6.5　带异步复位端的序列检测器的仿真结果

6.3　课后习题

1. 尝试使用状态机编写异步清零端，异步装载端的模 16 计数器。
2. 尝试使用状态机编写"110010"序列检测器。

第 7 章

VHDL 设计实例

本实例实现带存储功能的秒表。秒表的功能和指标包括：跑表精度 0.01s；跑表计时范围 1 小时；设置开始/停止计时、复位、存储/读取 3 个按键；通过 6 位数码管显示时间；可存储 3 组暂存时间，并分时回放查看。

本实例将 50MHz 的基准时钟信号分频为 1kHz、100Hz、1Hz 的时钟信号，分别用于消抖模块和显示模块、计数器模块、时间显示的分隔符闪烁。时间显示用的 6 位共阳极数码管是包含小数点的 8 段数码管，低电平驱动使数码管点亮。开始/停止计时按键经过消抖后作为计数模块的使能输入，控制计数器的启停；复位按键经过消抖后作为计数模块的复位信号，控制计数器的清零，实现秒表的复位。本实例将计数器模块的输出作为数据存储/读取模块的输入。存储/读取按键经过消抖后，作为存储/读取模块的时钟信号，每个时钟周期到来时，记录此时的秒表时间，共记录 3 个；时钟周期再次到来时，数码管依次显示所记录的时间。本实例还利用 LED 作为存储/读取状态的指示灯。

顶层设计

```vhdl
library IEEE;
use IEEE.STD_LOGIC_1164.ALL;
use IEEE.NUMERIC_STD.ALL;

entity timer is
    port (
        clk : in std_logic; -- 50MHz
        enable : in std_logic;
        reset : in std_logic;
        key_rw : in std_logic;
```

```vhdl
            sel : out unsigned(5 downto 0);
            seg : out unsigned(7 downto 0);
            led : out unsigned(3 downto 0)
        );
    end timer;

    architecture arch_timer of timer is
        component count10
            port (
                clk : in std_logic;
                en : in std_logic;
                rst_n: in std_logic;
                carry_out : out std_logic;
                data_out : out unsigned(3 downto 0)
            );
        end component;

        component count6
            port (
                clk : in std_logic;
                en : in std_logic;
                rst_n: in std_logic;
                carry_out : out std_logic;
                data_out : out unsigned(3 downto 0)
            );
        end component;

        component divider
            port (
                clk_50MHz : in  std_logic;
                clk_100Hz : out std_logic;
                clk_1kHz  : out std_logic;
                clk_1Hz   : out std_logic
            );
        end component;

        component debounce
            port (
```

```vhdl
        clk : in std_logic; -- 1kHz
        key_in : in std_logic;
        key_out : out std_logic
    );
end component;

component display
    port (
        clk : in std_logic; -- 1kHz
        clk_point : in std_logic; -- 1Hz
        h1, h0 : in unsigned(3 downto 0);
        m1, m0 : in unsigned(3 downto 0);
        s1, s0 : in unsigned(3 downto 0);
        sel : out unsigned(5 downto 0) := "111111";
        seg : out unsigned(7 downto 0) := "11111111"
    );
end component;

component save
    port (
        rst : in std_logic;
        h1 : in unsigned(3 downto 0);
        h0 : in unsigned(3 downto 0);
        m1 : in unsigned(3 downto 0);
        m0 : in unsigned(3 downto 0);
        s1 : in unsigned(3 downto 0);
        s0 : in unsigned(3 downto 0);
        key : in std_logic;
        ho1 : out unsigned(3 downto 0);
        ho0 : out unsigned(3 downto 0);
        mo1 : out unsigned(3 downto 0);
        mo0 : out unsigned(3 downto 0);
        so1 : out unsigned(3 downto 0);
        so0 : out unsigned(3 downto 0);
        led : out unsigned(3 downto 0)
    );
end component;
```

```vhdl
        signal clk_100Hz, clk_1kHz, clk_1Hz : std_logic;
        signal en, en_de : std_logic := '0';
        signal rst, rst_de : std_logic := '1';
        signal key, key_de : std_logic := '0';
        signal carry1, carry2, carry3, carry4, carry5, carry6 : std_logic;
        signal h1, h0, m1, m0, s1, s0 : unsigned(3 downto 0);
        signal ho1, ho0, mo1, mo0, so1, so0 : unsigned(3 downto 0);
    begin
        -- divider
        p1_divider : divider port map(clk, clk_100Hz, clk_1kHz, clk_1Hz);

        -- debounce
        p2_1_debounce : debounce port map(clk_1kHz, enable, en_de);
        p2_2_debounce : debounce port map(clk_1kHz, reset , rst_de);
        p2_3_debounce : debounce port map(clk_1kHz, key_rw , key_de);

        rst <= not rst_de;
        key <= key_de;
        process (en_de, rst)
        begin
            if rst = '0' then
                en <= '0';
            elsif en_de'event and en_de = '1' then
                en <= not en;
            end if;
        end process;

        -- counter
        p3_1_counter : count10 port map(clk_100Hz, en, rst, carry1, s0);
        p3_2_counter : count10 port map(carry1,    en, rst, carry2, s1);
        p3_3_counter : count10 port map(carry2,    en, rst, carry3, m0);
        p3_4_counter : count6  port map(carry3,    en, rst, carry4, m1);
        p3_5_counter : count10 port map(carry4,    en, rst, carry5, h0);
        p3_6_counter : count6  port map(carry5,    en, rst, carry6, h1);

        p4_save : save port map(rst, h1, h0, m1, m0, s1, s0, key, ho1, ho0, mo1, mo0, so1, so0, led);
```

```
    -- display
    p5_display : display port map(clk_1kHz, clk_1Hz, ho1, ho0, mo1, mo0, so1, so0, sel, seg);

end arch_timer;
```

分频器模块

```vhdl
library IEEE;
use IEEE.STD_LOGIC_1164.ALL;
use IEEE.NUMERIC_STD.ALL;

-- entity name : divider
-- function    : 本实体是分频器模块,将输入的 50MHz 时钟信号分频为 1Hz、100Hz、1kHz 信号输出
entity divider is
    port (
        clk_50MHz : in  std_logic;
        clk_100Hz : out std_logic;
        clk_1kHz  : out std_logic;
        clk_1Hz   : out std_logic
    );
end divider;

architecture my_arch of divider is
    -- temp signal for output clock
    signal tmp_clk_100Hz : std_logic := '0';
    signal tmp_clk_1kHz  : std_logic := '0';
    signal tmp_clk_1Hz   : std_logic := '0';
begin

    -- process name : divider_50MHz_to_100Hz
    -- sensi-list   : clk_50MHz : in std_logic
    -- function     : divider, 50MHz -> 100Hz
    divider_50MHz_to_100Hz : process(clk_50MHz)
        -- frequency ratio = 50MHz / 100Hz = 500000
        constant freq_ratio : integer := 500000;
        constant cnt_max : integer := freq_ratio / 2;
        variable cnt : integer range 0 to cnt_max := 0;
```

```vhdl
begin
    if clk_50MHz'event and clk_50MHz = '1' then
        if cnt = cnt_max - 1 then
            tmp_clk_100Hz <= not tmp_clk_100Hz;
            cnt := 0;
        else
            cnt := cnt + 1;
        end if;
    end if;
end process;

-- process name : divider_50MHz_to_1kHz
-- sensi-list   : clk_50MHz : in std_logic
-- function     : divider, 50MHz -> 1kHz
divider_50MHz_to_1kHz : process(clk_50MHz)
    -- frequency ratio = 50MHz / 1kHz = 50000
    constant freq_ratio : integer := 50000;
    constant cnt_max : integer := freq_ratio / 2;
    variable cnt : integer range 0 to cnt_max := 0;
begin
    if clk_50MHz'event and clk_50MHz = '1' then
        if cnt = cnt_max - 1 then
            tmp_clk_1kHz <= not tmp_clk_1kHz;
            cnt := 0;
        else
            cnt := cnt + 1;
        end if;
    end if;
end process;

-- process name : divider_50MHz_to_1Hz
-- sensi-list   : clk_50MHz : in std_logic
-- function     : divider, 50MHz -> 1Hz
divider_50MHz_to_1Hz : process(clk_50MHz)
    -- frequency ratio = 50MHz / 1Hz = 50000000
    constant freq_ratio : integer := 50000000;
    constant cnt_max : integer := freq_ratio / 2;
    variable cnt : integer range 0 to cnt_max := 0;
```

```
    begin
        if clk_50MHz'event and clk_50MHz = '1' then
            if cnt = cnt_max - 1 then
                tmp_clk_1Hz <= not tmp_clk_1Hz;
                cnt := 0;
            else
                cnt := cnt + 1;
            end if;
        end if;
    end process;

    -- output block
    output : block
    begin
        clk_100Hz <= tmp_clk_100Hz;
        clk_1kHz  <= tmp_clk_1kHz;
        clk_1Hz   <= tmp_clk_1Hz;
    end block;

end my_arch;
```

模 6 计数器模块

```
library IEEE;
use IEEE.STD_LOGIC_1164.ALL;
use ieee.numeric_std.all;

-- entity name : count6
-- function    : 本实体是带复位端和使能端的计数器模块，实现模 6 计数的功能。
entity count6 is
    port (
        clk : in std_logic;
        en : in std_logic;
        rst_n: in std_logic;
        carry_out : out std_logic;
        data_out : out unsigned(3 downto 0)
    );
end count6;
```

```vhdl
architecture arch_count_6 of count6 is
    signal tmp_carry : std_logic := '0';
    signal cnt : unsigned(3 downto 0) := "0000";
    constant cnt_max : unsigned := to_unsigned(5, 4);
begin

    process (clk, rst_n)
    begin
        if rst_n = '0' then
            cnt <= "0000";
            tmp_carry <= '0';
        elsif clk'event and clk = '1' then
            if en = '1' then
                if cnt = cnt_max then
                    cnt <= "0000";
                    tmp_carry <= '1';
                else
                    cnt <= cnt + 1;
                    tmp_carry <= '0';
                end if;
            else
                cnt <= cnt;
            end if;
        end if;
    end process;

    output : block
    begin
        data_out <= cnt;
        carry_out <= tmp_carry;
    end block;

end arch_count_6;
```

模 10 计数器模块

```vhdl
library ieee;
use ieee.std_logic_1164.ALL;
use ieee.numeric_std.all;
```

```vhdl
-- entity name : count10
-- function    : 本实体是带复位端和使能端的计数器模块，实现模 10 计数的功能。
entity count10 is
    port (
        clk : in std_logic;
        en : in std_logic;
        rst_n: in std_logic;
        carry_out : out std_logic;
        data_out : out unsigned(3 downto 0)
    );
end count10;

architecture arch_count_10 of count10 is
    signal tmp_carry : std_logic := '0';
    signal cnt : unsigned(3 downto 0) := "0000";
    constant cnt_max : unsigned := to_unsigned(9, 4);
begin

    process (clk, rst_n)
    begin
        if rst_n = '0' then
            cnt <= "0000";
            tmp_carry <= '0';
        elsif clk'event and clk = '1' then
            if en = '1' then
                if cnt = cnt_max then
                    cnt <= "0000";
                    tmp_carry <= '1';
                else
                    cnt <= cnt + 1;
                    tmp_carry <= '0';
                end if;
            else
                cnt <= cnt;
            end if;
        end if;
    end process;
```

```vhdl
        output : block
        begin
            data_out <= cnt;
            carry_out <= tmp_carry;
        end block;

end arch_count_10;
```

显示控制模块

```vhdl
library IEEE;
use IEEE.STD_LOGIC_1164.ALL;
use ieee.numeric_std.all;

-- entity name : display
-- function    : 本实体是 6 位共阳极数码管显示时间的模块，包含小数点闪烁。

entity display is
    port (
        clk : in std_logic; -- 1kHz
        clk_point : in std_logic; -- 1Hz
        h1, h0 : in unsigned(3 downto 0);
        m1, m0 : in unsigned(3 downto 0);
        s1, s0 : in unsigned(3 downto 0);
        sel : out unsigned(5 downto 0) := "111111";
        seg : out unsigned(7 downto 0) := "11111111"
    );
end display;

architecture arch_display of display is
    type seg_code_type is array (natural range <>) of unsigned(7 downto 0);
    constant seg_code : seg_code_type(0 to 9):= (
        "01000000", -- 0
        "01111001", -- 1
        "00100100", -- 2
        "00110000", -- 3
        "00011001", -- 4
        "00010010", -- 5
```

```vhdl
        "00000010",    -- 6
        "01111000",    -- 7
        "00000000",    -- 8
        "00010000"     -- 9
    );

    signal tmp_sel : unsigned(5 downto 0) := "111110";
    signal tmp_seg : unsigned(7 downto 0) := "11111111";
    signal point_data : unsigned(7 downto 0) := "00000000";
begin

    process (clk)
    begin
        if clk'event and clk = '1' then
            tmp_sel <= rotate_left(tmp_sel, 1);
        end if;
    end process;

    point_data <=   "10000000" when clk_point = '1' else
                    "00000000";

    tmp_seg <= seg_code(to_integer(h1)) or "10000000" when tmp_sel = "111110" else
               seg_code(to_integer(h0)) or point_data when tmp_sel = "111101" else
               seg_code(to_integer(m1)) or "10000000" when tmp_sel = "111011" else
               seg_code(to_integer(m0)) or point_data when tmp_sel = "110111" else
               seg_code(to_integer(s1)) or "10000000" when tmp_sel = "101111" else
               seg_code(to_integer(s0)) or "10000000" when tmp_sel = "011111" else
               "11111111";

    output : block
    begin
        sel <= tmp_sel;
        seg <= tmp_seg;
    end block;

end arch_display;
```

消抖模块

```vhdl
library IEEE;
use IEEE.STD_LOGIC_1164.ALL;
use IEEE.NUMERIC_STD.ALL;

-- entity name : display
-- function    : 本实体是按键消抖模块，输出按键信号有效时，输出为'1'；按键输入接上拉。

entity debounce is
    port (
        clk : in std_logic; -- 1kHz
        key_in : in std_logic;
        key_out : out std_logic
    );
end debounce;

architecture arch_debounce of debounce is
    -- 按键有效时间 20ms
    constant cnt_max : integer range 0 to 20 := 20;
    signal cnt : integer range 0 to 20 := 0;
begin

    process (clk)
    begin
        if clk'event and clk = '1' then
            if key_in = '1' then
                key_out <= '0';
                cnt <= 0;
            elsif key_in = '0' then
                if cnt = 20 then
                    key_out <= '1';
                    cnt <= 0;
                else
                    cnt <= cnt + 1;
                end if;
            end if;
        end if;
```

```
        end process;

end arch_debounce;
```

数据存储/读取模块

```vhdl
library IEEE;
use IEEE.STD_LOGIC_1164.ALL;
use IEEE.NUMERIC_STD.ALL;

entity save is
    port (
        rst : in std_logic;
        h1 : in unsigned(3 downto 0);
        h0 : in unsigned(3 downto 0);
        m1 : in unsigned(3 downto 0);
        m0 : in unsigned(3 downto 0);
        s1 : in unsigned(3 downto 0);
        s0 : in unsigned(3 downto 0);
        key : in std_logic;
        ho1 : out unsigned(3 downto 0);
        ho0 : out unsigned(3 downto 0);
        mo1 : out unsigned(3 downto 0);
        mo0 : out unsigned(3 downto 0);
        so1 : out unsigned(3 downto 0);
        so0 : out unsigned(3 downto 0);
        led : out unsigned(3 downto 0)
    );
end save;

architecture arch_save of save is
    type time_storage_type is array (natural range <>) of unsigned(3 downto 0);
    signal time_storage_0, time_storage_1, time_storage_2 : time_storage_type(0 to 5) := (others => "0000");
    signal tmp_out : time_storage_type(0 to 5) := (others => "0000");
begin
    mode_switch : process (rst, key, h1, h0, m1, m0, s1, s0)
        variable mode : integer range 0 to 6 := 0;
    begin
```

```vhdl
if rst = '0' then
    time_storage_0 <= (others => "0000");
    time_storage_1 <= (others => "0000");
    time_storage_2 <= (others => "0000");
    tmp_out <= (others => "0000");
    mode := 0;
    led <= "0000";
else
    if key'event and key = '1' then
        if mode = 6 then
            mode := 0;
        else
            mode := mode + 1;
        end if;

        if mode = 1 then    -- 存入第一组数据
            time_storage_0 <= (h1, h0, m1, m0, s1, s0);
        elsif mode = 2 then    -- 存入第二组数据
            time_storage_1 <= (h1, h0, m1, m0, s1, s0);
        elsif mode = 3 then    -- 存入第三组数据
            time_storage_2 <= (h1, h0, m1, m0, s1, s0);
        end if;
    end if;

    if mode = 0 or mode = 1 or mode = 2 or mode = 3 then
        tmp_out <= (h1, h0, m1, m0, s1, s0);
        if mode = 0 then
            led <= "0000";
        elsif mode = 1 then
            led <= "1000";
        elsif mode = 2 then
            led <= "1100";
        else
            led <= "1110";
        end if;
    elsif mode = 4 then    -- 读取第一组数据
        tmp_out <= time_storage_0;
        led <= "1001";
```

```vhdl
                elsif mode = 5 then  -- 读取第二组数据
                    tmp_out<= time_storage_1;
                    led <= "0101";
                elsif mode = 6 then  -- 读取第三组数据
                    tmp_out<= time_storage_2;
                    led <= "0011";
                end if;
            end if;
        end process;

        output : block
        begin
            (ho1, ho0, mo1, mo0, so1, so0) <= tmp_out;
            --ho1 <= tmp_out(0);
            --ho0 <= tmp_out(1);
            --mo1 <= tmp_out(2);
            --mo0 <= tmp_out(3);
            --so1 <= tmp_out(4);
            --so0 <= tmp_out(5);
        end block;

end arch_save;
```

第 2 部分
Verilog 技术

Verilog 是最早发明的现代硬件描述语言之一。它由帕布·戈尔和菲尔·摩尔比在 1983 年末到 1984 年初创立。这个程序被命名为"自动化集成设计系统"（后来在 1985 年，被更名为网关设计自动化），作为一种硬件建模语言。1990 年，凯登斯设计系统公司购买了网关设计自动化。Cadence 现在对网关的 Verilog 和 Verilog-XL 拥有完全的专有权利，Verilog-XL 是 HDL 模拟器，它将成为未来 10 年（Verilog 逻辑模拟器）的事实标准。最初，Verilog 只是为了描述和允许模拟，语言子集到物理可实现结构（门等）的自动合成是在语言获得广泛使用后开发的。

随着当时 VHDL 越来越成功，Cadence 决定将这种语言用于开放标准化。Cadence 将 Verilog 转移到开放 Verilog 国际（OVI）（现在称为 Accellera）组织下的公共领域。Verilog 后来被提交给 IEEE，成为 IEEE 标准 1364-1995，通常被称为 Verilog-95。在同一时间框架内，凯登斯启动了 Verilog-A 的创建，以支持其模拟模拟器 Spectre 背后的标准。Verilog-A 从来就不是一种独立的语言，而是 Verilog-AMS 的一个子集，包括 Verilog-95。

Verilog-95 的扩展被提交回 IEEE，以弥补用户在原始 Verilog 标准中发现的缺陷。这些扩展被称为 Verilog-2001 的 IEEE 标准 1364-2001。Verilog-2001 是对 Verilog-95 的重大升级。首先，它增加了对（二进制补码）有符号网和变量的明确支持。以前，代码作者必须使用笨拙的位级操作来执行带符号的操作（例如，简单的 8 位加法执行位需要布尔代数的明确描述来确定其正确值）。Verilog-2001 下的相同功能可以用一个内置操作符来更简洁地描述：+、-、/、*和>>>。generate/endgenerate 构造（类似于 VHDL 的 generate/endgenerat）允许 Verilog-2001 通过正常的决策操作符（case/if/else）来控制实例和语句实例化。使用 generate/endgenerate，Verilog-2001 可以实例化一组实例，并控制单个实例的连接性。几项新的系统任务改进了文件输入/输出口。最后，引入了一些语法来提高代码的可读性（例如，always，@*，命名参数覆盖，C 语言风格的 function/task/module 头声明）。

随后发布的 Verilog 2005（IEEE 标准 1364-2005）包含一些小的更正、特殊说明和一些新的语言特性。Verilog 标准的一个独立部分 Verilog-AMS 将模拟和混合信号建模与传统 Verilog 集成在一起。

第 8 章

Verilog 程序结构

在用 Verilog 语言描述一个电路结构时，主要关注电路的两个方面。一方面是外核性，即电路有哪些输入输出信号，每个信号具体起哪些作用，图 8.1（b）表述的是一个 RS 触发器，这个触发器有输入端、置位端、输出端和反向输出端；另一方面是内核性，即电路内部是由哪些元器件构成的，它们是怎么连接成功的。图 8.1（c）表述的 RS 触发器是由两个与非门互连形成的电路。

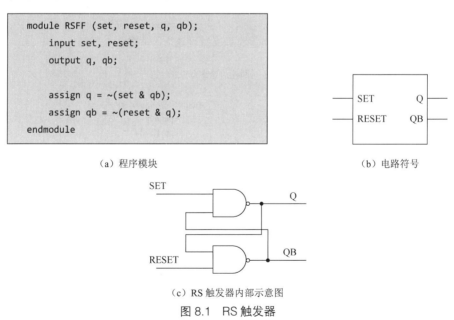

(a) 程序模块   (b) 电路符号

(c) RS 触发器内部示意图

图 8.1 RS 触发器

图 8.1（a）代码的第一部分描述的是电路的外部特性，描述模块的名字、端口列表

和具体的输入输出口。中间第二部分描述的是电路的内部特性及其具体功能。将这部分代码归结为一个模型，即对于任意 Verilog 代码都可以用一个模块来表示一个电路单元，大致分为 3 个部分：1）模块的端口定义和 I/O 说明（表述电路的外部特性）；2）数据类型定义（表述电路内部的一些连线，相当于 C 语言中的局部变量定义）；3）功能描述（描述电路内部的功能，这部分代码的复杂程度取决于具体电路的复杂程度）。Verilog 和 VHDL 两种描述语言结构对比如图 8.2 所示。

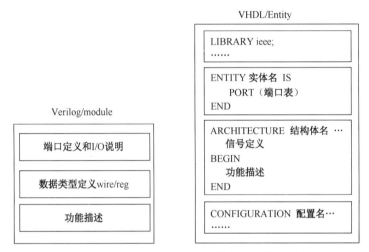

图 8.2　Verilog 和 VHDL 两种描述语言结构对比

将 Verilog 模型与代码对比示意图，如图 8.3 所示。

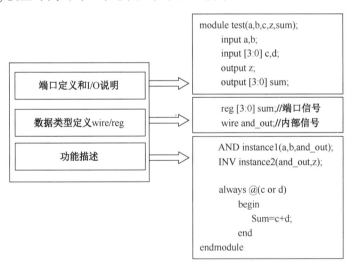

图 8.3　Verilog 模型与代码对比示意图

第 8 章
Verilog 程序结构

根据 Verilog 语言描述电路结构的方法，本章将分析构成 Verilog 代码的 3 个基本组成部分：模块的端口定义和 I/O 说明、数据类型定义、功能描述。

8.1 模块的端口定义和 I/O 说明

8.1.1 模块端口的定义

模块的端口是模块与外界环境交互的接口。它声明了模块的名字和端口列表（可选）。如果模块和外部环境没有交换任何信号，则可以没有端口列表，所以说端口列表是可选的。对外部环境来讲，模块内部是不可见的，对模块的调用要通过模块名和端口进行。也就是说，模块名和端口是与其他模块联系的标识。其格式如下：

```
module module_name ( port_1 [, port_x] );
```

Verilog 在调用模块（也称模块实例化）时，信号端口可以通过位置或名称关联，其形式如下面的例子所示：

```
module or (c, a, b);
   input a, b;
   output c;

   ...
endmodule
```

```
module example_module (inp, outp)
   ...

   // 方法一
   // A1 为调用这个模块，在对 A1 进行实例化时采用位置关联
   // T1 对应输出端口 C，A1 对应 A，B1 对应 B
   or A1 (T1, A1, B1);

   // 方法二
   // 在对 A2 实例化时采用名字关联
   // C 是 or 器件的端口，与信号 T2 相连，A 对应 A2，B 对应 B2
   or A2 (.c(T2), .a(A2), .b(B2));
```

```
    ...
endmodule
```

使用方法二可以用端口名与被引用模块的端口相对应,而不必严格按端口顺序对应,提高了程序的可读性和可移植性。

8.1.2 输入/输出（I/O）说明

在 Verilog 中,端口具有以下 3 种类型。

表 8.1 端口类型

关 键 字	端 口 类 型
input	输入端口
output	输出端口
inout	输入/输出双向端口

在 Verilog 中,所有的端口可以隐含地被声明为 wire 类型。因此,如果希望端口具有 wire 数据类型,需要将其声明为三种类型的其中之一。如果输出类型的端口需要保存数值,则必须将其显性声明为 reg 数据类型。不能将 input 和 inout 类型的端口声明为 reg 数据类型,因为 reg 类型的变量是用于保存数值的,而输入端口只反映与其相连的外部信号的变化,并不能保存这些信号的值。

具体 I/O 说明的格式有以下两种。

```
// 方法一
module module_name (port1, port2, ...);
    input [width-1 : 0] port1;
    output [width-1 : 0] port2;
    
    ...
endmodule


// 方法二
module module_name (
    input [width-1 : 0] port1,
    output [width-1 : 0]port2,
    ...);
```

```
    ...
endmodule
```

8.2 数据类型定义

在模块内常用到与端口有关的 wire 和 reg 类型变量声明。wire（线网）：表示元件之间的物理连接，默认初始值是 z。reg 型表示寄存器类型，相当于存储单元，默认初始值是 x。两者的区别是：寄存器型数据保持最后一次赋值，而线形数据需要持续驱动。

```
reg [width - 1: 0] r1, r2, ...;
wire [width - 1: 0] w1, w2, ...;
```

端口信号的默认类型是 wire，可以省略。只有在 always/initial 过程的输出才需要被定义为 reg，代表触发器。

8.3 功能描述

用 Verilog 语言设计电路的内部特性有 3 类设计手段：1）连续赋值语句（assign）；2）过程（always）；3）元件例化。用 VHDL 语言设计电路的内部特性有 5 类设计手段：1）并行赋值语句（<=）；2）选择并行赋值语句；3）条件并行赋值语句；4）进程（process）；5）元件例化 PORT MAP。

8.3.1 连续赋值语句（assign）

```
assign a = b & c; //描述了一个有两个输入的与门
```

assign 相当于连线，一般是将一个变量的值不间断地赋值给另一个变量，就像把这两个变量连在一起，所以一般当作连线用，比如把一个模块的输出给另一个模块当输入。

8.3.2 过程（always）

```
always @(posedge clk)
```

```
begin
    if(reset)
        out=0;
    else
        out=out+1;
end
```

always 语句块从仿真 0 时刻开始执行其中的语句,当最后一条语句执行完成后,再开始执行第一条语句,如此往复循环,直到整个仿真结束。上述示例中的程序通过 always 实现了上升沿计数的功能。

8.3.3 元件例化

```
or A1 (C, A, B);
```

采用元件例化的方法就像调用子函数一样,更形象地说,就像在电路图输入方式下调入库元件一样,只需要调入元件的名字和相连的引脚。示例中在对 A1 进行实例化时采用位置关联,C,A,B 分别与之前的 or 中的端口一一对应。

采用"assign"语句是用于描述组合逻辑最常用的方法之一,而"always"块既可用于描述组合逻辑,也可描述时序逻辑。"always"方法可以用 4 种语法来实现过程内部的电路:1)阻塞赋值(=);2)非阻塞赋值(<=);3)if 语句;4)case 语句。两个或更多 always 模块是同时执行的,模块内部阻塞赋值是顺序执行的。当 always 模块描述组合逻辑电路时,用阻塞赋值语句。描述时序逻辑电路时,用非阻塞赋值语句。同一个变量,既进行阻塞赋值,又进行非阻塞赋值,综合时会出错。同时,也尽量不要在多个不同的 always 块中对同一变量赋值。

8.4 课后习题

1. 详细阅读本章内容,熟悉 Verilog 中端口、数据类型、always、assign 及元件例化的使用场景和使用方法。
2. 尝试编写 3 输入与门的 assign 描述语句。
3. 尝试通过元件例化,使用最基础的 2 输入或门来实现 8 输入或门的电路描述。

第 9 章

Verilog 语言规则

9.1 数字和字符串

9.1.1 数字

Verilog HDL 中的数字可以分为整数型和实数型。

整数型

整数型可以分为十进制（decimal）、十六进制（hexadecimal）、八进制（octal）、二进制（binary）4 种。Verilog 中有两种形式来表示整数型数字。

第一种是简单的十进制数字。第二种是进制常数，包含三个部分：表示数字尺寸部分、由单引号（'）和特定符号组成表示进制的部分、表示数字大小的部分。两种形式均可以通过起始的正负号改变正负属性。

整数型数字实例如下。

```
659           //十进制数字
'h837FF       //十六进制数字
'o7460        //八进制数字
4'b1001       //4bit 二进制数字
5'D3          //5bit 十进制数字
3'b01x        //3bit 二进制数字，最后一个 bit 为未知
```

实数型

Verilog 的实数型数字的表示方式遵循 IEEE 发布的 754-1985 标准文件中对双实型精确浮点型数字的规定。实数型数字必须使用十进制或科学计数法来表示。使用十进制表示的实数中，小数点前后必须均有至少一个数字。科学计数法中的指数符号可以使用 "e" 或 "E"。

实数型数字实例如下。

```
1.2
0.1
2394.26331
1.2E12
1.30e-2
0.1e-0
23E10
29E-2
236.123_763_e-12
```

▶ 9.1.2 字符串

字符串是由一系列字符组成的序列。在表达式或赋值语句中使用字符串时，将字符串看作无符号整型常数序列，每一个字符表示一个 8bit 的 ASCⅡ 值。

字符串变量声明

字符串变量是 reg 类型的变量，其位宽为所包含字符数的 8 倍。

字符串变量声明实例如下。

```
//声明一个字符串变量用于存储 "Hello world!"，所需位宽为 8*12=96bit
reg [8*12:1] stringvar;
initial begin
    stringvar = "Hello world!";
end
```

操作字符串

字符串的操作需要使用 Verilog 中的一些操作符。经由操作符处理的字符串的输出结果是一系列 8bit 的 ASCⅡ 码。

操作字符串实例如下。

```
module string_test;
reg [8*14:1] stringvar;
initial begin
    stringvar = "Hello world";
    $display("%s is stored as %h", stringvar,stringvar);
    stringvar = {stringvar,"!!!"};
    $display("%s is stored as %h", stringvar,stringvar);
end endmodule
```

上述实例的输出结果如下。

```
Hello world is stored as 00000048656c6c6f20776f726c64
Hello world!!! is stored as 48656c6c6f20776f726c64212121
```

当一个变量位宽大于所赋值的位宽时，所赋值右对齐，左边的空位由 0 补满。同样，如果一个变量位宽小于所赋值的位宽时，所赋值右对齐，左边越界部分被裁剪。

字符串中的特殊字符

Verilog HDL 的字符串与其他语言一样，存在转义字符。这些转义字符如表 9.1 所示。

表 9.1　转义字符

转义字符	含　义
\n	换新行
\t	制表符
\\	字符"\"
\"	双引号
\ddd	表示由 1~3 个八进制数字表示的字符（0≤d≤7）

9.2　数据类型

Verilog HDL 数据类型集旨在表示数字硬件中的数据存储和传输元素。在 Verilog HDL 中，根据赋值和对值的保持方式，可将数据类型分为两大类：网络（net）型和变量（Variable）型。这两类数据代表了不同的硬件结构。

9.2.1 取值集合

Verilog 中的数值的取值集合如表 9.2 所示。

表 9.2 Verilog 的数值取值集合

0	逻辑 0、逻辑非、低电平
1	逻辑 1、逻辑真、高电平
x 或 X	不确定的逻辑状态
z 或 Z	高阻态

9.2.2 网络

网络（net）表示器件之间的物理连接，需要门和模块的驱动。网络数据类型是指输出始终根据输入的变化而更新其值的变量。它一般是指硬件电路中的各种物理连接。网络类型不保存值（除 trireg 类型以外），对于没有声明的网络，默认为 1 位（标量）wire 类型。网络类型的声明如下。

<net_type>[strength] [range] [delay] <net_name>[,net_name];

其中：net_type 表示网络数据类型；strength 表示电荷量强度和驱动强度；range 用来指定数据为标量或矢量，若该项默认，表示数据类型为 1 位的标量，反之，由该项指定数据的矢量形式；delay 表示仿真延迟时间；net_name 表示 net 名称，一次可定义多个 net，用逗号分开。

网络类型包括多种不同的种类。表 9.3 给出了网络类型的分类。

表 9.3 网络类型的分类

wire	tri	tri0	supply0
wand	triand	tri1	supply1
wor	trior	trireg	uwire

wire 和 tri 网络类型

wire（连线）和 tri（三态线）网络连接元件。网络类型 wire 和 tri 的语法和功能相同，提供了两个名称，因此，网络的名称可以指示该模型中网络的用途。线网可用于由单个门或连续分配驱动的网。三网型可用于多个驱动驱动一个网。

表 9.4 给出了同时有两个驱动强度相同的驱动源来驱动 wire 或 tri 变量时的输出结果（wire 和 tri 真值表）。

表 9.4 wire 和 tri 真值表

wire/tri	0	1	x	z
0	0	x	x	0
1	x	1	x	1
x	x	x	x	x
z	0	1	x	z

有线网络类型

有线网络是 wor（线或）、trior（三态线或）、wand（线与）和 triand（三态线与）类型，用于模拟有线逻辑配置。有线网络使用不同的真值表来解决多个驱动程序驱动同一个网络时产生的冲突。wor 和 trior 网络在多重驱动时，具有线或特性的连线型，以便当任何驱动程序为 1 时，网络的最终值为 1。wand 和 triand 网络在多重驱动时，具有线与特性的连线型，以便如果任何驱动程序为 0，则网的值为 0。

网络类型 wor 和 trior 的语法和功能相同，而网络类型 wand 和 triand 在语法和功能上是相同的。表 9.5 和表 9.6 给出了有线网络的真值表，并且假设两个驱动器的强度相等。

表 9.5 wand 和 triand 真值表

wand/triand	0	1	x	z
0	0	0	0	0
1	0	1	x	1
x	0	x	x	x
z	0	1	x	z

表 9.6 wor 和 trior 真值表

wor/trior	0	1	x	z
0	0	1	x	0
1	1	1	1	1
x	x	1	x	x
z	0	1	x	z

trireg 网络类型

trireg 网络类型（类似于寄存器型数据类型），是具有电荷保持特性的连线型数据，并且用于电容节点的建模。当三态寄存器（trireg）的所有驱动源都处于高阻态时，也就是说，当值为 z 时，三态寄存器网络保存作用在网络上的最后一个值。此外，三态寄存器网络的默认初始值为 x。一个 trireg 网络型数据可以处于驱动和电容性两种状态之一。

（1）驱动状态：当 trireg 网络至少一个驱动程序的值为 1、0 或 x 时，解析的值将传播到 trireg 网络中，并且是 trireg 网络的驱动值。

（2）电容性状态：当 trireg 网络的所有驱动都处于高阻抗值（z）时，trireg 网络保留其最后的驱动值，高阻抗值不会从驱动器传播到 trireg。

根据 trireg 网络类型数据声明语句中的指定，trireg 网络类型数据处于电容性状态时，其电荷量强度可以是 small、medium 或 large。同样，trireg 网络类型数据处于驱动状态时，根据驱动源的强度，其驱动强度可以是 supply、strong、pull 或 weak。

tri0 和 tri1 网络类型

tri0 和 tri1 网络类型在网络上有电阻下拉和电阻上拉设备。这类网络类型可用于线逻辑的建模，即网络有多于一个驱动源。tri0（tri1）网络的特征是：若无驱动源驱动，它的值为 0（tri1 的值为 1），网络值的驱动强度为 pull。tri0 相当于一个 wire 型网络，并且有一个强度为 pull 的 0 值连续驱动该 wire；而 tri1 也相当于一个 wire 型网络，但是它有一个强度为 pull 的 1 值连续驱动该 wire。

表 9.7 和表 9.8 是在 tri0 和 tri1 网络上模拟多个强度驱动因素的真值表。除非两个驱动都是 z，在这种情况下，网络的驱动强度是 pull 型。

表 9.7　tri0 真值表

tri0	0	1	x	z
0	0	x	x	0
1	x	1	x	1
x	x	x	x	x
z	0	1	x	0

表 9.8　tri1 真值表

tri1	0	1	x	z
0	0	x	x	0
1	x	1	x	1
x	x	x	x	x
z	0	1	x	1

uwire 网络类型

uwire 网是一种未解析的或统一的 wire，用于模拟只允许一个驱动程序的网络。uwire 网络类型可用于实施此限制。将 uwire 网络的任何一位连接到多个驱动器都是错误的。

supply 网络类型

supply0 和 supply1 网络可用于模拟电路中的电源，这些网应具有 supply 的强度。supply0 用于对"地"建模，即低电平 0；supply1 网用于对电源建模，即高电平 1。

网络类型示例如下。

```
wand w; //一个标量 wand 网络类型
tri [15: 0] bus; //16 位三态总线网络类型
wire [0: 31] w1, w2; //两个 32 位 wire，MSB（最高有效位）为 bit0
```

9.2.3 变量

变量是数据存储元素的抽象。如果使用变量声明赋值语句，则变量将声明赋值语句所赋的值作为初值，这与 initial 结构中对变量的赋值等效，并且从当前赋值到下一次赋值之前，变量应当保持当前的值不变，过程中的赋值语句充当触发器，改变数据存储元素中的值。

对于 reg、time 和 integer 数据类型的初始值应为未知值 x，real 和 realtime 变量数据类型的默认初始值应为 0.0。

由网络、参数或变量声明的名称是非法的。在变量数据类型中，只有 reg 和 integer 变量型数据类型是可综合的，其他是不可综合的。

网络和变量可以被赋予负值，但是只有 integer、real、realtime 和带符号的 reg 变量和带符号的网络应该保留符号的意义。time、无符号 reg 变量和无符号网应将分配给它们的值视为无符号值。

reg 变量

reg 变量是常见也是重要的寄存器型数据类型。它是数据存储单元的抽象类型，其对应的硬件电路元件具有状态保持作用，能够存储数据，如触发器、锁存器等。reg 变量常用于行为级描述中，由过程赋值语句对其进行赋值。

通过过程分配语句给寄存器类型变量分配值（赋值），并且在每个分配的过程中，寄存器保持上次分配的值。reg 变量可以对边沿敏感（比如：触发器）和电平敏感（比如：复位/置位和锁存器）存储元件进行建模。reg 变量不一定表示硬件存储元件，因为它也可以用来表示组合逻辑。

reg 数据变量与 wire 数据变量的区别在于：reg 数据类型保持最后一次的赋值，而 wire 型数据需要有连续的驱动源。一般情况下，reg 型数据的默认初始值为不定值 x，默认时的位宽为 1 位。reg 变量一般是无符号数，若将一个负数赋给一个 reg 变量，则自动转换成其二进制补码形式。

在过程块内被赋值的每一个信号都必须定义为 reg 型，并且只能在 always 或 initial 过程块中被赋值，大多数 reg 型信号常常是寄存器或触发器的输出。

reg 数据类型声明的语法格式如下。

```
reg<range><list_of_register_variables>
```

其中，range 为可选项，它制定了 reg 型变量的位宽，默认为 1 位；list_of_register_variables 为变量名称列表，一次可以定义多个名称，之间用逗号分开。

reg 数据变量示例如下。

```
reg a;//定义一个1位的名为a的reg变量
reg[3:0] b ; //定义一个4位的名为b的reg变量
reg[8:1]c,d,e ; //定义三个名称分别为c、d、e的8位reg型的变量。
```

其他变量

Verilog 语言中，其他变量主要包括：integer（整数）、real（实数）、time（时间）和 realtime（实时时间）。除了对硬件建模之外，HDL 模型中的变量还有其他用途。尽管 reg 变量可用于一般目的，如计算特定网络变化值的次数，但提供整数和时间变量数据类型是为了方便，并使描述更具自我记录性。

整数是通用变量，用于处理不被视为硬件寄存器的量，常用于对循环控制变量的声明，在算术运算中被视为二进制补码形式的有符号数。整型变量和 32 位的寄存器型数据在实际意义上相同，只是寄存器型数据被当作无符号数来处理。

1. 整数变量声明示例如下。

```
integer i,j;
integer [31:0] D;
```

注：虽然 interger 有位宽度的声明，但是 integer 型变量不能作为位向量访问。D[6] 和 D[16:0]的声明都是非法的。在综合时，integer 型变量的初始值是 x。

2. 在机器码表示法中，实数型数据是浮点型数值，该变量类型可用于对延迟时间的计算，但是实数型变量是不可综合的。对于实数来说：

   a. 不是所有的 Verilog HDL 操作符都能用于实数值；

   b. 实数变量不使用范围声明；

   c. 实数变量默认的初始值为 0。

3. 时间变量用于在需要定时检查的情况下存储和操纵模拟时间量，以及用于诊断和调试，常与系统函数$time 一起使用。时间型变量与整型变量类似，只是它是 64 位的无符号数。

4. 实时时间声明和实数声明进行同样的处理，能互换使用。

9.2.4 向量

没有范围规范的网络或 reg 变量声明应被视为 1 个位宽，称为标量。多位网络和 reg 数据类型应通过指定一个范围来声明，该范围称为向量。范围规范给出了多位网络或寄存器中各个位的地址。msb 常量表达式指定的最高有效位，是范围内的左侧值。lsb 常量表达式指定的最低有效位，是范围内的右侧值。msb 常量表达式和 lsb 常量表达式都应该是常量整数表达式。msb 和 lsb 常量表达式可以是任何整数值——正、负或零，并且 lsb 值可以大于、等于或小于 msb 值。

网络和 reg 向量数据应遵守 2^n 的定律，其中，n 是向量中的位数。同时，向量网络和 reg 数据应被视为无符号量纲,除非该网络或 reg 数据被声明为有符号的或连接到被声明为有符号的端口。

向量定义示例如下。

```
wand w; //wand 类型的标量
tri [15:0] busa; //三态 16 位总线
trireg (small) storeit; //small 强度的一个充电保存点
reg a; //reg 类型的标量
reg[3:0] v; //4 位 reg 向量，由 v[3], v[2], v[1]和 v[0]构成
reg signed [3:0] signed_reg; //4 位向量，其范围为-8 到 7
reg [-1:4] b; //一个 6 位 reg 类型的向量
wire w1, w2; //声明两个线网络
reg [4:0] x, y, z; //声明 3 个 5 位的 reg 类型变量
```

矢量和标量应是可选的关键词，用于矢量网络或 reg 类型声明。如果使用了这些关键字，对向量的某些操作可能会受到限制。如果使用关键字 vectored，可能不允许位选择和部分选择及强度规格，并且 PLI（Verilog 的编程语言接口，将用户编写的 C 或 C++程序连接到 Verilog 仿真器上，实现 Verilog 仿真器的功能扩展和定制）可能认为对象未扩展。如果使用关键字 scalared，则应允许对象的位选择和部分选择，并且 PLI 应认为对象已扩展。示例如下。

```
tri1 scalared [63:0] bus64; //一个将要被扩展的总线
tri vectored [31:0] data; //可以扩展或不扩展的总线
```

9.2.5 强度

在网络声明中，可以指定两种类型的强度——电荷量强度和驱动强度。电荷量强度在声明 trireg 类型的网络时使用。驱动强度在声明网络的同一语句中将连续分配放在网上使用。

电荷量强度

电荷量强度规格只能用于 trireg 网。应使用 trireg 网络来模拟电荷存储；电荷量强度应指定由以下关键字之一表示电容的相对大小：small、medium、large。trireg 网络的默认充电强度应为 medium，可以模拟电荷存储节点，其电荷随时间衰减。电荷量强度示例如下。

```
trireg a; //电荷量强度 medium 的 trireg 网络
trireg (large) #(0,0,50) cap1; //电荷量强度 large 的 trireg 网络，电荷衰减时间为 50 时间单位
trireg (small)signed [3:0] cap2; //带符号 4 位的电荷量强度为 small 的 trireg 网络
```

驱动强度

驱动强度允许在声明一个网络的同一语句中将一个连续的赋值放在该网上。

驱动强度是用来对基本门级元件调用所引用的门级元件实例的输出端驱动能力加以说明的。因为在结构建模方式下，一条连线可能会由多个前级输出端同时驱动，该连线最终的逻辑状态取决于各个驱动端的不同驱动能力。因此，有必要对元件实例的输出驱动能力进行说明。

驱动强度分为对高电平（逻辑 1）的驱动强度和对低电平（逻辑 0）的驱动强度。因此，<驱动强度>部分由<对高电平的驱动强度>和<对低电平的驱动强度>这两种成分组成。其中的每一种驱动强度成分可以是 supply、strong、pull、weak 和 highz 中的某一个等级。高电平（逻辑 1）的驱动强度规格的关键字包括：supply1、strong1、pull1、weak1、highz1。低电平（逻辑 0）的驱动强度规格的关键字包括：supply0、strong0、pull0、weak0、highz0。

9.2.6 数组

网络或变量的数组声明了标量或向量的元素类型，示例如下。

```
reg x[11:0];              //标量寄存器类型
wire [0:7] y[5:0];        //从 0 到 7 索引的 8 位宽矢量 wire 类型
```

```
reg [31:0] x [127:0];        //32位宽的寄存器类型
```

数组可用于将已声明元素类型的元素分组到多维对象中。通过在声明的标识符后指定元素地址范围来声明数组,每个维度应由一个地址范围表示。指定数组索引的表达式应为常数整数表达式,其值可以是正整数、负整数或零。

通过一条分配(赋值)语句为一个数组中的每个元素赋值,但是不能为整个数组或数组的一部分赋值。要向数组元素赋值,需要为该向量每个维度指定索引,索引可以是一个表达式,这就为向量元素的选择提供了一种机制,即根据电路中其他网络或变量的值来引用数组元素。例如,一个程序计数器寄存器可以用来索引内存。

如果一个向量的元素类型为寄存器型,那么这样的一维向量也称为存储器。存储器只用于对 ROM(只读存储器)、RAM(随机存取存储器)和寄存器组建模。

数组声明示例如下。

```
reg [7:0] mema[0:255];       //声明一个数组 mema 为 256×8 位的寄存器,其索引 0~255
reg arrayb[7:0][0:255];      //声明一个一位寄存器的二维数组
wire w_array[7:0][5:0];      //声明一个 wire 型数组
integer inta[1:64];          //64 个整数值的数组
time chng_hist[1:1000]       //1000 个时间值的数组
integer t_index;
```

数组元素赋值示例如下。

```
mema = 0;                    //非法语法,试图写入整个数组
arrayb[1] = 0;               //非法语法,试图写入元素[1][0]…[1][255]
arrayb[1][12:31] = 0;        //非法语法,试图写入元素[1][12]…[1][31]
mema[1] = 0;                 //将 0 赋给 mema 的第二个元素
arrayb[1][0] = 0;            //将 0 分配给索引[1][0]引用的位
inta[4] = 33559;             //将十进制数赋给数组中的整数
chng_hist[t_index] = $time;  //将当前模拟时间分配给由整数索引寻址的元素
```

n 个 1 位寄存器和 n 位向量寄存器示例如下。

```
reg [1:n] rega;              //一个 n 位的 1 位寄存器的存储器
reg mema [1:n];              //一个 n 个 1 位寄存器的存储器
```

9.2.7 常量

Verilog HDL 常量不属于变量或网络组。它不是变量,而是常数。

Verilog HDL 中有两种类型的常量:模块常量和指定常量。常量赋值列表应为逗号分

隔的赋值列表，其中赋值的右侧应为常数表达式，即仅包含常数和先前定义的常量的表达式。这些常量可以指定范围，但是常量的定义是局部的，只在当前模块中有效。

常量分配列表可以作为一组模块项出现在模块中，也可以出现在模块常量端口列表的模块声明中。如果任何常量分配出现在模块常量端口列表中，则出现在模块中的任何常量分配都将成为本地常量，不得被任何方法覆盖。

常量代表常数。因此，在运行时修改它们的值是非法的，但是可以在编译时修改模块常量，使其值不同于声明赋值中指定的值。可以用 defparam 语句或 module 实例语句修改常量。常量的典型用途是指定变量的延迟和宽度。模块常量定义的语法结构如下。

```
parameter par_name1 =expression1,……,par_nameN=expression;
```

其中，par_name1,……,par_nameN 为参数的名字；expression1,……,expressionN 为表达式。

常量声明示例如下。

```
parameter    msb = 7;                          //定义一个常量 msb，值为 7
parameter    e = 25, f = 9;                    //定义两个常量 e 和 f
parameter    r = 5.7;                          //定义一个实数型常量
parameter    byte_size = 8,
             byte_mask = byte_size - 1;        //定义一个常量 byte_mask，赋值时调用
已定义的常量 byte_size
parameter    signed [3:0] mux_selector = 0;    //定义一个数组类型常量
```

▶ 9.2.8 命名空间

在 Verilog HDL 中有几类命名空间，其中，两类为全局命名空间，其余为局部命名空间。

全局命名空间

全局命名空间是定义和文本宏。定义命名空间包括所有 module（模块）、marcomodule（宏模块）、primitive（基本原语）的定义。一旦某个名字用于定义一个模块、宏模块或基本原语，那么该名字将不能再用于声明其他模块、宏模块或基本原语，也就是这个名字在定义命名空间具有唯一性。

由于文本宏名由重音符号(`)引导。因此，它与其他命名空间有明显的区别。文本宏名的定义逐行出现在设计单元源程序中，它可以被重复定义，也就是同一宏名后面的定义将覆盖其先前的定义。

局部命名空间

局部命名空间包括：block（块）、module（模块）、generate block（生成块）、port（端口）、specify block（延时说明块）和 attribute（属性）。一旦在这几个名字空间中的任意一个空间内定义了某个名字，就不能在该空间中重复定义这个名字（即具有唯一性）。

（1）语句块命名空间包括：语句块名、函数名、任务名、参数名、事件名和变量类型声明。其中，变量类型声明包括：reg、integer、time、real 和 realtime 声明。

（2）模块命名空间包括：函数名、任务名、例化名（模块调用名）、参数名、事件名和网络类型声明与变量类型声明。其中，网络类型声明包括：wire、wor、wand、tri、trior、triand、tri0、tri1、trireg、supply0 和 supply1。

（3）生成块命名包括：函数、任务、命名的块、模块例化、生成块、本地参数、命名事件、genvars、网络类型的声明和变量类型的声明。

（4）端口命名空间是模块命名空间与语句块命名空间的交集，用于连接两个不同名字空间中的数据对象，并且连接可以是单向的或双向的。

从本质上说，端口命名空间规定了不同空间中两个名字的连接类型。端口的类型声明包括 input、output、inout。只需要在模块命名空间中声明一个与端口名同名的变量或 wire 型数据，就可以在模块命名空间中再次引用端口命名空间中所定义的端口名。

（5）指定块用来说明模块内的时序信息。sprcparams 用来声明延迟常数，很像模块内的一个普通的参数，但是不能被覆盖。指定块以 specify 开头，以 endspecify 结束。

（6）属性命名空间被附加到语言元素的（*and*）结构包围。属性名只能在属性命名空间中定义和使用。在此名称空间中，不能定义其他类型的名称。

9.3 运算符

Verilog 语言的运算符范围很广，如表 9.9 所示。

表 9.9 Verilog 的运算符

运算符分类	包含运算符
算术运算符	+、−、*、**、/、%
逻辑运算符	&&、||、!
关系运算符	>、<、>=、<=
相等运算符	==、!=、===、!==
位运算符	~、|、^、&、^~or~^

续表

运算符分类	包含运算符
归约运算符	~&、&、|、~|、^、~^or^~
移位运算符	<<、>>、<<<、>>>
条件运算符	?:
连接及复制运算符	{}、{{}}

在 Verilog HDL 语言中，运算符所带的操作数是不同的。按其所带操作数的个数，运算符可分为以下 3 种。

一元运算符（unary operator）：可以带一个操作数，操作数放在运算符的右边。

二元运算符（binary operator）：可以带二个操作数，操作数放在运算符的两边。

三元运算符（ternary operator）：可以带三个操作，这三个操作数用三元运算符分隔开。

具体的示例如下。

```
clock = ~clock;          // ~是一个一元取反运算符，clock 是操作数。
c = a | b;               // |是一个二元按位或运算符，a 和 b 是操作数。
r = s ? t : u;           // ?:是一个三元条件运算符，s,t,u 是操作数。
```

Verilog 运算符优先级，如表 9.10 所示。

表 9.10 Verilog 运算符优先级

+ - ! ~ & ~& | ~| ^ ~^or^~（一元）	最高优先级
**	
* / %	
+ -（二元）	
<< >> <<< >>>	
< <= > >=	
== != === !==	
&（二元）	
^ ~^or^~（二元）	
|（二元）	
&&	
||	
?:	
{} {{}}	最低优先级

表 9.9 中，同一行显示的运算符应具有相同的优先级。行按运算符优先级递减的顺

序排列，例如，*、/、%都具有相同的优先级，这高于二元+和-运算符的优先级。除了条件运算符从右向左运算外，所有运算符都应该从左向右运算。当运算符优先级不同时，具有更高优先级的运算符应首先运算；圆括号可以用来改变运算符的优先级，即先运算圆括号内的运算。

9.3.1 算术运算符

Verilog 中的算术运算符包括+、-、*、**、/、%。对于算术运算符，如果任何操作数位值是不定值（x）或高阻抗值（z），则整个结果值应为 x。对于除法或取模运算符，如果第二个操作数为零，则整个结果值应为 x。将负数赋值给 reg 或其他无符号变量使用 2 的补码。

Verilog 语言中幂运算的运算规则，如表 9.11 所示。

表 9.11　Verilog 中幂运算规则

		左 操 作 数				
		小于-1	等于-1	等于 0	等于 1	大于 1
右操作数	正数	op1**op2	op2 为奇数：-1	0	1	op1**op2
			op2 为偶数：1			
	零	1	1	1	1	1
	负数	0	op2 为奇数：-1	'bx	1	0
			op2 为偶数：1			

给出了一些取模和幂运算的例子。如果幂运算符的任一操作数是实数，则结果类型应为实数。如果第一个操作数为零，第二个操作数为非正，或者第一个操作数为负，第二个操作数不是整数值，则幂运算符的结果未指定。如果第一个操作数为零，第二个操作数为负，则结果值为"bx"。如果第二个操作数为零，则结果值为 1。在整数除法中，余数舍弃，并且取模运算中使用第一个操作数的符号。

```
-10 % 3         // -1   结果取第一个操作数的符号
 11 % -3        // 2 结果取第一个操作数的符号
2.0 ** -3'sb1   // 0.5   2.0 是小数，则结果为小数
2   ** -3'sb1   // 0 2 ** -1 = 1/2，对结果取整
0   ** -1       // 'bx  0 ** -1 = 1/0，整数除以 0 为'bx
9   ** 0.5      // 3.0  求平方根
9.0 ** (1/2)    // 1.0  整数除法将指数取整为零
```

9.3.2 逻辑运算符

Verilog 的逻辑运算符包括逻辑与&&、逻辑或||和逻辑非!。
逻辑运算示例如下。

```
a=2；b=0；c=4'hx；

a & b           // 0      逻辑与
a || b          // 1      逻辑或
!a              // 0      逻辑非
a || c          // 1      x || 1 = 1
!c              // 4'hx
```

其中，逻辑与和逻辑或是二元运算符，逻辑非是一元运算符；逻辑操作符的结果为一位 1，0 或 x，并且逻辑操作符只对逻辑值运算。为了方便可读，建议使用括号非常清楚地显示预期的优先级。

9.3.3 关系运算符

Verilog 的关系运算符包括大于>、小于<、大于等于>=和小于等于<=。关系运算符的运算结果理论上是布尔类型，但在 Verilog 中，如果关系运算符的运算结果是 true，则最终的值为 1。如果运算结果是 false，则最终的值为 0。

9.3.4 相等运算符

Verilog 的相等运算符包括逻辑相等==、逻辑不等!=、===和!==。用"=="运算时，如果操作数中某些位是不定值（x）或高阻值（z），结果为不定值（x），而用"==="运算时，在对操作数进行比较时，对不定值（x）和高阻值（z）也进行比较，只有两个操作数完全相同时，其结果才是 1，否则就是 0。

9.3.5 位运算符

Verilog 的位运算符包括按位取反~、按位或|、按位与&、按位异或^和按位同或^~or~^，这些操作符的运算规则如下。

~	0	1	x	z
结果	1	0	x	x

&	0	1	x	z
0	0	0	0	0
1	0	1	x	x
x	0	x	x	x
z	0	x	x	x

|	0	1	x	z
0	0	1	x	x
1	1	1	1	1
x	x	1	x	x
z	x	1	x	x

^	0	1	x	z
0	0	1	x	x
1	1	0	x	x
x	x	x	x	x
z	x	x	x	x

^~or~^	0	1	x	z
0	1	0	x	0
1	0	1	x	x
x	x	x	x	x
z	x	x	x	x

位运算示例如下。

```
a=4'b1100;
b=4'b0011;
c=4'b0101;

~a      // 按位非运算符，结果为 4b'0011
a&c     // 按位与运算符，结果为 4b'0100
a|b     // 按位或运算符，结果为 4b'1111
b^c     // 按位异或运算符，结果为 4b'0110
```

```
a~^c     // 按位异或非运算符，结果为 4b'0110
```

9.3.6 归约运算符

一元归约运算符应对单个操作数执行逐位操作，以产生单位结果。具体的运算过程为：第一步先将操作数的第一位与第二位进行或与非运算，第二步将运算结果与第三位进行或与非运算，依次类推，直至最后一位。&a 可实现 a 各位间的与运算，即&a 等价于 a(0)&a(1)&...&a(n)；|a 可实现 a 各位间的或运算，即|a 等价于 a(0)|a(1)|...|a(n)。

由于归约运算的与、或、非运算规则类似于位运算符与、或、非运算规则，这里不再详细介绍。表 9.12 展示了 4 位二进制数的归约运算结果。

表 9.12 4 位二进制数的归约运算结果

操 作 数	&	~&	|	~|	^	~^
4'b0000	0	1	0	1	0	1
4'b1111	1	0	1	0	0	1
4'b0110	0	1	1	0	0	1
4'b1000	0	1	1	0	1	0

9.3.7 移位运算符

Verilog 的移位运算符包括逻辑左移<<、算术左移<<<、逻辑右移>>和算术右移>>>。逻辑移位运算符不关心符号位；逻辑左移右端补零，逻辑右移左端补零；数字左移位运算符不关心符号位，与逻辑左移一样；数字右移运算符关心符号位，左端补符号位；算术左移和算术右移主要用来进行有符号数的倍增、减半，逻辑左移和逻辑右移主要用来进行无符号数的倍增、减半；对于 8 位数来说，有符号数左移（算术左移）位后的范围是-128~127，而无符号数（算术左移）左移的范围是 0~255。

```
reg [3:0] start;
start = 4'b0001;
result = (start << 2); // result = 0100

reg signed [3:0] start;
start = 4'b1000;
result = (start >>> 2); // result = 1110
```

9.3.8 条件运算符

Verilog 的条件运算符是三元运算符:?。条件运算符的标准形式如下。其中，表达式 1 是布尔类型的表达式。当表达式 1 为真时，运算结果为表达式 2 的值；当表达式 1 为假时，运算结果为表达式 3 的值。

```
expression1 ? expression2 : expression3
```

条件运算符的示例如下。

```
wire [15:0] busa = drive_busa ? data : 16'bz;
```

当 drive_busa 为 1 时，称为数据的总线被驱动到总线上。如果 drive_busa 未知，则将一个不定值驱动到总线上；否则，busa 不被驱动。

9.3.9 连接与复制运算符

连接是由一个或多个表达式产生的位连接在一起的结果。串联应使用大括号字符{}表示，并用逗号分隔其中的表达式。连接中不允许使用未格式化的常数。这是因为操作数的大小需要连接来计算连接的完整大小。

一个只能应用于连接的运算符是复制，它由一个连接表示，该连接前面有一个非负、非 x 和非 z 常量表达式，称为复制常量，用大括号字符括起来，表示多个副本连接在一起。与常规连接不同，包含复制的表达式不应出现在赋值的左侧，也不应连接到输出或输入端口。

连接与赋值运算符的示例如下。

```
{a, b[3:0], w, 3'b101} // = {a, b[3], b[2], b[1], b[0], w, 1'b1, 1'b0, 1'b1}

{4{w}} // = {w, w, w, w}

{b, {3{a, b}} // = {b, a, b, a, b, a, b}
```

9.4 属性

随着使用 Verilog HDL 作为其源的除模拟器之外的工具的激增，包含了一种机制，用于在 HDL 源中指定关于对象、语句和语句组的属性，包括模拟器在内的各种工具可以使用该机制来控制工具的操作或行为。这些特性被称为属性。该子条款规定了用于指定属性的语法机制,而没有对任何特定的属性进行标准化。属性定义语法结构如下。

```
attribute_instance: (*identifier [=constant_expression]*)
```

属性实例可以在 Verilog 描述中作为前缀出现在声明、模块项、语句或端口连接上。它可以作为运算符的后缀或表达式中的 Verilog 函数名出现。

如果一个值没有被特别指定给属性,那么它的值应该是 1。如果为同一语言元素多次定义了相同的属性名,则应使用最后一个属性值;并且工具可以给出重复属性说明已经发生的警告。不允许嵌套属性实例。用包含属性实例的常量表达式指定属性值是非法的。

附加属性到 case 语句的示例如下。

```
(* full_case, parallel_case *)
case (foo)
<rest_of_case_statement>
(* full_case=1 *)
(* parallel_case=1 *) //多属性实例也可以
case (foo)
<rest_of_case_statement>
or
(* full_case, //没有赋值
parallel_case=1 *)
case (foo)
<rest_of_case_statement>
```

附加 full_case 属性,但不附加 parallel_case 属性示例如下。

```
(* full_case *) // parallel_case not specified
case (foo)
<rest_of_case_statement>
or
(* full_case=1, parallel_case = 0 *)
case (foo)
<rest_of_case_statement>
```

将属性附加到 module 定义的示例如下。

```
(* optimize_power *)
module mod1 (<port_list>);
or
```

```
(* optimize_power=1 *)
module mod1 (<port_list>);
```

将属性附加到 module 实例化的示例如下。

```
(* optimize_power=0 *)
mod1 synth1 (<port_list>);
```

将属性附加到 reg 类型声明的示例如下。

```
(* fsm_state *) reg [7:0] state1;
(* fsm_state=1 *) reg [3:0] state2, state3;
reg [3:0] reg1; // 此 reg 类型没有设置 fsm_state
(* fsm_state=0 *) reg [3:0] reg2; //这个也没有
```

将属性附加到运算符的示例如下。

```
a = b + (* mode = "cla" *) c;//这将属性模式的值设置为字符串 cla
```

将属性附加到 Verilog 函数调用的示例如下。

```
a = add (* mode = "cla" *) (b, c);
```

将属性附加到条件运算符的示例如下。

```
a = b ? (* no_glitch *) c : d;
```

9.5 课后习题

1. 详细阅读本章内容，了解 Verilog 中数据类型，并将其与 VHDL 中的数据类型比较异同。
2. 尝试使用 Verilog 中运算符，设计最大公约数模块的简单逻辑描述。
3. 尝试使用运算符，实现对一个 8 位有符号数原码、反码、补码的输出。

第 10 章

Verilog 主要描述语句

10.1 赋值语句

赋值是将值放入网络和变量的基本机制。赋值有两种基本形式：连续赋值，将值赋给网络；为变量赋值的过程赋值。除此以外，还有 assign/deassign 和 force/release 两种过程连续赋值。

10.1.1 连续赋值

连续赋值将把值驱动到网络上，包括向量和标量。每当右侧的值发生变化时，应进行赋值。连续赋值提供了一种建模组合逻辑的方法，而无须指定门的互连；相反，模型指定了驱动网络的逻辑表达式。

1. 网络赋值声明

net 声明赋值，它允许在声明 net 的同一语句中将一个连续的赋值放在一个 net 上。连续赋值的网络声明示例如下。

```
wire (strong1, pull0) mynet = enable;
```

2. 连续赋值语句

连续赋值语句应在网络数据类型上放置连续赋值。网络上赋值应连续自动进行，换句话说，每当右边表达式中的一个操作数改变值时，应该计算整个右边表达式。如果产生的新值不同于前一个值，则新值应分配到左侧。

对先前已声明网络连续赋值的示例如下。

```
wire mynet ;
assign (strong1, pull0) mynet = enable ;
```

3. 延迟

给予连续赋值的延迟应指定右侧操作数值变化和左侧赋值之间的持续时间。如果左边引用了一个标量网络，那么延迟应该以与门延迟相同的方式处理；也就是说，对于输出上升、下降和变为高阻抗，可以给出不同的延迟。

网络声明中延迟示例如下。

```
wire #10 wireA;
```

10.1.2 过程赋值

过程赋值用于更新 reg、integer、time、real 和 memory 数据类型。过程赋值和连续赋值之间有显著的区别如下。

（1）连续赋值驱动网络，并在输入操作数改变值时进行评估和更新。

（2）过程赋值在围绕变量的过程流结构的控制下更新变量值。

过程赋值的右侧可以是任何计算值的表达式。左侧应为从右侧接收赋值的变量。过程赋值的左侧可以采用以下形式。

（1）reg、integer、real 或 time 数据类型：对这些数据类型之一的名称引用的赋值。

（2）寄存器、整数或时间数据类型的位选择：对单个位的赋值，其他位保持不变。

（3）寄存器、整数或时间数据类型的部分选择：一个或多个连续位的部分选择，其余位保持不变。

（4）存储字：存储器中的一个词。

（5）以上任何形式的串联或嵌套式串联：前 4 种形式中任何一种的串联或嵌套式串联。这种规范有效地对右侧表达式的结果进行了划分，并将划分部分按顺序分配给串联或嵌套串联的各个部分。

过程赋值语句又分为阻塞过程赋值语句和非阻塞过程赋值语句。阻塞和非阻塞过程赋值语句在顺序块中指定不同的过程流。

连续赋值以类似于门驱动网的方式驱动网。右边的表达式可以被认为是一个连续驱动网络的组合电路。相比之下，过程赋值是给变量赋值，赋值没有持续时间。相反，变量保存赋值的值，直到对该变量的下一个过程赋值。

过程赋值发生在过程中，如 always、initial、task 和 function，可被视为"触发"赋值。当模拟中的执行流到达过程中的赋值时，触发发生；条件语句可以控制赋值的到达；

事件控制、延迟控制、if 语句、case 语句和循环语句都可以用来控制是否计算赋值。

变量声明赋值是过程赋值的一种特殊情况，因为它给变量赋值。它允许将初始值放在声明变量的同一语句中的变量中。赋值应该是常量表达式，变量声明赋值只允许在模块级别进行，不允许对数组进行变量声明赋值。如果同一个变量在初始块和变量声明赋值中被赋予不同的值，则求值的顺序是未定义的。

过程赋值的示例如下。

```
reg [3:0] a = 4'h4; //声明一个4位寄存器，并为其赋值4
reg [3:0] array [3:0] = 0;//不合法-数组进行变量声明赋值
integer i = 0, j; //声明两个整数，第一个被赋值为0
real r1 = 2.5, n300k = 3E6; //声明两个实变量，赋值为 2.5 和 300 000
time t1 = 25; //用初始值声明时间变量
realtime rt1 = 2.5; //用初始值声明实时变量
```

10.1.3 过程性连续赋值

过程性连续赋值（使用关键字 assign 和 force）是过程性语句，允许表达式被连续地驱动到变量或网上。

赋值语句中赋值的左边应该是一个变量引用或变量的串联。它不应是存储字（数组引用）或变量的位选择或部分选择。相反，force 语句中赋值的左侧可以是变量引用或网络引用。它可以是上述任何一个的串联，但是向量变量的位选择和部分选择是不允许的。

1. assign 和 deassign 程序语句

assign 过程性连续赋值语句应覆盖变量的所有过程赋值，deassign 过程性连续赋值语句应结束对变量的程序性连续赋值。变量的值应保持不变，直到变量通过程序赋值或程序性连续赋值被赋值。例如，assign 和 deassign 过程性连续赋值语句允许在 D 型边沿触发器上对异步清除/预设进行建模。其中，当清除或预设有效时，时钟被禁止。

如果关键字 assign 应用于已经存在程序性连续赋值的变量上，则该新的程序性连续赋值应在进行新的程序性连续赋值之前取消变量的赋值。

assign 过程性连续赋值语句示例如下。

```
module dff (q, d, clear, preset, clock);
    output q;
    input d, clear, preset, clock;
    reg q;
```

```
    always @(clear or preset)
        if (!clear)
            assign q = 0;
        else if (!preset)
            assign q = 1;
        else
            deassign q;

    always @(posedge clock)
        q = d;

endmodule
```

以上示例显示了在具有预设和清除输入的 D 型触发器的行为描述中 assign 和 deassign 过程语句的使用。如果清零或预设为低电平，则输出 q 将持续保持在适当的恒定值上，时钟的正边沿不会影响 q。当清零和预设都为高电平时，q 被取消符号。

2. force 和 release 程序语句

另一种形式的程序性连续赋值是由 force 和 release 程序语句提供的。这些语句对 assign-deassign 有相似的效果，但是一个 force 可以被应用到网络和变量上。赋值的左侧可以是变量、网络、向量网的常数位选择、向量网的部分选择或连接，但它不能是存储字（数组引用），也不能是向量变量的位选择或部分选择。

对变量的 force 语句应覆盖对变量的过程赋值或 assign 过程性连续赋值，直到对变量执行 release 过程语句。释放后，如果变量当前没有有效的 assign 过程性连续赋值，则变量不会立即改变值。变量应保持其当前值，直到变量的下一个程序赋值或过程性连续赋值。释放当前具有有效的 assign 过程性连续赋值的变量应立即重新建立该赋值。

网络上的 force 过程语句应覆盖网络的所有驱动程序——门输出、模块输出和连续赋值，直到在网络上执行 release 过程语句。当释放时，应立即给网络赋予由网的驱动者确定的值。

force 过程性连续赋值语句示例如下。

```
module test;
    reg a, b, c, d;
    wire e;

    and and1 (e, a, b, c);
```

```
    initial begin
        $monitor("%d d=%b,e=%b", $stime, d, e);
        assign d = a & b & c;
        a = 1;
        b = 0;
        c = 1;
        #10;
        force d = (a | b | c);
        force e = (a | b | c);
        #10;
        release d;
        release e;
        #10 $finish;
    end
endmodule
```

以上示例中,"与"门实例 and1 通过强制过程语句"修补"为"或"门,该语句强制其输出为"或"输入的值,and 值的赋值过程语句"修补"为"或"值的赋值语句。

▶ 10.1.4 赋值对象

赋值由两部分组成,左侧和右侧用等号(=)分隔,或者在非阻塞过程赋值的情况下,用小于等于(<=)字符分隔。右侧可以是任何计算值的表达式,左侧表示要分配右侧值的变量。左侧可以采用表 10.1 中给出的赋值语句中的合法赋值对象。

表 10.1 赋值语句中的合法赋值对象

语 句 类 型	左　　侧
连续赋值	网络(矢量或标量) 向量网络的常数位选择 向量网络的常数部分选择 向量网络的常数索引部分选择 上述任一左侧的连接或嵌套连接
过程赋值	变量(矢量或标量) 向量寄存器、整数或时间变量的位选择 向量寄存器、整数或时间变量的常量部分选择 索引部分选择矢量寄存器、整数或时间变量 存储器 上述任一左侧的连接或嵌套连接

10.1.5 阻塞与非阻塞

1. 阻塞赋值

阻塞程序赋值语句应在顺序块的语句执行之前执行,阻塞过程赋值的语法结构如下。

```
variable_lvalue=[ delay_or_event_control ] expression
```

其中,variable_lvalue(左侧变量值)是对过程赋值语句有效的数据类型;=是赋值运算符;delay_or_event_control 是可选的内部赋值定时控制。该控件可以是 delay_control(例如,#6)或 event_control(例如,@(posedge clk))。表达式应该将右侧值分配给左侧。如果 variable_lvalue 需要赋值,则应在内部分配时序控制指定的时间进行赋值。

阻塞过程赋值使用的"="赋值运算符也用于过程连续赋值和连续赋值。

阻塞赋值的示例如下。

```
rega = 0;
rega[3] = 1; //1 位选择
rega[3:5] = 7; //2 位选择
mema[address] = 8'hff; //对 mem 元素的赋值
{carry, acc} = rega + regb; //串联
```

2. 非阻塞赋值

非阻塞过程赋值允许在不阻塞过程流的情况下进行赋值调度。只要在同一时间内可以进行几个变量赋值,就可以使用非阻塞过程赋值语句,而不考虑顺序或相互依赖性。非阻塞过程赋值的语法如下所示。

```
variable_lvalue=[ delay_or_event_control ] expression
```

其中,variable_lvalue(左侧变量值)是对过程赋值语句有效的数据类型;<=是非阻塞赋值运算符;delay_or_event_control 是可选的内部赋值定时控制。如果 variable_lvalue 需要求值,则应与右侧的表达式同时求值。如果未指定时序控制,则变量左值和右侧表达式的求值顺序未定义。

非阻塞赋值运算符与小于或等于关系运算符是同一个运算符。解释应根据"<="出现的上下文来决定。当表达式中使用"<="时,应将其解释为关系运算符;当在非阻塞过程赋值中使用时,它应被解释为赋值运算符。

阻塞赋值和非阻塞赋值的示例如下。

```
module non_block1;
    reg a, b, c, d, e, f;
```

```
//阻塞赋值
initial begin
a = #10 1; // a 将在时间 10 被赋值为 1
b = #2 0;  // / b 将在时间 12 被赋值为 0
c = #4 1;  // / c 将在时间 16 被赋值为 1
end

//非阻塞赋值
initial begin
d <= #10 1; // / d 将在时间 10 被赋值为 1
e <= #2 0;  // / e 将在时间 2 被赋值为 0
f <= #4 1;  // / f 将在时间 4 被赋值为 1
end
endmodule
```

与阻塞分配的事件或延迟控制不同，非阻塞分配不会阻塞过程流。非阻塞赋值对赋值进行计算和调度，但它不会阻塞开始-结束块中后续语句的执行。

10.2 if 语句

if 语句的语法结构如下。

```
if (条件 1)
    语句块 1;
else if (条件 2)
    语句块 2;
    ……
else
    语句块 n;
```

如果条件 1 的表达式为真（或非 0 值），那么语句块 1 被执行，否则语句块不被执行，然后依次判断条件 2 至条件 n 是否满足。如果满足就执行相应的语句块，最后跳出 if 语句，整个模块结束。如果所有的条件都不满足，则执行最后一个 else 分支。

if 语句使用实例：

```
if (a>b)
```

```
    out1<=int1;
else if(a==b)
    out1<=int2;
else
    out1<=int3;
```

上面的实例中，用 if 语句来检测变量 a 和 b 的关系以决定 int1、int2 和 int3 中哪个值赋给寄存器 out1。

如果 a 中的值大于 b 中的值，则将 int1 中的值赋给 out1；如果 a 中的值等于 b 中的值，则将 int2 中的值赋给 out1；其他情况下，将 int3 中的值赋给 out1。

10.3 case 语句

case 语句是一个多路条件分支语句。它测试一个表达式是否与多个其他表达式中的一个相匹配，并相应地进行分支。case 语句的语法结构如下。

```
case/casez/casex<表达式>
    <表达式>：赋值语句或空语句；
    ……
    <表达式>：赋值语句或空语句；
    default：赋值语句或空语句；
endcase
```

default 分支虽然可以默认，但是一般不默认，否则会和 if 语句中缺少 else 分支一样，生成锁存器。另外，在一个 case 语句中使用多个 default 分支是非法的。

使用 case 语句实现对寄存器类型 rega 进行解码的示例如下。

```
reg [15:0] rega;
reg [9:0] result;

case (rega)
    16'd0: result = 10'b0111111111;
    16'd1: result = 10'b1011111111;
    16'd2: result = 10'b1101111111;
    16'd3: result = 10'b1110111111;
    16'd4: result = 10'b1111011111;
    16'd5: result = 10'b1111101111;
```

```
    16'd6: result = 10'b1111110111;
    16'd7: result = 10'b1111111011;
    16'd8: result = 10'b1111111101;
    16'd9: result = 10'b1111111110;
    default result = 'bx;
endcase
```

括号中给出的 case 表达式应在任何分支赋值执行语句表达式之前精确计算一次。分支的赋值表达式应按照给出的确切顺序进行计算和比较。如果有 default 分支，则在此线性搜索过程中忽略它。在线性搜索期间，如果一个事例表达式与括号中给出的事例表达式匹配，则应执行与该事例相关联的语句，并且应终止线性搜索。如果所有比较都失败，并且给出 default 分支，则执行 default 分支语句。如果没有给出 default 分支语句，并且所有比较都失败了，那么不会有一个案例分支语句被执行。

除了语法之外，case 语句在以下两个重要方面不同于 if-else-if 结构。

（1）与 case 语句中的控制表达式和多分支表达式比较结构相比，if_else_if 结构中的条件表达式更为直观一些。

（2）当表达式中有 x 和 z 值时，case 语句提供了一个确定的结果。

case 语句中的无关条件示例如下。

```
reg [7:0] ir;
casez (ir)
    8'b1???????: instruction1(ir);
    8'b01??????: instruction2(ir);
    8'b00010???: instruction3(ir);
    8'b000001??: instruction4(ir);
endcase
```

case 语句处理 x 和 z 值的示例如下。

```
case (select[1:2])
    2'b00: result = 0;
    2'b01: result = flaga;
    2'b0x, 2'b0z: result = flaga ? 'bx : 0;
    2'b10: result = flagb;
    2'bx0, 2'bz0: result = flagb ? 'bx : 0;
    default result = 'bx;
endcase
```

10.4 循环语句

循环语句有4种类型,这些语句提供了控制语句执行零次、一次或多次的方法。

(1) forever 语句,是连续执行语句。

(2) repeat 语句,执行一条语句固定次数。如果表达式评估为未知或高阻抗,则应将其视为零,并且不应执行任何语句。

(3) while 语句,执行语句,直到表达式变为 false。如果表达式以 false 开头,则根本不会执行该语句。

(4) for 语句,通过三步过程控制其关联语句的执行。for 语句的执行过程位:执行通常用于初始化控制所执行循环 number 的变量的赋值;计算表达式的值,如果结果为零,则 for 循环将退出,如果不为零,for 循环将执行其相关语句;执行通常用于修改循环路控制 variable 值的分配,然后重复步骤(2)。

repeat 语句的示例如下。

```
parameter size = 8, longsize = 16;
reg [size:1] opa, opb;
reg [longsize:1] result;
begin : mult
    reg [longsize:1] shift_opa, shift_opb;
    shift_opa = opa;
    shift_opb = opb;
    result = 0;
    repeat (size) begin
        if (shift_opb[1])
            result = result + shift_opa;
        shift_opa = shift_opa << 1;
        shift_opb = shift_opb >> 1;
    end
end
```

示例中用 repeat 循环语句和加法移位操作来实现前面用 for 语句实现的乘法器。
while 语句的示例如下。

```
begin : count1s
    reg [7:0] tempreg;
    count = 0;
    tempreg = rega;
```

```
    while (tempreg) begin
        if (tempreg[0])
            count = count + 1;
        tempreg = tempreg >> 1;
    end
end
```

示例中用 while 循环语句对八位二进制数 rega 中值为 1 的位进行计数。

for 语句的示例如下。

```
parameter size = 8, longsize = 16;
reg [size:1] opa, opb;
reg [longsize:1] result;
begin: mult
integer bindex;
result=0;
for (bindex=1; bindex<=size; bindex=bindex+1 )
    if (opb[bindex])
        result = result + (opa<<(bindex-1));
end
```

示例中使用 for 循环语句及加法和移位操作来实现一个乘法器。

forever 语句的示例如下。

```
begin
clk = 0;
forever #10 clk =~clk;
end
```

示例中使用 forever 语句产生了一个每 10 个单位时间便翻转一次的周期信号。

forever 循环语句常用于产生周期性的波形，用来作为仿真测试信号。它与 always 语句不同，不能独立写在程序中，必须写在 initial 块中。

10.5 时间控制

Verilog HDL 有两种类型的显式时序控制，可以控制过程语句何时发生。第一种类型是延迟控制，其中表达式指定开始遇到这一语句和真正执行这一语句之间的延迟时间。延迟表达式可以是电路状态的动态函数，也可以是一个简单的数字，用于及时分隔语句执行。

第二种类型的时序控制是事件表达式，它允许语句执行被延迟，直到在与该过程同时执行的过程中出现某个模拟事件。模拟事件可以是线网或变量的值变化（隐式事件），也可以是由其他过程触发的显式事件（显式事件）。最常见的情况是，事件控制是时钟信号的上升沿或下降沿。

到目前为止，遇到的过程语句都是在不提前模拟时间的情况下执行的。模拟时间可以通过以下三种方法提前。

（1）延迟控制，由符号#引入。
（2）由符号@引入的事件控制。
（3）wait 语句，其操作类似于事件控制和 while 循环的组合。

10.5.1 延迟控制

延迟控制后的程序性声明，相对于延迟控制前的程序性声明，其执行应延迟规定的延迟。如果延迟表达式评估为未知或高阻抗值，则应将其解释为零延迟。如果延迟表达式的计算结果为负值，则应将其解释为与时间变量大小相同的二进制补码无符号整数。延迟表达式中允许指定参数。它们可以被 SDF（标准延迟格式）注释覆盖，在这种情况下，表达式将被重新计算。

```
#10 rega = regb; // 将分配的执行延迟了 10 个时间单位
#d rega = regb;  // d 被定义为参数
#((d+e)/2) rega = regb; // 延迟是 d 和 e 的平均值
#regr regr = regr + 1; // 延迟是 regr 中的值
```

10.5.2 事件控制

Verilog 提供了二大类时序控制方法：时延控制和事件控制。事件控制主要分为边沿触发事件控制与电平敏感事件控制。

边沿触发事件控制

在 Verilog 中，事件是指某一个 reg 或 wire 型变量发生了值的变化。基于事件触发的时序控制又主要分为以下几种。

一般事件控制

事件控制用符号@表示，语句执行的条件是信号的值发生特定的变化。

关键字 posedge 指信号发生边沿正向跳变，negedge 指信号发生负向边沿跳变。未指明跳变方向时，则 2 种情况的边沿变化都会触发相关事件。

一般事件控制实例如下。

```
//信号 clk 只要发生变化，就执行 q<=d，双边沿 D 触发器模型
always @(clk) q <= d;
//在信号 clk 上升沿时刻，执行 q<=d，正边沿 D 触发器模型
always @(posedge clk) q <= d;
//在信号 clk 下降沿时刻，执行 q<=d，负边沿 D 触发器模型
always @(negedge clk) q <= d;
//立刻计算 d 的值，并在 clk 上升沿时刻赋值给 q，不推荐这种写法
q = @(posedge clk) d;
```

命名事件控制

用户可以声明 event（事件）类型的变量，并触发该变量来识别该事件是否发生。命名事件用关键字 event 来声明，触发信号用->表示。

命名事件控制实例如下。

```
event start_receiving;
always @(posedge clk_samp) begin
     -> start_receiving; //采样时钟上升沿作为时间触发时刻
end

always @(start_receiving) begin
    data_buf = {data_if[0], data_if[1]}; //触发时刻，对多维数据整合
end
```

敏感列表

当多个信号或事件中，任意一个发生变化都能够触发语句的执行时，Verilog 中使用"或"来描述这种情况，用"or"连接多个事件或信号。这些事件或信号组成的列表成为"敏感列表"。当然，or 也可以用逗号","来代替。

敏感列表实例如下。

```
//带有低有效复位端的 D 触发器模型
always @(posedge clk or negedge rstn) begin
```

```
        if (! rstn) begin
            q <= 1'b;
        end
        else begin
            q <= d;
        end
    end
```

当组合逻辑输入变量很多时，那么编写敏感列表会很烦琐。此时，更为简洁的写法是@*或@(*)，表示对语句块中的所有输入变量的变化都是敏感的。

```
always @(*)
//always @(a, b, c, d, e, f, g, h, i, j, k, l, m) begin
//两种写法等价
    assign s = a?b+c:d?e+f:g?h+i:j?k+l:m;
end
```

电平敏感事件控制

前面所讨论的事件控制都是需要等待信号值的变化或事件的触发的，使用"@加敏感列表"的方式来表示。

Verilog 中还支持使用电平作为敏感信号来控制时序，即后面语句的执行需要等待某个条件为真。Verilog 中使用关键字 wait 来表示这种电平敏感情况。

电平敏感事件控制实例如下。

```
initial begin
    wait (start_enable);      //等待 start 信号
    forever begin
    //start 信号使能后，在 clk_samp 上升沿，对数据进行整合
        @(posedge clk_samp);
        data_buf = {data_if[0], data_if[1]};
    end
end
```

▶ 10.5.3　内部赋值定时控制

延迟和事件控制结构先于一个语句并延迟其执行。与两者相反，内部分配延迟和事件控制包含在分配语句中，并以不同的方式修改活动流程。该节描述了赋值内定时控制的目的和可用于赋值内延迟的重复定时控制。

内部赋值延迟或事件控制应延迟新值到左侧的赋值,但右侧表达式应在延迟之前计算,而不是在延迟之后计算。分配内延迟和事件控制可以应用于阻塞分配和非阻塞分配,重复事件控制应规定指定事件发生次数的任务内延迟,如果计算时重复计数文本或保存重复计数的带符号 reg 小于或等于 0,则赋值就像没有重复结构一样发生。

内部赋值定时控制的示例如下。

```
a = repeat(num) @(clk) data; //当遇到赋值时,将计算 data 的值。在 clk 的转换次数等于
num 的值之后,a 被赋予 data 的值
a <= repeat(a+b) @(posedge phi1 or negedge phi2) data; //当遇到赋值时,将计算 data
的值。当 phi1 的上升沿和 phi2 的下降沿的转换次数的和等于 a 和 b 的和后,a 被赋予 data 的值
```

10.6 块

语句块是在 initial 或 always 模块中位于 begin…end/fork…join 块定义语句之间的一组行为语句,主要分为顺序语句块和并行语句块。

顺序语句块和并行语句块通过在关键字 begin 或 fork 后添加块名来命名,在定义语句块名的内部可以定义内部寄存器变量,并且可以使用"disable"中断语句中断。块的命名有几个目的。

(1)它允许为块声明局部变量、参数和命名事件。

(2)它允许在禁用语句等语句中引用该块。所有变量应是静态的。也就是说,所有变量都有一个唯一的位置,离开或进入块不会影响存储在其中的值。

(3)块名提供了在任何模拟时间唯一识别所有变量的方法。

10.6.1 顺序块

顺序块应具有以下特征:语句应依次执行;每条语句的延迟值应相对于前一条语句执行的模拟时间进行处理控制;应在最后一条语句执行后从块中传递出去。顺序块的语法结构如下。

```
begin [块标识符{块项目声明} ]
{语句}
end
```

顺序块的示例如下。

```
begin
areg = breg;
creg = areg; //creg 存储 breg 的值
end
```

加入延迟控制的顺序块的示例如下。

```
parameter d = 50; //d 声明为参数
reg [7:0] r; // r 声明为 8 位寄存器
begin // 由顺序延迟控制的波形
    #d r = 'h35;
    #d r = 'hE2;
    #d r = 'h00;
    #d r = 'hF7;
    #d -> end_wave; //触发称为 end_wave 的事件
end
```

10.6.2 并行块

并行块应具有以下特征：语句应同时执行；应考虑每个语句的延迟值与进入程序块的模拟时间的关系；延迟控制可用于为分配提供时间排序；当最后一条按时间顺序排列的语句执行时，控制权将从块中传递出去。并行块的语法结构如下。

```
fork [块标识符{块项目声明} ]
{语句}
join
```

加入延迟控制的顺序块的示例如下，输出波形与顺序块第二个示例的输出相同。

```
fork
    #50 r = 'h35;
    #100 r = 'hE2;
    #150 r = 'h00;
    #200 r = 'hF7;
    #250 -> end_wave;
join
```

顺序和并行块都有开始和结束时间的概念。对于顺序块，开始时间是执行第一条语句的时间，结束时间是执行最后一条语句的时间。对于并行块，所有语句的开始时间都是相同的，而结束时间是最后一个按时间排序的语句被执行的时间。

顺序块和并行块可以相互嵌入，允许复杂的控制结构易于表达，并且具有高度的结构性。当块相互嵌入时，块开始和结束的时间很重要。在到达块的完成时间之前，也就是说，在块完全完成执行之前，不能继续执行块后面的语句。

10.7 结构化过程

Verilog HDL 中的所有程序都在以下四条语句中指定：initial 结构、always 结构、task 和 function。

initial 结构和 always 结构在模拟开始时启用。initial 结构只能执行一次，当语句结束时，它的活动将停止。相反，always 结构可以重复执行，只有当模拟终止时，其活动才应停止。initial 结构和 always 结构之间不应有隐含的执行顺序。initial 结构不需要在 always 结构之前被调度和执行。一个模块中可以定义的 initial 结构和 always 结构的数量没有限制。任务和功能是从其他过程中的一个或多个位置启用的过程。

任务（task）和函数（function）是可以实现在描述中调用并执行常用过程代码的功能。使用任务和函数，一个大型程序可以拆解为多个更方便阅读、更利于调试且具有明确含义的小段程序。当然，任务和函数之间也存在着区别。

10.7.1 initial 结构

initial 结构是用于初始化的结构，在程序中只会执行一次。

用于初始化变量的 initial 结构的示例如下。

```
initial begin
    areg = 0; //初始化一个 reg 类型
    for (index = 0; index < size; index = index + 1)
    memory[index] = 0; //初始化一个存储字
end
```

用于模拟波形的 initial 结构的示例如下。

```
initial begin
    inputs = 'b000000; //在时间零点初始化
    #10 inputs = 'b011001; //第一种模式
    #10 inputs = 'b011011; //第二种模式
    #10 inputs = 'b011000; //第三种模式
    #10 inputs = 'b001000; //第四种模式
end
```

10.7.2 always 结构

always 结构在整个模拟过程中不断重复,由于其循环特性,always 结构只在与某种形式的定时控制结合使用时有用。如果一个 always 结构无法控制模拟时间的推进,它将创建一个模拟死锁条件。

使用 always 结构创建无限循环的示例如下。

```
always areg = ~areg; //零延迟无限循环
always #half_period areg = ~areg; //输出时钟信号
```

10.7.3 task 结构

任务需要由一个语句进行使能,该语句需要包含传递给任务的参数和接受任务结果的变量。任务执行完成后,控制权由任务传递回使能过程。任务可以进行嵌套,即任务可以使能其他任务作为子任务,并且子任务也可以使能其他任务。

任务声明

任务声明的语法结构如下。

```
// 声明语法一
task [ automatic ] task_identifier ;
{ task_item_declaration }
statement_or_null
endtask
// 声明语法二
task [ automatic ] task_identifier ( [ task_port_list ] );
{ block_item_declaration }
statement_or_null
endtask
```

第一个语法应以关键字 task 开始,然后是可选的关键字 automatic,接着是任务名称和分号,最后是关键字 endtask。关键字 automatic 声明了一个可重新加入的自动任务,所有任务声明都是为每个并发任务条目动态分配的。task_item_declaration(任务项声明)可以指定内容为:input 参数、output 参数、inout 参数和可以在过程块中声明的所有数据类型。

第二种语法应该以关键字 task 开始,然后是可选的关键字 automatic,后面跟一个任务名称和一个圆括号 task_port_list。任务端口列表应由零个或多个逗号分隔的任务端口项目组成，右括号后应有分号。任务主体应该跟在后面，然后是关键字 endtask。

在这两种语法中，端口声明应该与 tf_input_declaration 定义的语法相同，tf_output_declaration 和 tf_inout_declaration 具体的语法如下。

```
input/output/inout [ reg ] [ signed ] [ range ] list_of_port_identifiers
| input/output/inout task_port_type list_of_port_identifiers
```

没有可选关键字 automatic 的任务是静态任务，所有声明的项目都是静态分配的。这些项目应在同时执行的任务的所有使用中共享。带有可选关键字 automatic 的任务是自动任务。在自动任务中声明的所有项目都是为每次调用动态分配的。分层引用不能访问自动任务项。自动任务可以通过使用它们的层次名称来调用。

任务使能和参数传递

任务使能语句应将参数作为逗号分隔的表达式列表传递，并括在括号中。任务使能语句的形式语法如下。

```
task_enable:hierarchical_task_identifier [ ( expression { , expression } ) ] ;
```

如果任务定义没有参数，则不应在任务使能语句中提供参数列表。否则，应该有一个与任务定义中参数列表的长度和顺序相匹配的有序表达式列表，并且空表达式不应作为任务使能语句中的参数。

如果任务中的一个参数被声明为 input，那么相应的表达式可以是任何表达式，而参数列表中表达式的求值顺序未定义。如果参数被声明为 output 或 inout，则表达式应被限制为在过程赋值的左侧有效的表达式。

任务参数传递的示例如下。

```
// 第一种声明方式
task my_task;
input a, b;
inout c;
output d, e;
begin
... //执行任务工作的语句
...
c = foo1; //初始化结果规则的赋值
d = foo2;
e = foo3;
end
```

```
endtask
// 第二种声明方式
task my_task (input a, b, inout c, output d, e);
begin
... //执行任务工作的语句
...
c = foo1; //初始化结果规则的赋值
d = foo2;
e = foo3;
end endtask
```

调用该任务时，使能语句如下。

```
my_task (v, w, x, y, z);
```

任务使能语句中的参数 v、w、x、y 和 z 对应了任务中定义的参数 a、b、c、d 和 e。在任务启动时，input 和 inout 类型参数 a、b 和 c 接受 v、w 和 x 的值。当任务完成时，inout 和 output 类型参数 x、y 和 z 接受任务中定义的参数 c、d 和 e 的值，将任务计算的结果传递回任务调用处。

任务内存使用和并发激活

任务可以在 Verilog 模块中被多次调用。其中，自动任务中的所有变量会在每一次调用时被赋予新的值，以保存调用时刻的状态。静态任务中的所有变量则是静态的，无论任务被并行调用多少次，总会有一个变量对应了调用模块总的变量。

静态任务中声明的变量，包括 input、output 和 inout 类型的参数，在任务两次调用之间会保留任务结束时的值。当任务再次被调用时，这些变量才会被初始化。

自动任务中声明的变量则分为两种情况。output 类型的参数在任务执行到参数的作用范围时进行初始化；input 和 inout 类型的参数在任务使能语句中被初始化为语句传递的对应参数。

取消任务使能

Verilog 提供了 disable 语句来实现对正在执行的并行过程取消使能。disable 语句提供了一种机制，可以在任务执行所有语句之前终止任务，中断循环语句，或者跳过语句以便继续循环语句的另一次迭代。它对于处理硬件中断和全局复位等异常情况非常有用。disable 可以终止任意任务，不影响任务使能语句后的代码执行。如果被取消使能的任务具有嵌套子任务，这些子任务也会随之取消使能。disable 语句除任务以外，还可以对语句取消使能。

disable 语句的示例如下。

```
// 示例一 块禁用自身
begin : block_name
    rega = regb;
    disable block_name;
    regc = rega; //这项任务永远不会执行
end
```

```
// 示例二 disable 语句作 return 功能
task proc_a;
    begin
    ……
    if (a == 0)
        disable proc_a; // return if true
    ……
    end
endtask
```

10.7.4　Function 结构

函数是 Verilog 中通过输入参数获取返回值的一种方式。

函数声明

与任务声明的语法相似，函数声明也有两种语法结构。

```
// 声明语法一
function [ automatic ] [ function_range_or_type ]
function_identifier ;
function_item_declaration { function_item_declaration }
function_statement
endfunction

// 声明语法二
function [ automatic ] [ function_range_or_type ]
function_identifier ( function_port_list ) ;
{ block_item_declaration }
```

```
function_statement
endfunction
```

函数定义应以关键字 function 开始，然后是可选的关键字 automatic，接着是可选的 function_range_or_type 函数返回值，接着是函数名称，接着是分号或括在括号中的函数端口列表，然后是分号，最后是关键字 endfunction。

函数范围或类型的使用应是可选的。没有函数范围或类型的函数默认为返回值的标量。如果使用，function_range_or_type 应指定函数的返回值是实数、整数、时间、实时时间或范围为[n:m]位的向量（可选带符号）。

一个函数应该至少声明一个输入。关键字 automatic 声明了一个可重入的自动函数，所有的函数声明都是为每个并发函数调用动态分配的。分层引用不能访问自动功能项。自动功能可以通过使用它们的层次名称来调用。

功能输入应以两种方式之一声明。第一个方法应该有函数名，后跟一个分号。在分号之后，应跟随一个或多个可选地与块项目声明混合的输入声明。在函数项声明之后，应该有一个行为声明，然后是 endfunction 关键字。

第二个方法应该有函数名，后面跟一个左括号和一个或多个输入声明，用逗号分隔。在所有的输入声明之后，应该有一个右括号和一个分号。在分号之后，应该有零个或多个块项声明，后跟一个行为语句，然后是 endfunction 关键字。

从寻址字中提取低位字节的函数声明示例如下。

```
// 第一种声明方式
function [7:0] getbyte;
input [15:0] address;
begin
    //从寻址字中提取低位字节的代码
    ……
    getbyte = result_expression;
end
endfunction

// 第二种声明方式
function [7:0] getbyte (input [15:0] address);
begin
    //从寻址字中提取低位字节的代码
    ……
    getbyte = result_expression;
```

```
end
endfunction
```

函数返回值

在函数内部，函数定义应该隐式声明一个与函数同名的变量。如果函数声明中没有指定返回值的类型，该变量默认为 1 位 reg。函数定义通过将函数结果赋给与函数同名的内部变量来初始化函数的返回值。getbyte 函数声明实例中的返回值初始化示例如下。

```
getbyte = result_expression;
```

在声明函数的范围内声明另一个与函数同名的对象是非法的。在函数内部，有一个带有函数名称的隐含变量，可以在函数的表达式中使用，因此，在函数范围内声明另一个与函数同名的对象也是非法的。

函数调用

函数调用的本质是带有操作符的表达式。函数中的参数的运算顺序由函数声明决定。函数调用的语法结构如下。

```
hierarchical_function_identifier{ attribute_instance } ( expression { , expression } )
```

函数调用的示例如下。

```
word = control ? {getbyte(msbyte), getbyte(lsbyte)}:0;
```

其中，getbyte 是上文声明的函数，返回寻址字的低位字节。如果 control 为真，word 的值为两个 getbyte 函数调用的返回值的组合。

函数的相关规则

与任务相比，函数在使用过程中具有更多的限制条件。限制条件如下。
（1）函数定义不得包含任何时间控制语句，即任何包含#、@、或等待的语句。
（2）函数不能使能任务。
（3）函数声明应至少包含一个输入参数。
（4）函数声明不得有任何声明为 output 或 inout 的参数。
（5）函数不得有任何非阻塞赋值或过程性连续赋值。
（6）函数不得有任何事件触发器。

10.7.5 任务和函数的区别

任务和函数有以下区别。
（1）函数必须在一个仿真时间内执行；任务可以包含时间控制语句。
（2）函数不可以调用任务；任务可以调用其他任务和函数。
（3）函数必须要有至少一个 input 类型的参数，并且不能有 output 和 inout 类型的参数；任务可以有任意数量（包括 0）任意类型的参数。
（4）函数需要有单个返回值；任务没有返回值。

函数的目的是根据输入参数返回一个单个值。任务则可以同时实现多个需求，并将计算的多个结果通过 output 和 inout 类型的参数返回到任务调用处。

10.8 课后习题

1．尝试实现一个同步复位的计数器，并分析 Verilog 代码执行逻辑以验证其有效性。
2．尝试分别使用 if 和 case 语句来实现一位全加器。
3．尝试分别使用 repeat、while 和 for 语句实现对三个 1bit 输出端口赋值。
4．尝试编写对 3bit 数据取模操作的函数。

第 11 章

Verilog 组合逻辑电路设计

本章将结合之前介绍的 VHDL 语法,设计并分析一系列组合逻辑电路。

11.1 4-16 译码器

本示例设计的是输出高电平有效的 4-16 译码器,将 4 位二进制编码转化为 16 位独热码。4-16 译码器具有高电平有效的使能输入端口,选择输入端口。当使能信号有效时,输出的结果由选择信号决定。例如,使能信号有效时,选择信号为 "0101",那么输出信号为 "0000000000100000"。本设计将 3-8 译码器作为元件进行级联实现 4-16 译码器。

3-8 译码器的 Verilog 代码如下。3-8 译码器具有 3 个使能输入端口:en、ena_n 和 enb_n。多使能端口使 3-8 译码器级联更为便捷。

```verilog
module decoder_3to8(
    en, ena_n, enb_n,
    sel, data_out
    );
    input en, ena_n, enb_n;
    input [2:0] sel;
    output reg [7:0] data_out;
    
    wire enable;
    
    assign enable = en && ~ena_n && ~enb_n;
```

```verilog
        always @ (*)
        begin
            if (enable == 1'b1)
                case(sel)
                    3'b000: data_out = 8'b00000001;
                    3'b001: data_out = 8'b00000010;
                    3'b010: data_out = 8'b00000100;
                    3'b011: data_out = 8'b00001000;
                    3'b100: data_out = 8'b00010000;
                    3'b101: data_out = 8'b00100000;
                    3'b110: data_out = 8'b01000000;
                    3'b111: data_out = 8'b10000000;
                    default: data_out = 8'b00000000;
                endcase
            else
                data_out = 8'b00000000;
        end
endmodule
```

4-16 译码器的 VHDL 代码如下所示。代码中结构体的声明部分将 3-8 译码器 decoder_3to8 声明为元件，语句部分实例化了两个 3-8 译码器，分别作为低 8 位和高 8 位译码器。

```verilog
module top(
    en, inp, outp
    );
    input en;
    input [3:0] inp;
    output [15:0] outp;

    decoder_3to8 U_dc38_1 ( .en(en), .ena_n(inp[3]), .enb_n(1'b0),
                            .sel(inp[2:0]), .data_out(outp[7:0]));
    decoder_3to8 U_dc38_2 ( .en(en), .ena_n(~inp[3]), .enb_n(1'b0),
                            .sel(inp[2:0]), .data_out(outp[15:8]));

endmodule
```

图 11.1 是 4-16 译码器的 RTL 原理图。图中，使能信号 en 和选择信号 inp 的第 3 位连接到两个 3-8 译码器元件的使能端，控制低 8 位和高 8 位译码器进行工作。两个 3-8

译码器元件的 8 位输出端口分别作为低 8 位和高 8 位连接 16 位输出端口 outp，实现 4-16 译码器的独热码输出。

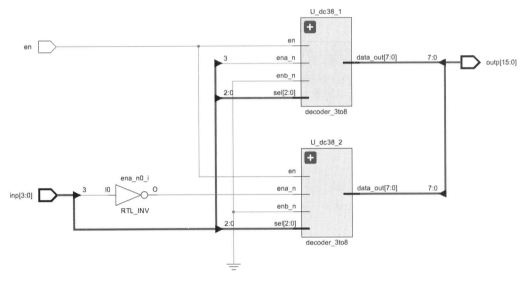

图 11.1　4-16 译码器的 RTL 原理图

图 11.2 是 4-16 译码器的仿真结果。图中，0ns 至 200ns，使能信号有效，选择输入信号每 10ns 自加一，输出端口输出选择信号对应的独热码。200ns 后，使能信号无效，无论选择输入信号如何变化，输出端口始终为 16 位低电平。仿真结果验证了设计的正确性。

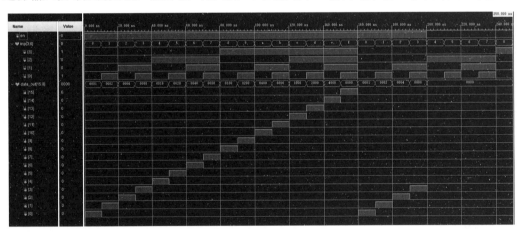

图 11.2　4-16 译码器的仿真结果

11.2 具有三态输出的 8 位 4 输入复用器

本示例设计的是具有三态输出的 8 位 4 输入复用器,在 4 路信号中选择 1 路连接到输出。复用器具有高电平有效的使能端口,当使能信号有效时,选择信号决定输出端口接入的信号;当使能信号无效时,输出端口进入高阻态。比如,使能信号有效时,选择信号为"01",那么输出信号为编号为"01"的 8 位输入信号;使能信号无效时,输出信号始终为"ZZZZZZZZ"。

本示例的 Verilog 代码如下。

```
module top(
    en, sel,
    inpa, inpb, inpc, inpd,
    outp
    );
    input en;
    input [1:0] sel;
    input [7:0] inpa, inpb, inpc, inpd;
    output [7:0] outp;

    parameter ZED = 8'bzzzzzzzz;

    reg [7:0] outp_r;

    always @ (*) begin
        case (sel)
            2'b00 : outp_r = inpa;
            2'b01 : outp_r = inpb;
            2'b10 : outp_r = inpc;
            2'b11 : outp_r = inpd;
            default: outp_r = ZED;
        endcase
    end

    assign outp = en ? outp_r : ZED;

endmodule
```

图 11.3 是具有三态输出的 8 位 4 输入复用器的仿真结果。图中，0ns 至 40ns，使能信号有效，选择输入信号每 10ns 自加一，输出端口输出对应通道的输入信号。40ns 后，使能信号无效，输出端口进入高阻态。仿真结果验证了设计的正确性。

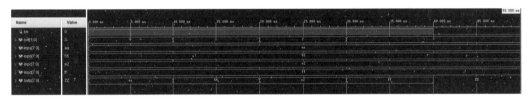

图 11.3 具有三态输出的 8 位 4 输入复用器的仿真结果

11.3 16 位桶形移位器

本示例设计的是 16 位桶形移位器，可实现对 16 位输入信号的循环左移、循环右移、逻辑左移、逻辑右移、算数左移和算术右移这 6 种操作。移位器的功能选择由模式输入信号决定。移位器将循环左移、循环右移、逻辑左移、逻辑右移、算数左移和算术右移这 6 种操作分别定义为 "001" 模式、"010" 模式、"011" 模式、"100" 模式、"101" 模式和 "110" 模式；对于 "000" 模式和 "111" 模式，移位器输出进入高阻态。比如，移位器的 16 位输入数据为 "1011011101001000"，模式输入为 "001"，即循环左移，移位量为 2，那么，输出信号为 "1101110100100010"。

本示例的 Verilog 代码如下。代码在实体内预定义了移位器的六种状态码，在结构体内使用 when 赋值语句实现移位模式的选择。代码中的 my_rol、my_ror、my_sll、my_srl、my_sla 和 my_sra 是自定义的移位函数，分别可以实现对 unsigned 数据的循环左移、循环右移、逻辑左移、逻辑右移、算数左移和算术右移。本示例使用模块化的设计，以上移位函数的定义被放置在 work 库的 shifter_pkg 包集内，需要调用时只需在 VHDL 文件头部声明该包集即可。

```
---------------------------------------------------
-- Date          : 2020/08/08 Fri
-- Design Name   : barrel_shifter_16
-- Module Name   : barrel_shifter_16
-- Description   : This Module (" barrel_shifter_16 ") is buit as a 16-bit barrel
--                 shifter with 6 modes which contant rol, ror, sll, srl, sla and
--                 sra. The shifter shifts the 16-bit input data in the mode
--                 decided by then mode-input. The shift amount is the input s.
```

```vhdl
--              The output will go into Hi-Z when mode-input is illegal.
--------------------------------------------------------------------------------

library ieee;
use ieee.std_logic_1164.all;
use ieee.numeric_std.all;
use work.shifter_pkg.all;

entity top is
    port (
        data_in : in unsigned(15 downto 0);
        s : in unsigned(3 downto 0);
        mode : in unsigned(2 downto 0);
        data_out : out unsigned(15 downto 0)
    );
    constant mode_rol : unsigned(2 downto 0) := "001";
    constant mode_ror : unsigned(2 downto 0) := "010";
    constant mode_sll : unsigned(2 downto 0) := "011";
    constant mode_srl : unsigned(2 downto 0) := "100";
    constant mode_sla : unsigned(2 downto 0) := "101";
    constant mode_sra : unsigned(2 downto 0) := "110";
end top;

architecture behavioral of top is
begin
    data_out <=
        my_rol(data_in, s) when mode = mode_rol else
        my_ror(data_in, s) when mode = mode_ror else
        my_sll(data_in, s) when mode = mode_sll else
        my_srl(data_in, s) when mode = mode_srl else
        my_sla(data_in, s) when mode = mode_sla else
        my_sra(data_in, s) when mode = mode_sra else
        (others => 'Z');
end behavioral;
```

包集 shifter_pkg 的 Verilog 代码如下。

```vhdl
library IEEE;
use IEEE.STD_LOGIC_1164.ALL;
```

```vhdl
use IEEE.NUMERIC_STD.ALL;

package shifter_pkg is
    -- shift left rotate
    function my_rol (arr : unsigned; s : unsigned) return unsigned;
    -- shift right rotate
    function my_ror (arr : unsigned; s : unsigned) return unsigned;
    -- shift left logical
    function my_sll (arr : unsigned; s : unsigned) return unsigned;
    -- shift right logical
    function my_srl (arr : unsigned; s : unsigned) return unsigned;
    -- shift left arith
    function my_sla (arr : unsigned; s : unsigned) return unsigned;
    -- shift right arith
    function my_sra (arr : unsigned; s : unsigned) return unsigned;
end package;

package body shifter_pkg is

    -- shift left rotate
    function my_rol (arr : unsigned; s : unsigned) return unsigned is
        constant len : integer := arr'length;
        variable n : integer;
        variable result : unsigned(len - 1 downto 0) := (others => '0');
    begin
        n := to_integer(s);
        result(len - 1 downto n) := arr(len - 1 - n downto 0);
        result(n - 1 downto 0) := arr(len - 1 downto len - n);
        return result;
    end function;

    -- shift right rotate
    function my_ror (arr : unsigned; s : unsigned) return unsigned is
        constant len : integer := arr'length;
        variable n : integer;
        variable result : unsigned(len - 1 downto 0) := (others => '0');
    begin
        n := to_integer(s);
```

```vhdl
        result(len - 1 downto len - n) := arr(n - 1 downto 0);
        result(len - n - 1 downto 0) := arr(len - 1 downto n);
        return result;
    end function;

    -- shift left logical
    function my_sll (arr : unsigned; s : unsigned) return unsigned is
        constant len : integer := arr'length;
        variable n : integer;
        variable result : unsigned(len - 1 downto 0) := (others => '0');
    begin
        n := to_integer(s);
        result(len - 1 downto n) := arr(len - 1 - n downto 0);
        return result;
    end function;

    -- shift right logical
    function my_srl (arr : unsigned; s : unsigned) return unsigned is
        constant len : integer := arr'length;
        variable n : integer;
        variable result : unsigned(len - 1 downto 0) := (others => '0');
    begin
        n := to_integer(s);
        result(len - n - 1 downto 0) := arr(len - 1 downto n);
        return result;
    end function;

    -- shift left arith
    function my_sla (arr : unsigned; s : unsigned) return unsigned is
        constant len : integer := arr'length;
        variable n : integer;
        variable result : unsigned(len - 1 downto 0) := (others => arr(0));
    begin
        n := to_integer(s);
        result(len - 1 downto n) := arr(len - 1 - n downto 0);
        return result;
    end function;
```

```
    -- shift right arith
    function my_sra (arr : unsigned; s : unsigned) return unsigned is
        constant len : integer := arr'length;
        variable n : integer;
        variable result : unsigned(len - 1 downto 0) := (others => arr(len - 1));
    begin
        n := to_integer(s);
        result(len - n - 1 downto 0) := arr(len - 1 downto n);
        return result;
    end function;

end package body;
```

图 11.4 是 16 位桶形移位器的仿真结果。仿真每 10ns 分为一个时间段，共 10 个时间段。16 位输入数据为 "1011011101001000"。第 1 个时间段，模式输入为 "000"，即无效模式，输出进入高阻态。第 2 个时间段，模式输入为 "001"，即循环左移，移位量为 0，输出与输入数据相同。第 3 个时间段，模式输入为 "001"，即循环左移，移位量为 5，输出为 "1110100100010110"。第 4 个时间段，模式输入为 "001"，即循环左移，移位量为 2，输出为 "1101110100100010"。第 5 个时间段，模式输入为 "010"，即循环右移，移位量为 2，输出为 "0010110111010010"。第 6 个时间段，模式输入为 "011"，即逻辑左移，移位量为 2，输出为 "1101110100100000"。第 7 个时间段，模式输入为 "100"，即逻辑右移，移位量为 2，输出为 "0010110111010010"。第 8 个时间段，模式输入为 "101"，即算术左移，移位量为 2，输出为 "1101110100100000"。第 9 个时间段，模式输入为 "110"，即算术右移，移位量为 2，输出为 "1110110111010010"。第 10 个时间段，模式输入为 "111"，即无效模式，输出进入高阻态。仿真结果验证了设计的正确性。

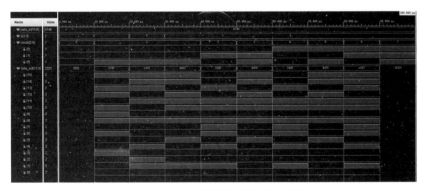

图 11.4　16 位桶形移位器的仿真结果

11.4 课后习题

1. 使用已设计好的 3-8 译码器模块，尝试编写 5-32 译码器。
2. 尝试编写 4 位 16 输入复用器。
3. 尝试编写进制转换器。

第 12 章

Verilog 时序逻辑电路设计

本章将结合之前介绍的 VHDL 语法,设计并分析一系列时序逻辑电路。

12.1 带异步清零端的模 10 计数器

本示例设计的是带异步清零端的模 10 计数器,可实现对输入时钟计数,输出计数状态和进位,并且具有同步使能端和异步清零端。计数器内置了"0000"~"1001"共 10 种状态。计数器在时钟信号上升沿到来时,改变计数器的状态;如果计数器的当前状态是"1001",那么,计数器的下一状态为"0000",并且进位变为高电平。如果使能信号无效,计数器的状态和进位不变。如果清零信号有效,计数器的状态变为"0000",进位归零。

本示例的 Verilog 代码如下。代码在实体的端口声明后声明了计数器的最大计数状态数的常量,即计数器的模。

```
module top(
    clk,
    en, clr_n,
    data_out, carry_out
    );
    input clk;
    input en, clr_n;
    output [3:0] data_out;
    output carry_out;
```

第 12 章
Verilog 时序逻辑电路设计

```
    parameter CNT_MAX = 4'd10;

    reg [3:0] cnt = 4'd0;
    reg carry = 1'b0;

    always @ (posedge clk or negedge clr_n)
        if (clr_n == 1'b0) begin
            cnt <= 4'd0;
            carry <= 1'b0;
        end
        else if (en == 1'b1) begin
            if (cnt == CNT_MAX - 1) begin
                cnt <= 4'd0;
                carry <= 1'b1;
            end
            else begin
                cnt <= cnt + 1'b1;
                carry <= 1'b0;
            end
        end

    assign data_out = cnt;
    assign carry_out = carry;

endmodule
```

图 12.1 是带异步清零端的模 10 计数器。输入时钟是周期为 20 ns 的时钟信号，使能信号在 0 ns 至 330 ns 始终有效，清零信号在 245 ns 至 285 ns 有效。0 ns 至 330 ns，计数器正常计数，在输入时钟上升沿时，计数器自动进入下一状态。200 ns 处，计数器由 "1001" 进入 "0000"，进位变为高电平；220 ns 处，计数器由 "0000" 进入 "0001"，进位变为低电平。245 ns 处，清零信号有效，时钟信号没有处在上升沿处，计数器状态变为 "0000"。285 ns 处，清零信号失效，计数器正常工作，计数器在 300 ns 的时钟上升沿处由 "0000" 进入 "0001"。330 ns 后，使能信号无效，计数器状态在时钟上升沿到来时不再改变。仿真结果验证了设计的正确性。

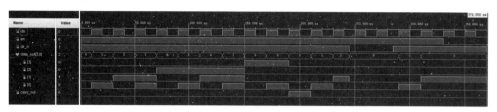

图 12.1 带异步清零端的模 10 计数器的仿真结果

12.2 带同步清零端的 4 位移位寄存器

本示例设计的是带同步清零端的 4 位移位寄存器，可实现 4 位信号的保持、左移、右移和加载四种操作。移位寄存器将保持、右移、左移和加载分别定义为"00"模式、"01"模式、"10"模式和"11"模式。比如，移位寄存器的功能选择端输入为"11"时，移位寄存器会载入数据输入的数据；移位寄存器的功能选择端输入为"01"时，移位寄存器会在时钟上升沿到来时将数据右移一位。

本示例的 Verilog 代码如下。代码在端口定义后定义了 4 种工作模式的模式代码常量，由输入的功能选择端 sel 决定移位寄存器的工作模式。

```verilog
module top(
    clk, clr_n,
    rin, lin, sel,
    data_in, data_out
    );
    input clk, clr_n;
    input rin, lin;
    input [1:0] sel;
    input [3:0] data_in;
    output [3:0] data_out;
    
    parameter mode_hold = 2'b00;
    parameter mode_sh_right = 2'b01;
    parameter mode_sh_left = 2'b10;
    parameter mode_load = 2'b11;
    
    reg [3:0] data = 4'd0;
```

```verilog
    always @ (posedge clk) begin
        if (clr_n == 1'b0) begin
            data <= 4'd0;
        end
        else begin
            case (sel)
                mode_hold    : ;
                mode_sh_right : data <= {rin, data[3:1]};
                mode_sh_left  : data <= {data[2:0], lin};
                mode_load    : data <= data_in;
                default : ;
            endcase
        end
    end

    assign data_out = data;
endmodule
```

图 12.2 是带同步清零端的 4 位移位寄存器的仿真结果。输入时钟信号是周期为 10 ns 的时钟信号，清零信号在 0 ns 至 10 ns 和 82.5 ns 后有效。0 ns 至 10 ns，清零信号有效，寄存器输出为 "0000"；10 ns 至 20ns，寄存器处于 "00" 模式，寄存器保持数据不变；20 ns 至 40 ns，寄存器处于 "01" 模式，寄存器右移两次；40 ns 至 60 ns，寄存器处于 "11" 模式，寄存器载入输入的数据；60 ns 至 70 ns，寄存器处于 "10" 模式，寄存器左移一次；70 ns 后，寄存器处于 "00" 模式，寄存器保持数据不变。82.5 ns 时，清零信号有效，当寄存器是同步清零时，需要等到 85 ns 的时钟上升沿到来时，寄存器输出才清零。仿真结果验证了设计的正确性。

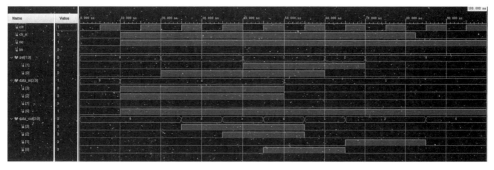

图 12.2 带同步清零端的 4 位移位寄存器的仿真结果

12.3 多路输出的时钟分频器

本示例设计的是多路输出的时钟分频器,可实现将一个高频时钟信号分频为多个频率较低的时钟信号。

本示例的 Verilog 代码如下。代码在实体中定义了 generic 属性源频率 freq_src 和目标频率 freq_dest,默认值分别为 50000000 和 1000。实例化该实体的元件时,可以根据实际输入和需求输出修改 generic 属性的值。本示例的分频器是采用计数的方式实现的,计数状态数为源频率与目标频率比值的二分之一。

```verilog
module divider
    #(
        parameter FREQ_SRC = 'd50000000,
        parameter FREQ_DEST = 'd1000
    )(
    clk, clk_out
    );
    input clk;
    output clk_out;

    parameter FREQ_RATIO = FREQ_SRC / FREQ_DEST;
    parameter CNT_MAX = FREQ_RATIO / 2;

    reg clk_tmp = 0;
    reg [25:0] cnt = 'd0;

    always @ (posedge clk) begin
        if (cnt == CNT_MAX - 1) begin
            clk_tmp = ~ clk_tmp;
            cnt <= 'd0;
        end
        else
            cnt <= cnt + 1'b1;
    end

    assign clk_out = clk_tmp;
```

endmodule

本示例的实例化测试代码如下。测试代码将分频器 divider 声明为元件，实例化两个元件用于将 50MHz 的信号分别分频为 25MHZ 和 5MHz 的时钟信号。

```verilog
module top(
    clk_50MHz,
    clk_25MHz, clk_5MHz
    );
    input clk_50MHz;
    output clk_25MHz, clk_5MHz;

    divider #(
        .FREQ_SRC('d50_000000),
        .FREQ_DEST('d25_000000)
    ) U_divider_1 (
    .clk(clk_50MHz), .clk_out(clk_25MHz)
    );

    divider #(
        .FREQ_SRC('d50_000000),
        .FREQ_DEST('d5_000000)
    ) U_divider_2 (
    .clk(clk_50MHz), .clk_out(clk_5MHz)
    );

endmodule
```

图 12.3 是多路输出的时钟分频器的仿真结果。输入的时钟信号是 50MHz 的时钟信号，输出的 25MHz 和 5MHz 的信号满足分频需求。仿真结果验证了设计的正确性。

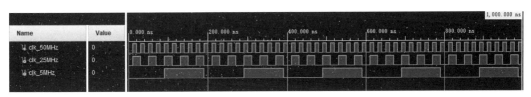

图 12.3　多路输出的时钟分频器的仿真结果

12.4 课后习题

1. 尝试编写同步清零端的模 6 计数器。
2. 尝试编写异步清零端的 8 位移位寄存器。

第 13 章

Verilog 状态机设计

在数字逻辑设计中，有一种建模方法叫有限状态机（Finite State Machine，FSM），包含一组状态集、一个起始状态、一组输入符号集、一个映射输入符号和当前状态到下一状态的转换函数的计算模型，图 13.1 是 FSM 原理图。有限状态机主要分为两大类：Moore 状态机和 Mealy 状态机。Moore 状态机的特点是输出只和当前的状态有关，与当前的输入无关。Mealy 状态机的特点是输出不仅和当前的状态有关，而且和当前的输入有关。

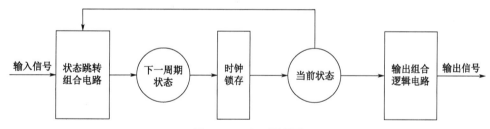

图 13.1　FSM 原理图

有限状态机的设计步骤可以分为四步：状态机编码、状态机复位、状态机跳转及状态机输出。

状态机编码是指对不同的状态进行编码，增强程序的可读性。状态机的编码可以采用顺序码（二进制码）、格雷码（Gray）、独热编码（One-hot）、Johnson 码及 Nova 三态码等，比较常用的编码为前三种，具体采用哪一种编码应根据具体情况而定。

状态机复位可以分为同步复位和异步复位。同步复位指复位与时钟信号同步，异步复位是指时钟信号与复位信号都为敏感信号触发。

状态机跳转是状态机设计中比较重要的部分。设计者通常需要列出状态跳转表，根据状态跳转表设计出状态跳转条件,从而控制状态机之间的状态切换。

状态机输出就是根据所设计的状态机类型为 Moore 型,还是 Mealy 型,确定输出的组合逻辑电路。Mealy 型的状态机输出与输入有关,输出信号中很容易出现毛刺,因此建议读者使用 Moore 型状态机进行描述。

有限状态机可以有一段式、二段式、三段式等多种描述风格。每一种描述风格都有各自的优缺点及适用场合。一段式风格是将状态跳转、状态寄存和输出逻辑电路放在一个 always 块,二段式描述的代码由两个 always 块构成,其中一个 always 块用于完成状态寄存,另一个 always 块用于把状态跳转和输出逻辑电路两个组合逻辑放在一起,三段式描述代码则将状态跳转、状态寄存和输出组合逻辑电路分别放在三个 always 块中,从芯片设计实践角度看最佳的描述方法是三段式描述。

13.1 状态机基本组成部分

对于有限状态机(FSM),其状态存储部分是由触发器和锁存器组成的。在目前的状态机设计中,D 触发器使用最为广泛。

D 触发器是一个具有记忆功能的,有两个稳定状态的信息存储器件,是构成多种时序电路的最基本逻辑单元,也是数字逻辑电路中一种重要的单元电路。式(13.1)是 D 触发器的状态转移方程。图 13.2 是 D 触发器的时序图。

$$Q^{n+1} = D \tag{13.1}$$

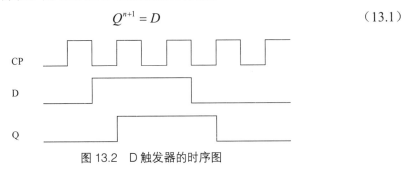

图 13.2　D 触发器的时序图

D 触发器代码示例如下。示例是 D 触发器的 Verilog 实现,有 clk 和 d 两个输入,输出 q 和 nq。

```
module flip_flop(clk, d, q, nq);
    input d, clk;
    output q, nq;
    reg 9, nq;
```

```
    always @ (posedge clk)
    begin
        q <= d;
        nq < = ~d;
    end
endmodule
```

13.2 状态机设计实例

13.2.1 带同步清零端和装载端的模 10 计数器

本示例设计的是带同步清零端和装载端的模 10 计数器，可实现对输入时钟计数，输出当前计数结果和进位，并且具有使能端、同步清零端和同步装载端。计数器共有 "0000"～"1001" 10 种计数状态和 "0"、"1" 两种进位状态。计数器分三个部分。第一部分为下一状态生成电路，根据复位端输入、装载端输入和当前状态生成下一计数状态和下一进位状态。第二部分为状态转移电路，在使能端为高电平时，计数器在时钟信号上升沿到来时，改变计数器的状态。第三部分为输出电路，根据计数器的当前状态输出计数结果和进位。

本示例的 Verilog 代码如下。

```
module counter_10(    input clk, input rst_n, input en, input load,
input [3:0] data_in, output[3:0] data_out, output reg carry_out);
 parameter
 s0=4'd0,s1=4'd1,s2=4'd2,s3=4'd3,s4=4'd4,s5=4'd5,s6=4'd6,s7=4'd7,
         s8=4'd8,s9=4'd9;

reg [3:0]state,next_state;
wire carry;
always@(posedge clk or negedge rst_n)begin
    if(!rst_n||!en)
        state <= s0;
    else
        state <= next_state;
end
always@(*)begin
    if(load)
        next_state = data_in;
```

```verilog
        else
        case(state)
            s0: next_state = s1;
            s1: next_state = s2;
            s2: next_state = s3;
            s3: next_state = s4;
            s4: next_state = s5;
            s5: next_state = s6;
            s6: next_state = s7;
            s7: next_state = s8;
            s8: next_state = s9;
            s9: next_state = s0;
            default: next_state = s0;
        endcase
end

assign data_out = state;
assign carry = (state == s9)?1'b1:1'b0;

always@(posedge clk) begin
    carry_out <= carry;
end
endmodule
```

带同步清零端和装载端的模 10 计数器的 RTL 图如图 13.3 所示。

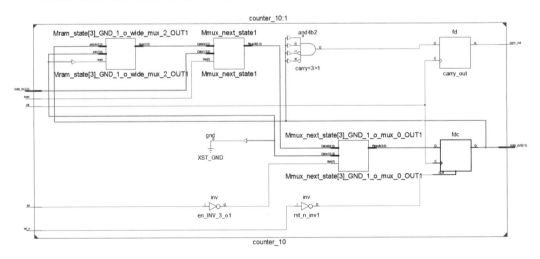

图 13.3　带同步清零端和装载端的模 10 计数器的 RTL 图

第 13 章
Verilog 状态机设计

图 13.4 是带同步清零端和装载端的模 10 计数器的仿真结果。输入时钟是周期为 20 ns 的时钟信号，使能信号在 0ns 至 100 ns 后始终有效，置位信号在 10200 ns 有效。计数器使能有效时，在输入时钟上升沿时，计数器自动进入下一状态。当计数器的计数状态由"1001"状态进入"0000"状态时，进位状态变为高电平。计数器由"0000"进入"0001"时，进位变为低电平。清零信号有效时，计数器输出没有立即清零，而是在下一个时钟上升沿才做出响应，实现了同步清零。装载信号有效时，计数器输出同样没有立即响应，而是在下一个时钟上升沿将状态装换为输入数据。仿真结果验证了设计的正确性。

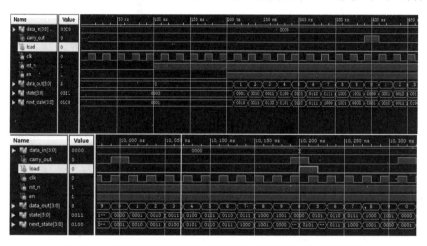

图 13.4 带同步清零端和装载端的模 10 计数器的仿真结果

13.2.2 带异步复位端的序列检测器

本示例设计的是带异步复位端的序列检测器，可实现对输入串行数据流中"10110"子序列的检测，输出当前检测结果，并且具有异步复位端。序列检测器使用独热码表示内部的状态，最大限度地在设计过程中降低延时和竞争的出现。序列检测器分为三个部分。第一个部分为下一状态生成电路，根据串行数据流输入端和当前状态生成下一状态。第二部分为状态转移电路，实现异步复位和状态转换。第三部分为输出电路，根据序列检测器的当前状态输出检测结果。当检测到"10110"子序列时，检测器输出"1"。

本示例的 Verilog 代码如下。

```
module seq_detector(x,z,clk,rst_n); //利用 moore 状态机思想实现序列检测电路，检测
10110 序列
    input clk,rst_n;
    input x;
```

```verilog
output z;

reg [5:0] state,next_state;

//利用独热码对状态进行编码
parameter    s1=6'b000001,s2=6'b000010,s3=6'b000100,s4=6'b001000,
             s5=6'b010000,s6=6'b100000;

//第一段： 现态与次态转换
always @(posedge clk or negedge rst_n)
begin
    if(!rst_n)
        state<=s1;
    else
        state<=next_state;
end
//第二段：根据当前状态与输入，进行状态跳转
always @(*)
begin
    case(state)
        s1:begin
            if(x==1)
                next_state=s2;
            else
                next_state=s1; end
        s2:begin
            if(x==0)
                next_state=s3;
            else
                next_state=s2; end
        s3:begin
            if(x==1)
                next_state=s4;
            else
                next_state=s1; end
        s4:begin
            if(x==1)
                next_state=s5;
```

```verilog
            else
                next_state=s1; end
        s5:begin
            if(x==0)
                next_state=s6;
            else
                next_state=s2; end
        s6:begin
            if(x==1)
                next_state=s2;
            else
                next_state=s1; end
        default:
            next_state=s1;
        endcase
    end
    //第三段：确定输出
    assign z = (state == s6)? 1'b1:1'b0;
endmodule
```

图 13.5 是带异步复位端的序列检测器的仿真结果。在输入时钟上升沿时，序列检测器根据相应规则自动进入下一状态。当序列检测器进入"000001"状态时，输出变为"1"。复位信号有效时，序列检测器立即复位到初始状态，实现了异步复位。仿真结果验证了设计的正确性。

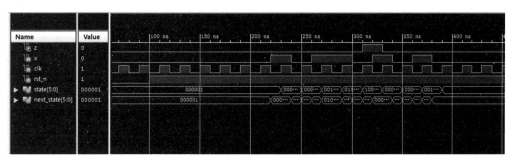

图 13.5　带异步复位端的序列检测器的仿真结果

13.3 课后习题

1. 尝试使用状态机编写异步清零端和异步装载端的模 16 计数器。
2. 尝试使用状态机编写"110010"序列检测器。

第 14 章

Verilog 设计实例

14.1 实例一（半加器）

本实例设计的半加器电路是指对两个输入数据位相加，输出一个结果位和进位，没有进位输入的加法器电路。本实例是实现两个一位二进制数的加法运算电路。半加器电路图如图 14.1 所示。

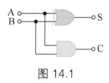

图 14.1

Verilog 代码如下所示。

```
module h_adder (
    A, B, S, C
    );
    input A, B;
    output S, C;

    xor(S, A, B);   //异或门
    and(C, A, B);   //与门
endmodule
```

半加器的仿真波形如图 14.2 所示。

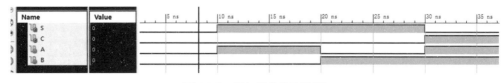

图 14.2　半加器的仿真波形

14.2　实例二（4-2 编码器）

本实例设计的编码器的功能与译码器相反。它是将一组信号表示为一组二进制码。例如 4-2 编码器就是将四位的信号编码为两位的信号。

Verilog 代码如下所示。

```
module decoder4_2(
    A, Y
    );
input [3:0] A;
output reg [1:0] Y;

always @ (*)
    case(A)      // case 语句生成编码
        4'b1110 : Y=2'b00;
        4'b1101 : Y=2'b01;
        4'b1011 : Y=2'b10;
        default : Y=2'b11;
    endcase
endmodule
```

4-2 编码器的仿真波形如图 14.3 所示。

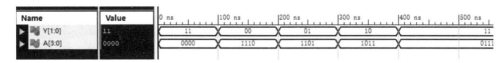

图 14.3　4-2 编码器的仿真波形

14.3 实例三（优先编码器）

本实例设计的优先编码器是一种能将多个二进制输入压缩成更少数目输出的电路或算法。其输出的是序数 0 到输入最高有效位的二进制表示。优先编码器常用于在处理最高优先级请求时控制中断请求的场合。

Verilog 代码如下所示。

```verilog
module encoder4_2(
    din, EI, GS,
    EO, dout
    );
    input [3:0] din;       //编码输入端，低电平有效
    input EI;              //使能输入端，低电平允许编码
    output reg [1:0] dout; //编码输出端
    output reg GS;         //优先编码器工作工作状态标志 GS，低电平有效
    output reg EO;         //使能输出端 EO

    always @(*)
        if(EI) begin
            dout <= 2'b11;
            GS <= 1;
            EO <= 1;
        end   //所有输出端被锁存在高电平
        else if (din[3] == 0) begin
            dout <= 2'b00;
            GS <= 0;
            EO <= 1;
        end
        else if (din[2] == 0) begin
            dout <= 2'b01;
            GS <= 0;
            EO <= 1;
        end
        else if (din[1] == 0) begin
            dout <= 2'b10;
            GS <= 0;
            EO <= 1;
```

```
            end
        else if (din[0] == 0) begin
            dout <= 2'b11;
            GS <= 0;
            EO <= 1;
        end
        else if (din == 4'b1111) begin
            dout <= 2'b11;
            GS <= 1;
            EO <= 0;
        end  //芯片工作,但无编码输入
        else begin
            dout <= 2'b11;
            GS <= 1;
            EO <= 1;
        end    //消除锁存器(latch)
    //EI = 0 表示允许编码,否则所有输出端被封锁在高电平(控制芯片工作)
    //EO = 0 表示电路工作,但无编码输入(用于级联)
    //GS = 0 表示电路工作,且有编码输入(判断输入端是否有输入)
endmodule
```

优先编码器的仿真波形如图 14.4 所示。

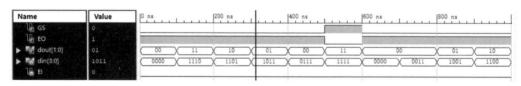

图 14.4 优先编码器的仿真波形

14.4 实例四(乘法器)

本实例设计的乘法器的模型就是基于"移位和相加"的算法的,可以实现 2 个 8 位无符号的数值相乘。

Verilog 代码如下所示。

```
module multiplier(
    a, b, q
```

```
    );
    parameter size=8;
    input [size-1:0] a,b;
    output [2*size-1:0] q;

    reg [2*size-1:0] shift_a,shift_b;
    reg [2*size-1:0] q;

    always@(a,b) begin
        shift_a=a;
        shift_b=b;
        q=0;

        repeat(8) begin
            if(shift_b[0])
                q=q+shift_a;

            shift_a=shift_a<<1;
            shift_b=shift_b>>1;
        end
    end
endmodule
```

乘法器的仿真波形如图 14.5 所示。

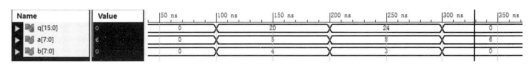

图 14.5 乘法器的仿真波形

14.5 实例五（16 位并入串出寄存器）

本实例设计的 16 位并入串出寄存器可以实现并行数据和串行数据的转换,输入数据为并行,位宽为 8 位,输出数据为串行。

Verilog 代码如下所示。

```verilog
module piso(
    clk,        //时钟信号
    rst,        //异步复位信号
    parallel,   //并行输入
    serial      //串行输出
    );
input   clk;
input   rst;
    input [15:0] parallel;
    output  serial;

    //reg serial;
    reg [15:0] q;
    reg [3:0] cnt;

    //串行输出计数器
    always @ (posedge clk or negedge rst) begin
        if(~rst)
            cnt <= 0;
        else if (cnt == 'd15)
            cnt <=0;
        else
            cnt <= cnt + 1'b1;
    end

    //锁存当前的并行输入,并移位
    always @ (posedge clk or negedge rst) begin
        if(~rst)
            q <= parallel;
        else if (cnt == 'd15)
            q <= parallel;
        else
            q <= {q[14:0], q[15]};
    end

    assign serial = q[15];
endmodule
```

16 位并入串出寄存器的仿真波形如图 14.6 所示。

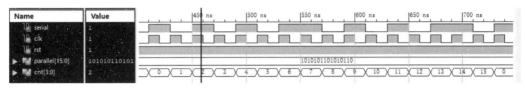

图 14.6　16 位并入串出寄存器的仿真波形

14.6　实例六（行波计数器构成的 13 倍分频器）

本实例设计的行波计数器就是由级联的 D 触发器构成的异步二进制计数器，通常来说计数有效状态为 2 的次方倍，这里通过反馈控制 D 触发器的清零端来达到模 12 的目的，从而达到 13 分频。

Verilog 代码如下所示。

```
module hb_freq13(
    clk,
    R,
    hpclk
    );
input clk;
input R;
output hpclk;

reg Q0='b0,Q1='b0,Q2='b0,Q3='b0;
reg hpclk='b0;
reg R0='B1,R1='B1,R2='B1,R3='B1;

always @ (negedge clk or negedge R0) begin
    if(!(R0))
        Q0 <= 0;
    else
        Q0 <= ~Q0;
end

always @ (negedge Q0 or negedge R1) begin
```

```verilog
        if(!(R1))
            Q1 <= 0;
        else
            Q1 <= ~Q1;
    end
    
    always @ (negedge Q1 or negedge R2) begin
        if(!(R2))
            Q2 <= 0;
        else
            Q2 <= ~Q2;
    end
    
    always @ (negedge Q2 or negedge R3)  begin
        if(!(R3))
            Q3 <= 0;
        else
            Q3 <= ~Q3;
    end
    
    always @ (negedge clk or negedge R) begin
        if(!R)
            hpclk <= 'b0;
        else if ({Q3, Q2, Q1, Q0} == 'b1011) begin
            R3 <= 0;
            R2 <= 0;
            R1 <= 0;
            R0 <= 0;
            hpclk <= 'b1;
        end
        else begin
            R3 <= 1;
            R2 <= 1;
            R1 <= 1;
            R0 <= 1;
            hpclk <= 'b0;
        end
    end
```

endmodule

行波计数器构成的 13 倍分频器的仿真波形如图 14.7 所示。

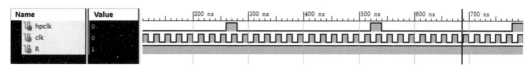

图 14.7　行波计数器构成的 13 倍分频器的仿真波形

14.7　实例七（LFSR 构成的 13 倍分频器）

本实例设计的 LSFR 是线性反馈移位寄存器计数器，又称为最大长度序列发生器。利用有限域理论，至少可以找到一种反馈方程计数器的计数循环包含 2^n-1 种非零状态。由于这里需要 13 分频，则至少需要 $n=4$。根据 $n=4$ 的反馈方程为 X4=X1 xor X0（注：这里的 X1，X0 为高位，X4 为反馈输出）。

Verilog 代码如下所示。

```verilog
module LFSR_freq13( //用 LSFR 计数器构成的 13 倍分频器
    input clk , //输入时钟
    input rst_n , //低电平复位
    output reg Y //分频输出
    );

    reg[3:0] LSFR = 4'b1000;
    wire LFSR_in; //LSFR 计数器反馈
    assign LFSR_in = LSFR[3] ^ LSFR[2]; //反馈输出

    //构造 LSFR 计数器
    always @ (posedge clk or negedge rst_n) begin
        if (!rst_n) begin
            LSFR <= 4'b1000; //复位到初始状态
            Y <= 1'b0;
        end
        else begin
            if(LSFR == 4'b1111) begin
                LSFR <= 4'b1000; //计数到 1111 自动复位
```

```
                Y <= 1'b1; //拉高分频输出
            end
            else begin
                LSFR <= {LSFR[2:0],LSFR_in};
                Y <= 1'b0;
            end
        end
    end
endmodule
```

LFSR 构成的 13 倍分频器的仿真波形如图 14.8 所示。

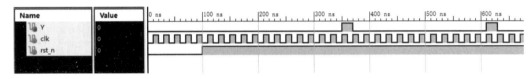

图 14.8　LFSR 构成的 13 倍分频器的仿真波形

14.8　实例八（交通信号灯）

考虑一个交通信号灯系统控制的十字路口，分为东西向和南北向，假设时钟源频率为 50MHz，系统共有 S0～S3 四种状态，完成响应的设计。

S0：东西向道路绿灯，南北向道路红灯，持续时间 T1。
S1：东西向道路黄灯，南北向道路红灯，持续时间 T2。
S2：东西向道路红灯，南北向道路绿灯，持续时间 T1。
S3：东西向道路红灯，南北向道路黄灯，持续时间 T2。
Verilog 代码如下所示。

```
module traffic_light #(
    parameter T1 = 60, //绿灯默认持续时间 60s
    parameter T2 = 65  //红灯默认持续时间 65s
)(
    input clk_50m,         //输入 50MHz 时钟
    input rst_n,           //系统低电平复位
    output reg glight_we,  //东西向绿灯
    output reg rlight_we,  //东西向红灯
    output reg yliget_we,  //东西向黄灯
```

```verilog
    output reg glight_ns, //南北向绿灯
    output reg rlight_ns, //南北向红灯
    output reg yliget_ns   //南北向黄灯
);

//状态寄存器
reg[1:0] cur_state; //当前状态
reg[1:0] next_state; //下一状态
//状态参数定义
localparam S0 = 2'b00;
localparam S1 = 2'b01;
localparam S2 = 2'b10;
localparam S3 = 2'b11;
//分频器,由 50MHz 时钟分出 1Hz 时钟
reg[25:0] div_cnt; //分频计数器
reg div_clk; //分频时钟 1Hz

always @ (posedge clk_50m or negedge rst_n) begin
    if (!rst_n) begin
        div_cnt <= 1'b0;
        div_clk <= 1'b0;
      end
    else begin
        if (div_cnt == 26'd25) begin
            div_clk <= ~div_clk;
            div_cnt <= 1'b0;
        end
        else begin
            div_clk <= div_clk;
            div_cnt <= div_cnt + 1'b1;
        end
    end
end

//红绿灯计时器
reg[9:0] rlight_cnt; //红灯计时器
reg red_sig; //红灯计时结束标志
reg[9:0] glight_cnt; //绿灯计时器
```

```verilog
reg green_sig;  //绿灯计时结束标志

always @ (posedge div_clk or negedge rst_n) begin
    if (!rst_n) begin
        rlight_cnt <= 1'b0;
        red_sig <= 1'b0;
      end
    else begin
        if (rlight_cnt == (T2-1)) begin
            rlight_cnt <= 1'b0;
            red_sig <= 1'b1;
        end
        else begin
            rlight_cnt <= rlight_cnt + 1'b1;
            red_sig <= 1'b0;
        end
    end
end

always @(posedge div_clk or negedge rst_n) begin
    if (!rst_n) begin
        glight_cnt <= 1'b0;
        green_sig <= 1'b0;
      end
        else begin
            if (glight_cnt == (T1-1)) begin
                if (red_sig) begin
                    glight_cnt <= 1'b0;
                    green_sig <= 1'b0;
                end
                else begin
                    glight_cnt <= glight_cnt;
                    green_sig <= 1'b1;
                end
            end
            else begin
                glight_cnt <= glight_cnt + 1'b1;
                green_sig <= 1'b0;
```

```verilog
            end
        end
end
    //D 触发器实现状态机状态转换
always @ (posedge div_clk or negedge rst_n) begin
    if(!rst_n) begin
        cur_state <= S0;
    end
    else begin
        cur_state <= next_state;
    end
end
    //组合逻辑确定下一状态
always @(*) begin
    if (cur_state == S0) begin //东西向道路绿灯，南北向道路红灯，持续时间 T1
        next_state = (green_sig) ? S1 : S0; //绿灯结束进入 S1
        end
    else if (cur_state == S1) begin //东西向道路黄灯，南北向道路红灯，持续时间 T2
        next_state = (red_sig) ? S2 : S1; //红灯结束进入 S2
        end
    else if (cur_state == S2) begin //东西向道路红灯，南北向道路绿灯，持续时间 T1
        next_state = (green_sig) ? S3 : S2; //绿灯结束进入 S3
        end
    else if (cur_state == S3) begin //东西向道路红灯，南北向道路黄灯，持续时间 T2
        next_state = (red_sig) ? S0 : S3; //红灯结束进入 S0
        end
end
    //由当前状态确定输出
always @ (*) begin
    case (cur_state)
        S0 : begin
        glight_we = 1'b1; //东西向绿灯
        rlight_we = 1'b0; //东西向红灯
        yliget_we = 1'b0; //东西向黄灯
        glight_ns = 1'b0; //南北向绿灯
        rlight_ns = 1'b1; //南北向红灯
        yliget_ns = 1'b0; //南北向黄灯
        end
```

```verilog
            S1 : begin
                glight_we = 1'b0; //东西向绿灯
                rlight_we = 1'b0; //东西向红灯
                yliget_we = 1'b1; //东西向黄灯
                glight_ns = 1'b0; //南北向绿灯
                rlight_ns = 1'b1; //南北向红灯
                yliget_ns = 1'b0; //南北向黄灯
            end
            S2 : begin
                glight_we = 1'b0; //东西向绿灯
                rlight_we = 1'b1; //东西向红灯
                yliget_we = 1'b0; //东西向黄灯
                glight_ns = 1'b1; //南北向绿灯
                rlight_ns = 1'b0; //南北向红灯
                yliget_ns = 1'b0; //南北向黄灯
            end
            S3 : begin
                glight_we = 1'b0; //东西向绿灯
                rlight_we = 1'b1; //东西向红灯
                yliget_we = 1'b0; //东西向黄灯
                glight_ns = 1'b0; //南北向绿灯
                rlight_ns = 1'b0; //南北向红灯
                yliget_ns = 1'b1; //南北向黄灯
            end
        endcase
    end
endmodule
```

交通信号灯的仿真波形如图14.9所示。

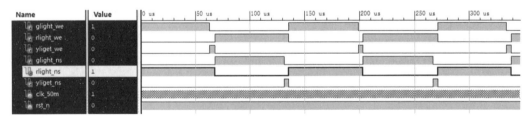

图14.9 交通信号灯的仿真波形

14.9 实例九（字符序列检测状态机）

应用一个 8 位并入并出的移位寄存器作为输入端口，寄存器的输出与判断字符的组合逻辑电路相连，一共设计 8 个状态，状态 s0 为空闲态，状态 s1~s7 分别判断字符 warning，如果判断成功，则拉高一个时钟周期的警告电平。

Verilog 代码如下所示。

```verilog
module sequence_checking(
    input clk, //系统时钟
    input rst_n, //系统复位
    input [7:0] data_in, //8 位 bit 数据输入
    output waring //拉高时标识警报
);
/*
ASCII 码对照表，这里只考虑小写字母
w = h77; a = h61; r = h72; n = h6e; i = h69; g = h67;
*/
//字母
parameter w = 8'h77;
parameter a = 8'h61;
parameter r = 8'h72;
parameter n = 8'h6e;
parameter i = 8'h69;
parameter g = 8'h67;
//状态变量
parameter s0 = 3'd0; //空闲状态
parameter s1 = 3'd1; //检测 w
parameter s2 = 3'd2; //检测 a
parameter s3 = 3'd3; //检测 r
parameter s4 = 3'd4; //检测 n
parameter s5 = 3'd5; //检测 i
parameter s6 = 3'd6; //检测 n
parameter s7 = 3'd7; //检测 g
reg[2:0] cur_state = s0;
reg[2:0] next_state = s1;
reg[7:0] shift_reg = 8'b0; //并入并出移位寄存器
reg waring_reg = 1'b0;
```

```verilog
assign waring = waring_reg;

//并入并出移位寄存器
always @ (posedge clk or negedge rst_n) begin
    if (!rst_n) begin
        shift_reg <= 8'd0;
    end
    else begin
        shift_reg <= data_in;
    end
end

//用 D 触发器实现状态转移
always @ (posedge clk or negedge rst_n) begin
    if (!rst_n) begin
        cur_state <= s0;
    end
    else begin
        cur_state <= next_state;
    end
end

//组合逻辑确定转移函数
always @ (*) begin
    if (cur_state == s0) begin
        next_state = (shift_reg == w) ? s1 : s0;
    end
    else if (cur_state == s1) begin
        if (shift_reg == w)
            next_state = s1;
        else
            next_state = (shift_reg == a) ? s2 : s0;
    end
    else if (cur_state == s2) begin
        if (shift_reg == w)
            next_state = s1;
        else
            next_state = (shift_reg == r) ? s3 : s0;
    end
```

```verilog
        else if (cur_state == s3) begin
            if (shift_reg == w)
                next_state = s1;
            else
                next_state = (shift_reg == n) ? s4 : s0;
        end
        else if (cur_state == s4) begin
            if (shift_reg == w) next_state = s1;
            else next_state = (shift_reg == i) ? s5 : s0;
        end
        else if (cur_state == s5) begin
            if (shift_reg == w)
                next_state = s1;
            else
                next_state = (shift_reg == n) ? s6 : s0;
        end
        else if (cur_state == s6) begin
            if (shift_reg == w)
                next_state = s1;
            else
                next_state = (shift_reg == g) ? s7 : s0;
        end
        else if (cur_state == s7) begin
            if (shift_reg == w)
              next_state = s1;
            else
                next_state = s0;
        end
    end

    //组合逻辑实现输出
    always @ (*) begin
        if (cur_state == s7)
            waring_reg = 1'b1;
        else
            waring_reg = 1'b0;
    end
endmodule
```

字符序列检测状态机的仿真波形如图 14.10 所示。

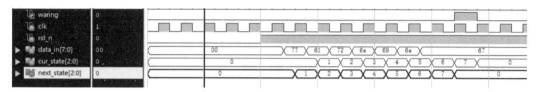

图 14.10　字符序列检测状态机的仿真波形

14.10　实例十（IIC 协议-主机写数据）

按照 IIC 协议的规定，向主机分别发送数据 10011000 和 00000001。

Verilog 代码如下所示。

```verilog
module iic_write (scl, sda, clk, rst,rev);
    inout scl;
    inout sda;
    input clk;
    input rst;
    output rev;

    reg i;
    reg rscl = 1'bz;
    reg rsda = 1'bz;
    reg[7:0] temp, data;
    reg rev =1'b1;
    reg[6:0] slave_addr_reg= 7'b1011010; //slave addr
    parameter DATA0 = 8'h98;
    parameter DATA1 = 8'h01;
    parameter DATA2 = 8'h41;
    parameter DATA3 = 8'hF0;
    parameter DATA4 = 8'h60;
    parameter DATA5 = 8'h80;

    assign scl = rscl;
    assign sda = rsda;
```

```verilog
// 发送起始位任务
task start; begin
    @ (posedge clk);
    rsda = 1;
    rscl = 1;
    @ (posedge clk);
    rsda = 0;
    @ (posedge clk);
    rscl = 0;
end
endtask

//发送终止位任务
task stop; begin
    rsda = 0;
    @ (posedge clk);
    rscl = 1;
    @ (posedge clk);
    rsda = 1;
    @ (posedge clk);
    rscl = 1'bz;
    @ (posedge clk);
    @ (posedge clk);
    rsda = 1'bz;
end
endtask

//发送写器件地址任务
task rw_slave_addr (input[6:0] slave_addr,input rw); begin
    repeat(7) begin
        @ (posedge clk);
        rsda = slave_addr[6];
        slave_addr = {slave_addr[5:0], slave_addr[6]};
        temp = temp << 1;
        temp[0] = rsda;
        @ (posedge clk);
        rscl = 1;
        @ (posedge clk);
```

```verilog
            @ (posedge clk);
            rscl = 0;
        end
        data = temp;
        @ (posedge clk);
        rsda = rw;
        @ (posedge clk);
        rscl = 1;
        @ (posedge clk);
        @ (posedge clk);
        rscl = 0;
        @ (posedge clk);
        rsda = 1'bz;
        rev = 0;
        if (sda != 0) $display("ACKerror at time: %t", $time);
        @ (posedge clk);
        rscl = 1;
        @ (posedge clk);
        @ (posedge clk);
        rscl = 0;
        @ (posedge clk);
        rev = 1;
    end
endtask

//发送数据任务
task send_byte(input [7:0] send_byte);begin
    repeat(8) begin
        rsda = send_byte[7];
        send_byte = {send_byte[6:0],send_byte[7]};
        temp = temp << 1;
        temp[0] = rsda;
        @ (posedge clk);
        rscl = 1;
        @ (posedge clk);
        @ (posedge clk);
        rscl = 0;
        @ (posedge clk);
```

```verilog
            end
            data = temp;
            rsda = 1'bz;
            if (sda != 0) $display("ACKerror at time: %n", $time);
            rev = 0;
            @ (posedge clk);
            rscl = 1;
            @ (posedge clk);
            @ (posedge clk);
            rscl = 0;
            @ (posedge clk);
            rev = 1;
        end
    endtask

    always @ (posedge clk or negedge rst) begin
        if(!rst) begin
            rscl = 1'bz;
            rsda = 1'bz;
        end
        else begin
            start;
            rw_slave_addr(slave_addr_reg,0);
            send_byte(DATA0);
            send_byte(DATA1);
            stop;
            #20;
            $stop;
        end
    end
endmodule
```

IIC 协议-主机写数据的仿真波形如图 14.11 所示。

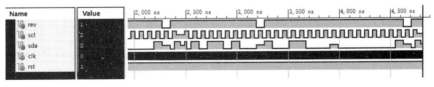

图 14.11　IIC 协议-主机写数据的仿真波形

14.11 实例十一（IIC 协议-主机读数据）

按照 IIC 协议的规定，向主机读取数据。
Verilog 代码如下所示。

```verilog
module iic_read(scl, sda, clk, rst,rev);
    inout scl;
    inout sda;
    input clk;
    input rst;
    output rev;

    reg i;
    reg rscl = 1'bz;
    reg rsda = 1'bz;
    reg[7:0] temp, data;
    reg rev =1'b1;
    reg[6:0] slave_addr_reg= 7'b1011010; //slave addr
    parameter DATA0 = 8'h98;
    parameter DATA1 = 8'h01;
    parameter DATA2 = 8'h41;
    parameter DATA3 = 8'hF0;
    parameter DATA4 = 8'h60;
    parameter DATA5 = 8'h80;

    assign scl = rscl;
    assign sda = rsda;

    // 发送起始位任务
    task start;
        begin
            @(posedge clk);
            rsda = 1;
            rscl = 1;
            @(posedge clk);
            rsda = 0;
            @(posedge clk);
```

```verilog
            rscl = 0;
        end
    endtask

    //发送终止位任务
    task stop;
        begin
            rsda = 0;
            @(posedge clk);
            rscl = 1;
            @(posedge clk);
            rsda = 1;
            @(posedge clk);
            rscl = 1'bz;
            @(posedge clk);
            @(posedge clk);
            rsda = 1'bz;
        end
    endtask

    //发送写器件地址任务
    task rw_slave_addr(input[6:0] slave_addr,input rw); begin
        repeat(7) begin
            @(posedge clk);
            rsda = slave_addr[6];
            slave_addr={slave_addr[5:0],slave_addr[6]};
            temp = temp << 1;
            temp[0] = rsda;
            @(posedge clk);
            rscl = 1;
            @(posedge clk);
            @(posedge clk);
            rscl = 0;
        end
        data = temp;
        @(posedge clk);
        rsda = rw;
        @(posedge clk);
```

```verilog
            rscl = 1;
            @(posedge clk);
            @(posedge clk);
            rscl = 0;
            @(posedge clk);
            rsda = 1'bz;
            rev = 0;
            if(sda != 0) $display("ACKerror at time: %t", $time);
            @(posedge clk);
            rscl = 1;
            @(posedge clk);
            @(posedge clk);
            rscl = 0;
            @(posedge clk);
            rev = 1;
    end
endtask

reg cnt;
task send_byte(input [7:0] send_byte,input rw);begin
    repeat(8) begin
        cnt = send_byte[7];
        send_byte={send_byte[6:0],send_byte[7]};
        temp = temp << 1;
        temp[0] = cnt;
        if(rw)
            rev = cnt;
        else
            rsda =cnt;
        @(posedge clk);
        rscl = 1;
        @(posedge clk);
        @(posedge clk);
        rscl = 0;
        @(posedge clk);
    end
    data = temp;
    cnt = 1'bz;
```

```verilog
            if(rw)
                rev = cnt;
            else
                rsda =cnt;
            if(sda != 0) $display("ACKerror at time: %t", $time);
                if(!rw)
                    rev = 0;
            else
                rsda =0;
                @(posedge clk);
                rscl = 1;
                @(posedge clk);
                @(posedge clk);
                rscl = 0;
                @(posedge clk);
                if(!rw)
                    rev = 1'bz;
                else
                    rsda =1'bz;
        end
    endtask

    always@(posedge clk or negedge rst) begin
        if(!rst) begin
            rscl = 1'bz;
            rsda = 1'bz;
        end
        else begin
            start;
            rw_slave_addr(slave_addr_reg,1);
            send_byte(DATA0,1);
            send_byte(DATA1,1);
            stop;
            #20;
            $stop;
        end
    end
```

```
endmodule
```

IIC 协议-主机读数据的仿真波形如图 14.12 所示。

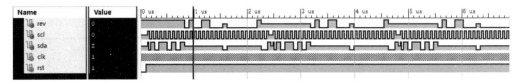

图 14.12　IIC 协议-主机读数据的仿真波形

14.12　实例十二（可综合 IIC 协议读写功能实现）

使用状态机实现 I2C 协议，可以实现 IIC 协议的读写功能。数据及寄存器地址有专门的端口输入。

Verilog 代码如下所示。

```
module iic(    clk,         //时钟输入
        rst_n,        //复位信号
        iic_scl,      //IIC 时钟线
        iic_sda,    //IIC 数据线
        reg_addr,   //寄存器地址
        iic_rdbd,   //读取数据值
        iic_wrdb,   //写入数据值
        iic_wr_en,  //写使能
        iic_rd_en,  //读使能
        iic_busy    //IIC 工作信号
    );

    input clk,rst_n;
    input [15:0]reg_addr;
    input [7:0] iic_wrdb;
    input iic_wr_en,iic_rd_en;

    output iic_scl;
    output reg [7:0]iic_rdbd;

    output   iic_busy;
```

```verilog
    inout    iic_sda;

    reg [12:0] iic_cnt;
    reg [3:0]c_state,n_state;//状态跳转
    //reg iicwr_seq,iicrd_seq;
    reg [2:0]bcnt;
    reg iicwr_req,iicrd_req;
    parameter SCL_SUM = 13'd5000;
    parameter salve_addr_r = 8'b10100001,
              salve_addr_w = 8'b10100000;

    parameter    IDLE = 4'd0,
                 START0 = 4'd1,
                 WRSADDR0 = 4'd2,
                 ACK0 = 4'd3,
                 WRRADDR1 = 4'd4,
                 ACK4 = 4'd15,
                 WRRADDR2 = 4'd14,
                 ACK1 = 4'd5,
                 WRDATA = 4'd6,
                 ACK2 = 4'd7,
                 STOP = 4'd8,
                 START1 = 4'd9,
                 WRSADDR1 = 4'd10,
                 ACK3 = 4'd11,
                 RDDATA = 4'd12,
                 NOACK = 4'd13;

    assign iic_scl = (iic_cnt < (SCL_SUM >> 1));//时钟分频
    wire   scl_hc = (iic_cnt == ((SCL_SUM>>1)-(SCL_SUM>>2)));//时钟高电平中心
    wire   scl_lc = (iic_cnt == (SCL_SUM>>1)+(SCL_SUM>>2));//时钟低电平中心
    wire iic_ack = (c_state==STOP)&&scl_hc;


    // 读写使能上升沿信号
    reg iic_wr_en_r0,iic_wr_en_r1;
    reg iic_rd_en_r0,iic_rd_en_r1;
reg sda_dir,sda_dr;
```

```verilog
assign iic_sda = sda_dir?sda_dr:1'bz;
    always @ (posedge clk or negedge rst_n) begin
        if(rst_n == 1'b0) begin
            iic_wr_en_r0 <= 1'b0;
            iic_wr_en_r1 <= 1'b0;
        end
        else begin
            iic_wr_en_r0 <= iic_wr_en;
            iic_wr_en_r1 <= iic_wr_en_r0;
        end
    end
    wire iic_wr_en_pos = (~iic_wr_en_r1 && iic_wr_en_r0);    // 写使能上升沿

    always @ (posedge clk or negedge rst_n) begin
        if(rst_n == 1'b0)
        begin
            iic_rd_en_r0 <= 1'b0;
            iic_rd_en_r1 <= 1'b0;
        end
        else
        begin
            iic_rd_en_r0 <= iic_rd_en;
            iic_rd_en_r1 <= iic_rd_en_r0;
        end
    end
    wire    iic_rd_en_pos = (~iic_rd_en_r1 && iic_rd_en_r0);    // 读使能上升沿

    always @ (posedge clk or negedge rst_n) begin
        if(!rst_n)
            iic_cnt <=0;
        else if(iic_cnt < (SCL_SUM -1))
            iic_cnt <= iic_cnt + 1'b1;
        else iic_cnt <=0;
    end

    always@(*) begin
    case (c_state)
        IDLE : begin
```

```verilog
        if(((iicwr_req==1'b1)||(iicrd_req==1'b1))&&(scl_hc==1'b1))
            n_state = START0;
        else
            n_state = IDLE;
    end

    START0 : begin //起始
    if(scl_lc==1'b1)
        n_state = WRSADDR0;
    else
        n_state = START0;
    end

    WRSADDR0: begin
    if((scl_lc==1'b1)&&(bcnt==0))
        n_state = ACK0;
    else
        n_state = WRSADDR0;
    end

    ACK0 : begin
        if(scl_lc == 1'b1)
            n_state = WRRADDR1;
        else
            n_state = ACK0;
    end

    WRRADDR1 : begin // 写寄存器地址
        if((scl_lc == 1'b1)&&(bcnt == 3'd0))
            n_state = ACK4;
        else
            n_state = WRRADDR1;
    end

    ACK4 : begin
        if(scl_lc == 1'b1)
            n_state = WRRADDR2;
        else
```

```verilog
            n_state = ACK4;
    end
    
    WRRADDR2 : begin // 写寄存器地址
        if((scl_lc == 1'b1)&&(bcnt == 3'd0))
            n_state = ACK1;
        else
            n_state = WRRADDR2;
    end
    
    
    ACK1 : begin
        if(scl_lc == 1'b1) begin
            if(iicwr_req == 1'b1)
                n_state = WRDATA;
            else if(iicrd_req == 1'b1)
                n_state = START1;
            else
                n_state = IDLE;
        end
        else
            n_state = ACK1;
    end
    
    WRDATA: begin
        if((scl_lc == 1'b1)&&(bcnt == 3'd0))
            n_state = ACK2;
        else
            n_state = WRDATA;
    end
    
    ACK2 : begin
        if(scl_lc == 1'b1)
            n_state =STOP;
        else
            n_state = ACK2;
    end
```

```verilog
            START1 : begin
                if(scl_lc == 1'b1)
                    n_state = WRSADDR1;
                else
                    n_state = START1;
            end

            WRSADDR1 : begin
                if((scl_lc==1'b1)&&(bcnt==0))
                    n_state = ACK3;
                else
                    n_state = WRSADDR1;
            end

            ACK3 : begin
                if(scl_lc==1'b1)
                    n_state = RDDATA;
                else
                    n_state = ACK3;
            end

            RDDATA : begin
                if((scl_lc==1'b1)&&(bcnt==0))
                    n_state = STOP;
                else
                    n_state = RDDATA;
            end

            STOP : begin
                if(scl_lc==1'b1)
                    n_state = IDLE;
                else
                    n_state = STOP;
            end

            default : n_state = IDLE;
        endcase
end
```

```verilog
//状态转换
always @ (posedge clk or negedge rst_n) begin
    if(!rst_n)
        c_state <=0;
    else
        c_state <= n_state;
end

//计数
always @ (posedge clk or negedge rst_n) begin
    if(!rst_n)
        bcnt <=0;
    else begin
        case (n_state)
            WRSADDR0,
            WRRADDR1,
            WRRADDR2,
            WRDATA,
            WRSADDR1,
            RDDATA: begin
                if(scl_lc==1)
                bcnt <= bcnt+1'b1;
            end

            default: bcnt <=0;
        endcase
    end
end

always @ (posedge clk or negedge rst_n) begin
    if(!rst_n) begin
    sda_dir <= 1'b1;
    sda_dr <= 1'b1;
        iic_rdbd <= 8'b0;
    end
    else begin
        case(n_state)
```

```verilog
IDLE,NOACK : begin
    sda_dir <= 1'b1;
    sda_dr <= 1'b1;
end

START0 : begin
    sda_dir <= 1'b1;
    sda_dr <= 1'b0;
end

WRSADDR0 : begin
    sda_dir <= 1'b1;
    if(scl_lc == 1'b1)
        sda_dr <= salve_addr_w[7-bcnt];
end

ACK0,
ACK1,
ACK2,
ACK3,
ACK4: sda_dir <=0; //接收总线数据

WRRADDR1: begin
    sda_dir <= 1'b1;
    if(scl_lc == 1'b1)
        sda_dr <= reg_addr[15-bcnt];
end

WRRADDR2: begin
    sda_dir <= 1'b1;
    if(scl_lc == 1'b1)
        sda_dr <= reg_addr[7-bcnt];
end

WRDATA: begin
    sda_dir <= 1'b1;
    if(scl_lc == 1'b1)
        sda_dr <= iic_wrdb[7-bcnt];
```

```verilog
            end

        START1 : begin
            sda_dir <= 1'b1;
            if(scl_lc == 1'b1)
                sda_dr <= 1'b1;
            else if(scl_hc == 1'b1)
                sda_dr <= 1'b0;
        end

        WRSADDR1 : begin
            sda_dir <= 1'b1;
            if(scl_lc == 1'b1)
                sda_dr <= salve_addr_r[7-bcnt];
        end

        RDDATA : begin
            sda_dir <= 1'b0;
            if(scl_lc == 1'b1)
                iic_rdbd[7-bcnt] <= iic_sda;
        end

        STOP : begin
            sda_dir <= 1'b1;
            if(scl_lc==1'b1)
                sda_dr <= 0;
            else if(scl_hc == 1'b1)
                sda_dr <=1;
        end
        endcase
    end
end


always @ (posedge clk or negedge rst_n) begin
    if(rst_n == 1'b0)
        iicwr_req <= 1'b0;
    else begin
```

```verilog
                if(iic_wr_en_pos == 1'b1)
                    iicwr_req <= 1'b1;
                else if(iic_ack == 1'b1)        // IIC 过程结束
                    iicwr_req <= 1'b0;
        end
    end

    always @ (posedge clk or negedge rst_n) begin
        if(rst_n == 1'b0)
            iicrd_req <= 1'b0;
        else begin
            if(iic_rd_en_pos == 1'b1)
                iicrd_req <= 1'b1;
            else if(iic_ack == 1'b1)            // IIC 过程结束
                iicrd_req <= 1'b0;
        end
    end

    assign iic_busy =(iicrd_req||iicwr_req);
endmodule
```

可综合 IIC 协议读写功能实现的仿真波形如图 14.13 所示。

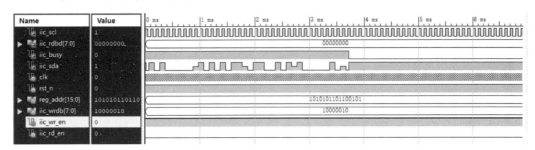

图 14.13　可综合 IIC 协议读写功能实现的仿真波形

14.13　实例十三（SPI 协议）

按照 SPI 协议规定的时序，从 RAM 中读取数据，并向从机写入。
Verilog 代码如下所示。

```verilog
module SPI(
    input wire sclk,//主机给从机的系统时钟 50MHz
    input wire rst_n,
    input wire work_en,//触发配置操作的使能,属于引入的一个让状态机是否工作的工作使能
    output reg conf_end,//配置结束,为的是和其他模块相连的时候有标志
    output wire spi_clk,//50~60MHz
    output wire spi_sdi,//SDI 主机输出给从机的数据
    output wire spi_csn,//片选信号可以使一个主机控制多个从机,此信号有效表示此从机被选中通信
    input wire spi_sdo//从机输出给主机的数据,读输入管脚不进行编程
    );

    parameter IDLE      = 5'b0_0001;
    parameter WAIT      = 5'b0_0010;
    parameter R_MEM     = 5'b0_0100;
    parameter W_REG     = 5'b0_1000;
    parameter STOP      = 5'b1_0000;
    parameter H_DIV_CYC = 5'd25-1;

    //先来一个分频
    reg [4:0] state;//状态机的寄存器变量编码方式采用独热码
    reg [4:0] div_cnt;//分频器
    reg clk_p = 1'b0;//产生数据
    wire clk_n;//提供 spi 的从机进行数据采集,clk_n 上升沿前边用于建立时间,后边用于保持时间,达到时序最优化
    reg pose_flag;//标志上升沿
    reg [3:0] wait_cnt;
    reg [3:0] shift_cnt;
    reg [4:0] r_addr=0;
    wire [15:0] r_data;
    wire wea;
    reg [15:0] shift_buf;//存储读出来 16 位数据
    reg data_end;
    reg sdi;
    reg csn;
    reg tck;

    //分频计数器
```

```verilog
always @ (posedge sclk or negedge rst_n)
    if(rst_n == 1'b0)
        div_cnt <= 5'd0;
    else if(div_cnt == H_DIV_CYC)
        div_cnt <= 'd0;
    else
        div_cnt <=div_cnt + 1'b1;//当sclk震了24次之后div_cnt出现高电平，然后减到0。在震24次时出现下一个高电平，把原来的sclk分频了50倍

//分频时钟不允许作为寄存器的触发时钟，也就是不能写在always块的触发列表中
always @ (posedge sclk or negedge rst_n)
    if(rst_n == 1'b0)
        clk_p <= 1'b0;
    else if(div_cnt == H_DIV_CYC)
        clk_p <= ~clk_p;

assign clk_n =~clk_p;

//产生一个标志信号，用于分频同步的标志信号
always @ (posedge sclk or negedge rst_n)
    if(rst_n == 1'b0)
        pose_flag <= 1'b0;
    else if(clk_p == 1'b0 && div_cnt == H_DIV_CYC)
        pose_flag <= 1'b1;
    else
        pose_flag <= 1'b0;

//等待计数器
always @(posedge sclk or negedge rst_n)
    if(rst_n == 1'b0)
        wait_cnt    <= 'd0;
    else if(state == WAIT && pose_flag ==1'b1)
        wait_cnt <= wait_cnt + 1'b1;
    else if(state !=WAIT)
        wait_cnt <= 4'd0;

//fsm
always @ (posedge sclk or negedge rst_n)
```

```verilog
        if(rst_n == 1'b0)
            state <=IDLE;
        else
            case (state)
                IDLE :
                    if(work_en ==1'b1)
                        state <=WAIT;
                WAIT :
                    if(wait_cnt[3] == 1'b1)//当计数到第8次的时候
                        state <=R_MEM;

                R_MEM: state <= W_REG;

                W_REG:
                    if(shift_cnt == 4'd15 && pose_flag == 1'b1 && data_end != 1'b1)
                        state <=WAIT;
                    else if(shift_cnt == 4'd15 && pose_flag == 1'b1 && data_end
                        == 1'b1)
                            state <= STOP;

                STOP:   state <= STOP;

                default: state <= IDLE;
            endcase

always @ (posedge sclk or negedge rst_n)
    if(rst_n == 1'b0)
        shift_cnt <= 'd0;
    else if(state == W_REG && pose_flag == 1'b1)
        shift_cnt <= shift_cnt + 1'b1;
    else if(state != W_REG)
        shift_cnt <=4'd0;

//产生读memory的地址
always @ (posedge sclk or negedge rst_n)
    if(rst_n ==1'b0)
        r_addr <= 'd0;
    else if(state == R_MEM)
```

```verilog
        r_addr <= r_addr + 1'b1;

//data_end 最后一个需要移位的数据
always @ (posedge sclk or negedge rst_n)
    if(rst_n == 1'b0)
        data_end <= 1'b0;
    else if(state == R_MEM && (&r_addr)==1'b1 )// 11111 按位与等效于//r_addr
        == 5'd31
        data_end <= 1'b1;

assign wea =1'b0;

always @ (posedge sclk or negedge rst_n)
    if(rst_n == 1'b0)
        shift_buf <= 'd0;
    else if(state == R_MEM)
        shift_buf <= r_data;
    else if(state == W_REG && pose_flag == 1'b1)
        shift_buf <={shift_buf[14:0],1'b1};

//数据输出
always @ (posedge sclk or negedge rst_n)
    if(rst_n == 1'b0)
        sdi <=1'b0;
    else if(state == W_REG && pose_flag == 1'b1)
        sdi <=shift_buf[15];
    else if(state != W_REG)
        sdi <= 1'b0;

always @ (posedge sclk or negedge rst_n)
    if(rst_n == 1'b0)
        csn <= 1'b1;
    else if(state == W_REG)
        csn <=1'b0;
    else
        csn <=1'b1;
always @ (posedge sclk or negedge rst_n)
    if(rst_n == 1'b0)
```

```
                tck <= 1'b0;
            else if(state == W_REG)
                tck <= clk_n;
            else
                tck <=1'b0;

    assign spi_clk = tck;
    assign spi_csn = csn;
    assign spi_sdi = sdi;

    always @ (posedge sclk or negedge rst_n)
        if(rst_n == 1'b0)
            conf_end <= 1'b0;
        else if(state == STOP)
            conf_end <= 1'b1;

    ram_16x32 u(
    .clk(sclk), // input clka
    .we(wea), // input [0 : 0] wea
    .a(r_addr), // input [4 : 0] addra
    .d( 16'd0 ), // input [15 : 0] dina
    .spo(r_data) // output [15 : 0] douta
    );

endmodule
```

SPI 协议的仿真波形如图 14.14 所示。

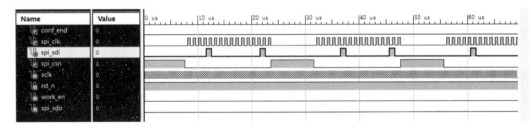

图 14.14　SPI 协议的仿真波形

第3部分
系统设计

本部分首先介绍了 HLS 高层次综合技术。为了尽快把新产品推向市场,数字系统的设计者需要考虑如何加速设计开发的周期。设计加速主要可以从"设计的重用"和"抽象层级的提升"这两个方面来考虑。Xilinx 推出的 Vivado HLS 工具可以直接使用 C、C++ 或 System C 来对 Xilinx 系列的 FPGA 进行编程,从而提高抽象的层级,大大减少了使用传统 RTL 描述进行 FPGA 开发所需的时间。

我们知道任何一个系统都少不了中央处理单元(CPU),在这部分,我们详细介绍了两种架构的处理器:MIPS 架构处理器和 RISC-V 架构处理器。在 MIPS 架构处理器中,我们给出了所使用的指令集,详细介绍了处理器的设计过程。对于每一种类型的指令集,单独讨论了其数据通路,最后进行了综合的仿真验证,得到了指令的仿真验证结果。

近几年来,基于 RISC-V 架构的处理器深受欢迎,原因在于其众多的优点,以及可以免费使用。在这部分,我们详细介绍了一种采用五级流水线结构的 RISC-V 处理器。首先给出了 RISC-V 处理器的整体设计,接下来按照其指令处理流程分别介绍了取指阶段电路设计、指令译码阶段电路设计、指令执行阶段电路设计、存储器访问阶段电路设计和写回阶段电路设计。最后介绍了一种基于 RISC-V 的邻接互联处理器,并进行了仿真验证。

第 15 章

HLS 高层次综合

HLS 的全称是 High-Level Synthesis（高层次综合），是一种代码的综合技术，其主要功能可以实现直接使用 C,C++ 及 System C 语言规范对可编程器件进行编程，无须手动创建 RTL，从而可加速 IP 创建。本书所介绍的 HLS 主要基于 XILINX 公司 Vivado HLS 工具。我们知道，虽然 FPGA 的性能非常优越，但是采用 HDL 代码设计 FPGA 仍然需要较长的时间。HLS 技术出现之后，FPGA 开发所需要的时间就得到了很大程度的加速，并且开发的灵活性和高效性也得到了增强，设计者在使用 HLS 进行开发的过程中，可以将更多的精力放在设计上，而不用特别关注底层的具体实现。

在 RTL 层次的设计过程中，设计师不需要考虑具体如何构造寄存器，只需要考虑寄存器在设计中起到怎样的作用。由 EDA 工具负责将 HDL 代码进行具体综合实现。

HLS 是在这一基础之上抽象的技术。设计者在使用 HLS 进行开发时可以更多地对系统运行模式或高层架构进行考虑，而不必拘泥于底层单独的部件，由 HLS 工具负责根据代码产生 RTL 结构及相应的底层实现。

本章将主要介绍高层次综合的优势和基础，并通过实验使读者理解和使用 Vivado HLS 软件在 GUI 和 TCL 环境下执行高级综合任务，分为以下三个实验任务。

实验一：建立一个 HLS 工程。HLS 设计过程主要步骤如下：

验证 C 代码；

创建并综合一个 Solution；

验证 RTL 文件并打包 IP。

实验二：演示如何使用 TCL 接口。

实验三：使用优化指令对设计进行优化。这个实验将创建多个版本的 RTL 实现，并比较它们之间的不同。

高层次综合的优势

高层次综合的优势可以概括为两个方面：提升硬件设计人员的工作效率和系统性能。对于硬件设计人员来说，在创建高性能硬件时，硬件设计人员可以在更高的抽象层次上开展工作。对于软件设计人员来说，可以更容易地在 FPGA 上加速完成其算法的计算密集型部分操作。

通过使用高层次综合的设计方法，使用者可以从 C 语言层次开发算法，忽略一些开发细节，从而节省开发时间。同时，在 C 语言层次执行验证行相比于传统硬件描述语言能更快地验证设计的正确性。使用者可以通过最优化指令控制 C 语言的综合进程，并且因为 C 语言源代码的可读可移植性，可以将 C 语言源代码调整为其他器件，并将 C 语言源代码整合到新工程中。

高层次综合基础

1．高层次综合所含阶段。

（1）调度。

在调度阶段会根据时钟周期、操作完成所需时间（由目标器件来定义）及用户指令的最优化指令来判定每个时钟周期内发生的操作。

（2）绑定。

在绑定阶段会判断实现调度的每项操作所需的硬件资源，高层次综合会使用有关目标器件的信息来实现最优化解决方案。

（3）控制逻辑提取。

提取控制逻辑创建有限状态机，可以对 RTL 设计中的操作进行排序。

2．C 语言代码的综合方式。

（1）顶层函数的实参综合到 RTL I/O 端口内。

（2）C 函数综合到 RTL 层的块中。

如果 C 函数中包含子函数，则最终生成的 RTL 设计包含与 C 语言源代码具有一一对应关系的实体层级。

（3）默认情况下，C 函数中的循环保持收起状态。

当循环保持收起状态时，综合会为每次循环都创建逻辑代码，即 RTL 设计会为序列中循环的每次迭代都执行此逻辑代码。如果想展开循环来并行执行所有迭代，可以通过使用最优化指令实现。同时，循环也可以通过循环流水线或者数据流两种方式实现流水线化。

（4）C 语言代码中的数组综合到 FPGA 的 RAM 块或 UltraRAM 中

如果数组位于顶层函数的接口上，那么高层次综合就会将此数组作为端口实现。

对于相同的 C 语言代码，使用者可以通过最优化指令来修改和控制内部逻辑和 I/O

端口的行为,从而生成不同的硬件实现。

3. 高层次综合性能指标。

高层次综合生成后,可以通过查看综合报告中的性能指标来判断设计是否满足要求,并利用最优化指令进行调优。综合报告包含的性能指标信息有面积、时延、启动时间间隔、循环迭代时延、循环启动时间间隔及循环时延等。面积信息为根据 FPGA 中可用资源(包括查找表、寄存器、块 RAM 和 DSP48)实现设计所需要的硬件资源量。时延信息为函数计算所有输出值所需的时钟周期数。启动时间间隔为函数接收新输入数据之前的时钟周期数。循环迭代时延为完成循环的单次迭代所需的时钟周期数。循环启动时间间隔为下一次循环迭代开始处理数据前的时钟周期数。循环时延为执行所有循环迭代的周期数。

4. 调度和绑定示例。

```
int foo(char x, char a, char b, char c) {
  char y;
  y = x*a+b+c;
  return y;
}
```

图 15.1 展示了调度和绑定阶段示例。在调度阶段,将该示例中的代码功能实现分为两个时钟周期,在第一个时钟周期中执行乘法和第一次加法操作,在第二个时钟周期中执行第二次加法并输出。

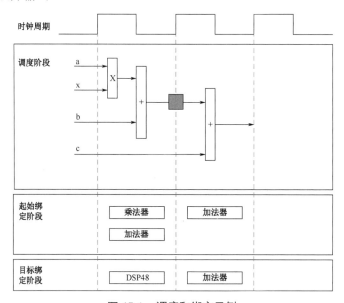

图 15.1 调度和绑定示例

第 15 章
HLS 高层次综合

在最终的硬件实现中，顶层函数的实参将被实现为输入输出端口。在本例中，每个输入变量都是 char 类型，所以输入数据端口位宽为 8 位。return 函数为 int 数据类型，因此输出数据端口位宽为 32 位。

通过本例可以很明显地看出高层次综合的优点，即 C 语言代码在硬件实现中可以用更少的时钟周期完成。本例只需要两个时钟周期。而如果在 CPU 中运行这段代码，则会需要更多的时钟周期。

5. 控制逻辑提取和 I/O 端口实现示例。

```
void foo(int in[3], char a, char b, char c, int out[3]) {
  int x,y;
  for(int i = 0; i < 3; i++) {
    x = in[i];
    y = a*x + b + c;
    out[i] = y;
  }
}
```

控制逻辑提取和 I/O 端口实现示例如图 15.2 所示。上述代码中的运算在 for 循环中执行，并且两个函数实参为数组。调度此代码后，该控制逻辑将在 for 循环中执行三次，并且高层次综合会根据 C 代码的内容自动生成控制逻辑，并且在 RTL 的设计中创建有限状态机对这些运算进行控制排序。前文说到高层次综合将顶层函数的实参作为端口实现，char 类型标量变量将映射到标准 8 位数据总线端口。

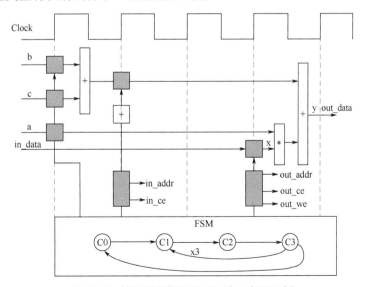

图 15.2　控制逻辑提取和 I/O 端口实现示例

高层次综合将数组默认综合到块 RAM 中，使用者也可以选择综合到 FIFO、分布式 RAM 或者独立寄存器中。当顶层函数实参为数组时，高层次综合会假定块 RAM 位于顶层函数之外，自动生成对块 RAM 的访问端口，例如，数据端口、使能端口、地址端口等。

高层次综合生成的 FSM 有 4 个状态，分别为 C0、C1、C2、C3。C0 状态为起始状态，当起始时钟到来时，FSM 会依次进入 C1、C2、C3 状态，并且在 C1、C2、C3 状态循环 3 次，最终返回 C0 状态。在设计中，b 和 c 只被要求添加 1 次，高层次综合会将该运算从 for 循环中移除，每次设计进入 C3 状态时会复用加法的结果。完成 3 次迭代后，状态机会返回 C0 状态。

高层次综合生成的设计将从 in 读取数据，并存储到 x 中。有限状态机会为处于 C1 状态的首个元素生成地址，并且处于 C1 状态的加法器会递增来记录当前迭代的次数。在 C2 状态下，块 RAM 会返回 in 数据，并将其存储在 x 变量中，在 C3 状态进行计算。有限状态机可以确保生成的地址和控制信号，将 y 值存储到块范围之外。

15.1 实验一 创建 HLS 工程

本实验演示了如何创建一个 HLS 工程文件、验证 C 代码、综合 C 代码生成 RTL 及验证 RTL 文件。通过本实验，你将学习如何在 GUI 环境中创建一个 Vivado 高级综合项目及了解 HLS 设计流程中的主要步骤。

15.1.1 步骤一：建立一个新的工程

1. 打开 Vivado HLS GUI。

在 Windows 系统下，双击 Vivado HLS 图标即可打开新的工程。

Linux 系统下，在命令行输入 vivado_hls。

Vivado HLS 打开的欢迎界面如图 15.3 所示。如果之前有工程打开，它们将显示在最近工程窗格中，否则在欢迎界面将没有该窗格。

第 15 章
HLS 高层次综合

图 15.3 Vivado HLS 欢迎界面

2．在图 15.3 所示的迎界面中，选择 Create New Project，打开项目向导。

3．如图 15.4 所示，项目名输入 fir_prj，单击 Browse 按钮，选择 lab1 文件目录，单击 Next 按钮。

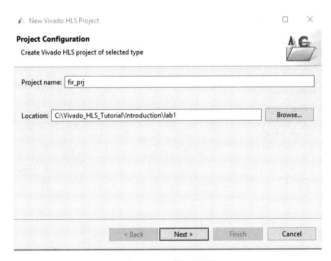

图 15.4 项目配置

4．指定 C 设计文件。

单击 Add Files 按钮，选择 fir.c，使用 Browse 按钮指定 fir（fir.c）作为顶层函数，单击 Next 按钮。

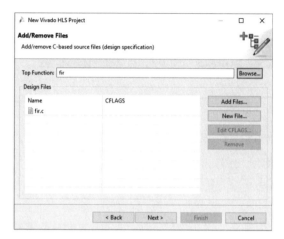

图 15.5　工程设计文件

5．添加 Test Bench 文件。

图 15.6 为添加 Test Bench 文件的窗口，单击 Add Files 按钮，将 Test Bench 及 Test Bench 使用的所有文件（头文件除外）加入工程中。在本实验中需要添加的文件为 fir_test.c 和 out.gold.dat。

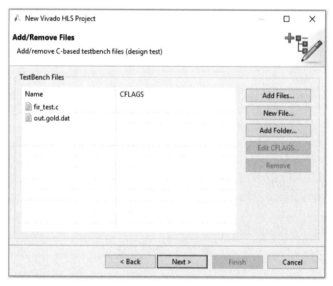

图 15.6　添加 Test Bench 文件的窗口

C 代码仿真与 RTL 仿真都在 Solution 的子目录中进行，所以如果添加的文件中没有包含 Test Bench 所用到的全部文件（例如 Test Bench 需要读取的数据文件 out.gold.dat），

C 代码仿真与 RTL 仿真可能由于无法找到相应的数据文件而失败。

6. Solution 配置。

图 15.7 所示的 Solution 配置窗格将为第一个 Solution 指定技术规格，一个工程可以有多个 Solution，每一个 Solution 都使用不同的目标技术、封装、约束或者综合指令。

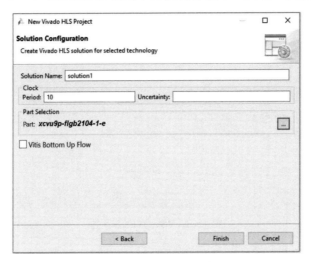

图 15.7 Solution 配置

7. 在本实验中，Solution 采用默认配置，名称为 solution1，时钟周期为 10 ns。时钟不确定性为空时，默认为时钟周期的 12.5%。

8. 单击 part selection 按钮打开器件选择窗格。

9. 从可用器件中选择 xcvu9p-flgb2104-1-e 作为本实验所使用的器件。

在选择器件时，可以通过 filters 进行可选器件列表的筛选，相应的筛选条件如下：

Product Category: General Purpose

Family: Virtex® UltraScaleTM

Sub-Family: Virtex UltraScale+

Package: flgd2104

Speed Grade: 1

Temp Grade: ALL

10. 选择 xcvu9p-flgb2104-1-e 器件。

11. 单击 OK 按钮，我们所选择的器件将出现在 Part Selection 中

12. 单击 Finish 按钮，工程建立就完毕了。打开我们所创建的 Vivado HLS 工程，如图 15.8 所示。

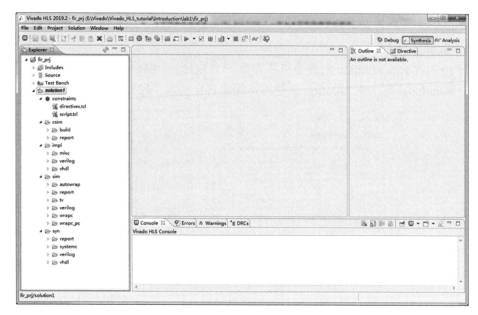

图 15.8　Vivado HLS 工程

项目的名称出现在窗格的顶层。

Vivado HLS 项目以分层形式安排信息。

该项目保存有关设计源文件、Test Bench 和 Solution 的信息。

Solution 包括目标技术、设计指令和结果信息。

一个项目可以有多个 Solution，每个 Solution 都是对同一个源码的实现。

在继续开发之前，我们先检查一下图形用户界面（GUI）中的区域及其功能。Vivado HLS GUI 如图 15.9 所示。

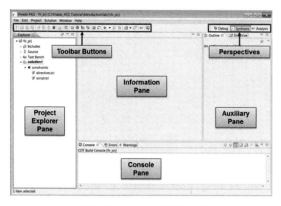

图 15.9　Vivado HLS GUI

Project Explorer Pane

Project Explorer Pane（工程浏览窗格）显示项目层次结构。当你继续进行仿真、合成、验证和 IP 打包时，在 Solution 目录中自动创建具有每个步骤结果的子文件夹（分别命名为 csim、syn、sim 和 impl）。当你创建新的 Solution 时，它们与 Solution1 一起出现在项目层次结构中。

Information Pane

Information Pane 显示从工程浏览窗格打开的任何文件的内容。在进行相关操作完成后，报表文件将在此窗格中自动打开。

Auxiliary Pane

Auxiliary Pane（辅助窗格）与信息窗格交叉链接，此窗格中显示的信息根据信息窗格中打开的文件动态调整。

Console Pane

Console Pane（控制台窗格）显示 Vivado HLS 运行时产生的消息。错误和警告会出现在控制台窗格选项卡中。

Toolbar Buttons

可以使用 Toolbar Buttons（工具栏按钮）执行常见的操作。当把光标放在工具栏按钮上时，就会打开一个弹出的工具提示，并解释这个功能。

Perspectives

Perspectives（视角选项）提供了一个方便的方式去调整 Vivado HLS 的窗格结构。

Synthesis Perspective

Synthesis Perspective 是默认的视角，可以进行综合设计、仿真及打包 IP 等操作。

Debug Perspective

Debug Perspective 包括与调试 C 代码相关的窗格。可以在 C 代码编译后打开调试视角（除非使用优化编译模式，否则将禁用调试信息）。

Analysis Perspective

Analysis Perspective 视角中的窗口主要是对综合结果进行分析。只有在综合功能完成后,才能使用分析视角。

▶ 15.1.2 步骤二:验证 C 源代码

在 HLS 项目中的第一步是确认 C 代码是正确的。这个过程被称为 C 验证或 C 模拟。在本项目中,Test Bench 将 fir 函数的输出数据与已知的正确值进行比较。

(1)展开 Explorer 窗格中的 Test Bench 文件夹。

(2)双击文件 fir_test.c,在"信息"窗格中可以查看文件的内容。

(3)辅助窗格中,在"Outline"选项卡中选择 main()函数可以直接跳转到 main()函数的位置。

经过上述操作后的界面如图 15.10 所示。

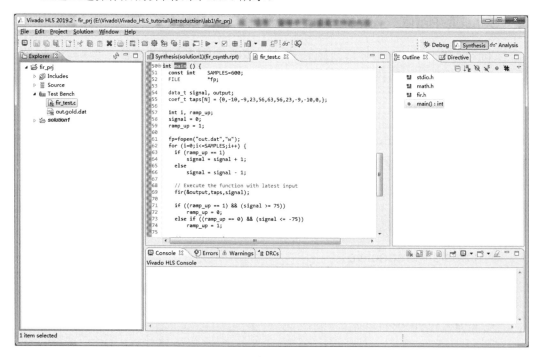

图 15.10 检查 Test Bench 代码

测试台文件 fir_test.c 包含顶层 C 函数 main()。该 main()函数依次调用要合成的函数(fir)。Test Bench 一个有用的特性就是自我检查。

Test Bench 将 fir 函数的输出并保存到输出文件 out.dat 中；

输出文件与正确结果进行比较，存储在文件 out.gold.dat 中；

如果输出文件与正确数据匹配，则消息提示结果正确，Test Bench main()函数的返回值设置为 0；

如果输出与正确结果不同，则消息提示结果错误，main()函数的返回值设置为 1。

Vivado HLS 工具可以重用 C Test Bench 来执行 RTL 的验证。如果 Test Bench 具有前面描述的自检特性，则在 RTL 验证期间自动检查 RTL 结果。在 RTL 验证期间，Vivado HLS 重新使用 Test Bench。如果 Test Bench 返回 0 值，则确认 RTL 验证成功。如果 main()函数返回其他值，包括没有返回值，则表示 RTL 验证失败。这样我们就不需要再创建 RTL 测试台，并提供一种强有力和富有成效的检查方法。

（4）单击 Run C Simulation 按钮，或者使用菜单 Project>Run C Simulation，编译并执行 C 仿真设计功能。

（5）在 C 仿真功能的对话框中，单击 OK 按钮。

如果仿真验证成功，则在控制窗格会出现如图 15.11 所示的 C 仿真功能结果。

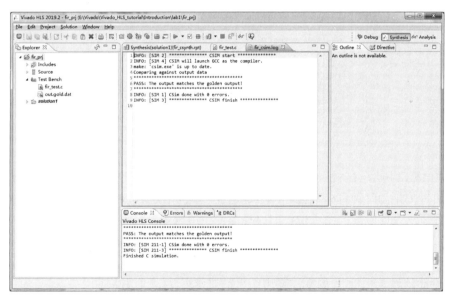

图 15.11　C 仿真功能结果

如果 C Simulation 失败，请在 C Simulation 对话框中选择 Launch Debugger 选项编译设计，软件将自动切换到 Debug 视角。在该视角下，可以使用 C 调试器来修复遇到的问题。

C 验证成功后，接下来可以进行综合。

15.1.3 步骤三：高层次综合

在此步骤中，将 C 设计综合为 RTL 设计，并查看综合报告。

（1）单击"Run C Synthesis"工具栏按钮或使用菜单 Solution>Run C Synthesis >Active Solution。

综合完成后，自动打开综合报告文件。由于综合报告文件在"信息"窗格中被打开，"辅助"窗格中的"Outline"选项卡将自动更新以反映报告信息。

（2）单击"Outline"选项卡中的 Performance Estimates，如图 15.12 所示。

（3）在性能估计的 Detail 部分，展开 Loop 视图。

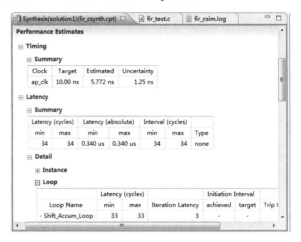

图 15.12　性能估计

如图 15.12 所示，在"性能估计"窗格中，可以看到时钟周期设置为 10ns。Vivado HLS 目标的时钟周期为时钟目标减去时钟不确定度（本例中为 10.00-1.25=8.75ns）。时钟不确定度确保了（在此阶段）由于位置和路径而产生的未知净延迟的一些时间裕度。估计时钟周期（最坏情况下的延迟）为 5.772ns，满足 8.75ns 的定时要求。

在"Summary"部分，我们可以看到以下信息。

该设计延迟 34 个时钟周期：输出结果需要延迟 34 个时钟周期。

间隔为 34 个时钟周期：在 34 个时钟之后读取下一组输入数据。此函数（或下一个事务）的下一次执行只能在当前事务完成时开始。

在"Detail"部分，显示本设计无子块。扩展实例部分在层次结构中没有显示子模块。

所有路径延迟都源于从名字为 Shift_Accum_Loop 的循环综合的 RTL 功能。此功能执行 11 次（TripCount）。每次执行需要 3 个时钟周期（迭代延迟），总共 33 个时钟周期，以执行从这个循环（延迟）合成的代码的所有迭代功能。

总延迟比循环延迟多一个时钟周期。输入和退出循环需要一个时钟周期（在本实验中，当循环完成时，设计完成，因此没有退出周期）。

（4）在“Outline”选项卡中，单击“Utilization Estimates”。

该设计使用一个单一的存储实现 LUTRAM（因为它包含少于 1024 个元素），3 个 DSP48，以及大约 200 个触发器和 LUT。在这个阶段，设备资源数量是估计的。

资源利用率之前以估计是因为 RTL 综合功能可能执行额外的优化功能。这些估计值可能在 RTL 综合功能之后发生变化。

（5）在“Utilization Estimates”的“Detail”部分中，展开“Expression”视图。

“Expression”视图中显示的乘法器实例需要 DSP48。

乘法器是流水线乘法器。它出现在“Expression”部分，表明它是一个子块。标准组合乘法器没有层次结构，其在“Expression”部分列出（指示此层次结构中的组件）。

在本章后面的实验三中，我们将优化这个设计。

（6）在“Outline”选项卡中，单击“Interface”，Interface 报告如图 15.13 所示。

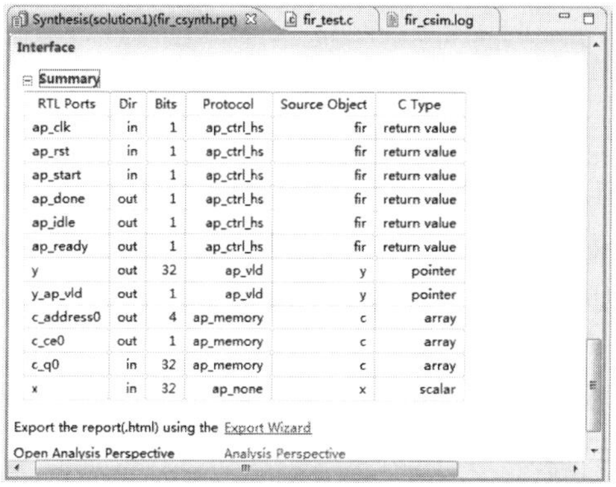
Synthesis(solution1)(fir_csynth.rpt)　fir_test.c　fir_csim.log

Interface

Summary

RTL Ports	Dir	Bits	Protocol	Source Object	C Type
ap_clk	in	1	ap_ctrl_hs	fir	return value
ap_rst	in	1	ap_ctrl_hs	fir	return value
ap_start	in	1	ap_ctrl_hs	fir	return value
ap_done	out	1	ap_ctrl_hs	fir	return value
ap_idle	out	1	ap_ctrl_hs	fir	return value
ap_ready	out	1	ap_ctrl_hs	fir	return value
y	out	32	ap_vld	y	pointer
y_ap_vld	out	1	ap_vld	y	pointer
c_address0	out	4	ap_memory	c	array
c_ce0	out	1	ap_memory	c	array
c_q0	in	32	ap_memory	c	array
x	in	32	ap_none	x	scalar

Export the report(.html) using the Export Wizard

Open Analysis Perspective　Analysis Perspective

图 15.13　Interface 报告

Interface 部分显示由接口综合创建的端口和 I/O 协议。

设计有时钟和复位端口（ap_clk 和 ap_reset）。这些都与源代码 fir 设计本身关联。

根据源代码 fir 显示，还有与设计相关的其他端口。综合功能自动添加了一些块级控制端口：ap_start、ap_done、ap_idle 和 ap_ready。

函数输出 y 现在是一个 32 位数据端口，具有相关的输出有效信号指示 y_ap_vld。

函数输入参数 c（数组）已实现块 RAM 接口，具有 4 位输出地址端口、输出 CE 端口和 32 位输入数据端口。

最后，标量输入参数 x 被实现为没有 I/O 协议（ap_none）的数据端口。

在本章后面的实验三中，将演示如何优化端口 x 的 I/O 协议。

15.1.4 步骤四：RTL 验证

高层次综合可以通过仿真验证 RTL，重复使用 C Test Bench。

（1）单击 Run C/RTL CoSimulation 工具栏按钮或使用菜单 Solution > Run C/RTL CoSimulation。

（2）在 C/RTL 协同仿真对话框中单击 OK 按钮执行 RTL 联合仿真。

RTL 联合仿真的默认选项是使用 Vivado 模拟器和 Verilog RTL 进行仿真。如果使用不同的模拟器或语言执行验证，经使用 C/RTL 协同模拟对话框中的选项。

当 RTL 协同仿真完成后，报告将在"信息"窗格中自动打开，通过控制台显示，如图 15.14 所示。该信息和 C 仿真结束时产生的信息相同。

图 15.14 RTL 验证结果

C Test Bench 为 RTL 设计生成输入向量。对 RTL 设计进行仿真。将来自 RTL 的输出向量应用回 C Test Bench，由 Test Bench 检查验证结果是否正确。

Vivado HLS 表示，如果 Test Bench 返回值为 0，则仿真通过。重要的是，Test Bench 只有在结果正确的情况下才返回 0。

15.1.5 步骤五：IP 创建

高层次综合流程的最后一步是将设计打包为一个 IP，用于 Vivado 设计套件。

（1）单击"Export RTL"工具栏按钮或使用菜单 Solution>Export RTL。
（2）确保格式选择下拉菜单显示 IP Catalog。
（3）单击 OK 按钮。

IP 打包器为 Vivado IP 目录创建一个包，封装的 IP（下拉菜单中的其他选项允许为 DSP 系统生成器、Vivado 综合检查点格式或 Xilinx Platform Studio 的 Pcore 创建 IP 包）。

（4）在"Explorer"中展开 solution1。
（5）展开 Export RTL 命令创建的 IPl 文件夹。
（6）展开 IP 文件夹，并找到打包为 zip 文件的 IP，准备添加到 VivadoIP 目录（IP 创建示意图如图 15.15 所示）。

第 15 章
HLS 高层次综合

图 15.15 IP 创建示意图

15.2 实验二 使用 TCL 命令接口

这个实验将演示如何基于现有的 Vivado HLS 项目创建 TCL 命令文件，并使用 TCL 接口。通过实验二，你将学习如何在 TCL 环境中创建一个 Vivado 高级综合项目，并使用 TCL 文件运行 VivadoHLS。

15.2.1 步骤一：创建 TCL 文件

1. 打开 Vivado HLS Command Prompt。

Windows 系统中，依次单击开始>所有程序>Xilinx Design Tools >Vivado 2019.2 > Vivado HLS 2019.2 Command Prompt。Vivado HLS Command Prompt 界面如图 15.16 所示。

在 Linux 系统中，打开一个新的 shell。

图 15.16 Vivado HLS Command Prompt

创建 Vivado HLS 项目时，Tcl 文件会自动保存在项目层次结构中。在实验一打开的 GUI 中，可以看出项目层次结构中的两个 Tcl 文件（如图 15.17 所示）。

2．在实验一打开的 GUI 中，展开 solution1 中的 constraints 文件夹，双击文件 script.tcl，在"信息"窗格中可以查看相关内容。

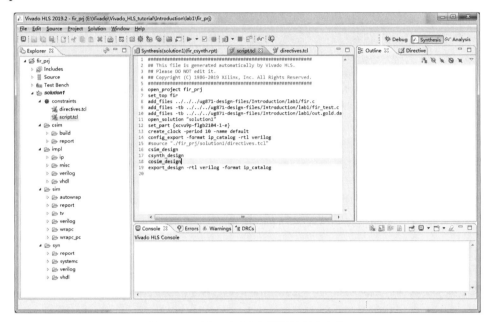

图 15.17　Vivado HLS 工程的 Tcl 文件

文件 script.tcl 包含 TCL 命令，用于创建项目及项目设置所需要的文件，运行 HLS 流程。

文件 directive.tcl 包含应用于设计 Solution 的优化行为。由于在实验一中没有使用优化指令，所以这个文件是空的。

在本次实验中，你将使用实验一中的 script.tcl 文件为实验二项目创建一个 TCL 文件。

3．关闭实验一的 Vivado HLS GUI，这个项目在接下来的步骤中将不再用到。

4．在 Vivado HLS 命令提示符中，使用命令（如图 15.18 所示）为实验二创建一个新的 TCL 文件。

a．将目录更改为以下实验教程目录：

E:\Vivado\Vivado_HLS_tutorial\Introduction

b．使用命令 cp lab1\fir_prj\solution1\script.tcl lab2\run_hls.tcl 将已经存在的 TCL 文件复制到实验二文件夹中。

c．使用命令 cd lab2 将当前目录跳转到实验二目录。

第 15 章
HLS 高层次综合

图 15.18 将实验一中的 TCL 文件复制到实验二文件夹中

⊙ 15.2.2 步骤二：执行 TCL 文件

1. 使用文本编辑器，对 lab2 目录中的文件 run_hls.tcl 执行编辑操作。实验二更新后的 run_hls.tcl 文件如图 15.19 所示。

a. 在 open_project 命令中添加 -reset 参数。因为在同一个项目上重复运行 TCL 文件，所以最好覆盖现有的项目信息。

b. 在 open_solution 命令中添加 -reset 参数。当 TCL 文件在 Solution 上重新运行时，将删除现有的 Solution 信息。

c. 保留源命令注释。如果上一个项目包含希望重用的指令，则可以将这些指令直接复制到此文件中。

d. 将 exit 命令添加到 TCL 文件的最后一行。

e. 保存并退出。

图 15.19 实验二更新后的 run_hls.tcl 文件

可以使用此 TCL 文件在批处理模式下运行 Vivado HLS。

2. 在 Vivado HLS 命令提示窗口中，输入 vivado_hls-f run_hls.tcl。

Vivado HLS 执行实验一中包含的所有步骤，其运行结果可后在项目目录 fir_prj 中查看。

综合报告可在 fir_prj\solution1\syn\report 中查看。

仿真结果可在 fir_prj\solution\sim\report 中查看。

输出包可在 fir_prj\solution1\impl\ip 中使用。

最终输出的 RTL 可在 fir_prj\solution1\impl 中查看，里面有 Verilog 及 VHDL 版本信息。

15.3 实验三 使用 Solution 进行设计优化

实验三将使用实验一中的设计功能，并对其进行优化。通过实验三，你将学会如何创建新的 Solution，添加优化指令，并比较不同 Solution 的结果。

15.3.1 步骤一：创建新的工程

1. 打开 Vivado HLS 命令提示符。
2. 将目录跳转到 lab3：
cd E:\Vivado\Vivado_HLS_tutorial\Introduction\lab3
3. 在命令提示窗口中，输入 vivado_hls -f run_hls.tcl 建立项目。
4. 在命令提示窗口中，输入 vivado_hls -p fir_prj，打开 Vivado HLS GUI 中的项目。

打开 Vivado HLS，如图 15.20 所示，solution1 的综合流程已经完成。如前所述，本设计的设计目标如下。

为本设计创建一个具有最高吞吐量的版本。

最终设计应该能够处理输入有效信号提供的数据。

产生伴随输出有效信号的输出数据。

滤波器系数将存储在 FIR 设计的外部，即一个单端口 RAM 中。

第 15 章
HLS 高层次综合

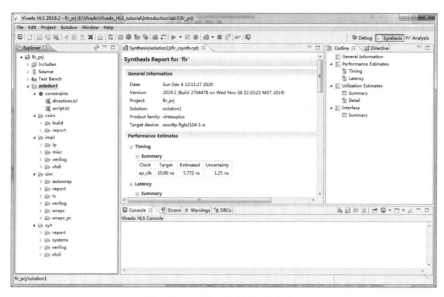

图 15.20　lab3 初始的 Solution

▶ 15.3.2　步骤二：优化 I/O 接口

由于设计规范包括 I/O 协议，所以需要执行的第一个优化是创建正确的 I/O 协议和端口，选择的 I/O 协议类型可能会影响设计优化。如果有 I/O 协议要求，则应在设计周期中尽早设置 I/O 协议。

在实验一中，我们查看了此设计的 I/O 协议。在当前工程中，可以通过导航到 Solution1\syn 文件夹中的报表文件夹再次查看综合报告。I/O 要求如下。

端口 C 必须具有单端口 RAM 访问。

端口 X 必须具有输入数据有效信号。

端口 Y 必须具有输出数据有效信号。

端口 C 已经是单端口 RAM 访问。但是，如果不显式指定 RAM 访问类型，HLS 可能使用双端口接口来创建具有更高吞吐量的设计。如果需要单端口，则应在设计中明确添加使用单端口 RAM 的 I/O 协议要求。

输入端口 X 默认是一个简单的 32 位数据端口。你可以通过指定 I/O 协议 ap_vld 将其实现为具有相关数据有效信号的输入数据端口。

输出端口 Y 已经有一个相关的输出有效信号，这是指针参数的默认值。因此，你不必为这个端口指定一个显式的端口协议，因为默认情况下是需要的，但是如果有其他需求，那么也可以通过指定它来实现。

为了保存现有的结果，创建一个新的 Solution，即 solution2。

（1）单击"Project>New Solution"工具栏按钮，创建新的 Solution。

（2）将默认名称保留为 solution2，不要更改任何技术性或时钟设置。

（3）单击 Finish 按钮。

创建 solution2，并将其设置为默认 Solution。要确认你可以验证当前工程，需要确认 solution2 是否在资源管理器窗格中以粗体突出显示。

执行以下操作，向 Solution 添加优化指令以定义所需的 I/O 接口。

（4）在"Explorer"窗格中，展开 Source 目录（如图 15.21 所示）。

（5）双击 fir.c，在信息窗格中打开文件。

（6）打开"辅助"窗格中的"Directive"选项卡，在源代码视图中选择顶层函数 fir，跳转到 fir 函数的顶部。

Directive 选项卡显示在图 15.21 的右侧。它列出了设计中所有可以优化的对象。在"Directive"选项卡中，可以向设计添加优化指令。只有在"信息"窗格中打开源代码时，才能查看"Directive"选项卡。

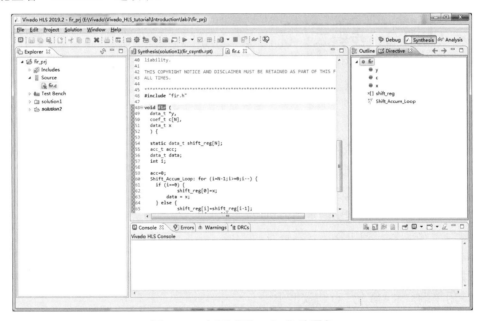

图 15.21 打开"Directive"选项卡

在设计中应用优化指令。

（7）在"Directive"选项卡中，选择 c 参数/端口（绿点）。

（8）右击选择 Insert Directive。

第 15 章
HLS 高层次综合

(9) 通过执行以下操作实现单端口 RAM 接口。

a. 从 Directive 下拉菜单中选择 RESOURCE；

b. 单击 Core；

c. 选择 RAM_1P_BRAM，如图 15.22 所示，然后选择 OK。

上面的步骤指定使用单端口块 RAM 资源实现数组 c。由于数组 c 在函数参数列表中，即在函数之外，因此自动创建一组数据端口，以访问 RTL 实现之外的单端口块 RAM。

由于 I/O 协议不太可能更改，所以可以将这些优化指令添加到源代码中作为注解，以确保在设计中嵌入正确的 I/O 协议。

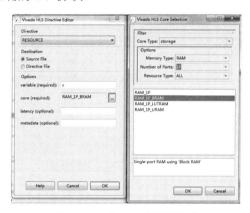

图 15.22　添加一个资源指令

(10) 在 Directive Editor 中的 Destination 部分，选择 Source File。

(11) 单击 OK，应用指令。

(12) 指定端口 x 以具有关联的有效信号/端口。

a. 在"Directive"选项卡中，选择输入端口 x（绿点）。

b. 右击并选择"Insert Directive"。

c. 从"Directive"下拉菜单中选择"Interface"。

d. 从对话框的"Destination"部分选择 Source File。

e. 在 mode 中选择 ap_vld。

f. 单击 OK，应用指令。

(13) 指定端口 y 以具有相关的有效信号/端口。

a. 在"Directive"选项卡中，选择输入端口 y（绿点）。

b. 右击并选择"Insert Directive"。

c. 从对话框的"Destination"部分选择 Source File。

d. 从"Directive"下拉菜单中选择"Interface"。

e. 在 mode 中选择 ap_vld。

f. 单击 OK，应用指令。

完成后，验证源代码和"Directive"选项卡是否正确，如图 15.23 所示。可以通过右键单击修改不正确的指令。

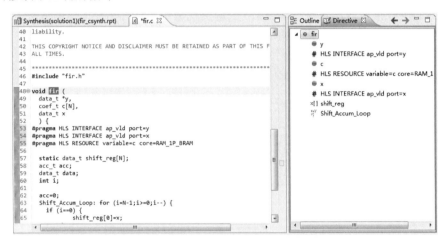

图 15.23 solution2 I/O 指令

（14）单击 Run C Synthesis 工具栏按钮，进行综合设计。

（15）遇到提示时，单击"是"保存 C 源文件的内容，添加指令作为源码的注解。综合完成后，报表文件将自动打开。

（16）单击"Outline"选项卡查看接口结果或者向下滚动到报表文件的底部。

图 15.24 显示 solution2 I/O 协议。

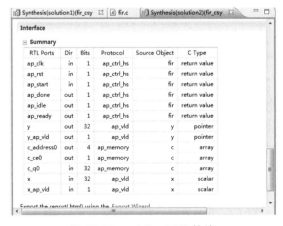

图 15.24 solution2 I/O 协议

15.3.3 步骤三：分析结果

在优化设计之前，了解当前的设计是很重要的。在实验一中演示了如何使用综合报告来对设计进行理解。然而，分析视角以互动的方式提供了更多的细节。

按照下面的步骤显示分析视角图，如图 15.25 所示。

（1）单击 Vivado HLS 的 GUI 界面右上角"Analysis"按钮。

（2）单击展开"Schedule Viewer"窗口中的"Shift_Accum_Loop"。

Performance 窗格视图的左列显示 RTL 层次结构的此模块中的行为，并列出了设计中的控制状态。控制状态是 HLS 用于将操作调整为时钟周期的内部状态。在 RTL 有限状态机（FSM）中，控制状态与最终状态之间存在密切的相关性，但没有一对一的映射。

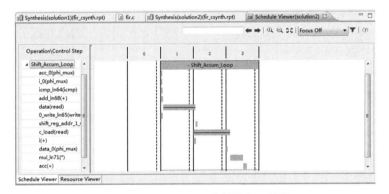

图 15.25　solution 2 分析视角：性能

这里的一些对象与 C 源代码直接相关。右键单击对象可以和 C 代码交叉引用。

设计从第一个状态开始，在端口 x 上进行读取操作。

在下一个状态下，它开始执行 Shift_Accum_Loop 创建的 for 循环逻辑。循环显示为灰色，你可以扩展或折叠它们。

在第一种状态下，检查循环迭代计数器：加法、比较和潜在的循环退出。

在从数组数据综合的块 RAM 上，有一个周期的内存读取操作。

在 c 端口上读取内存。

乘法运算需要 1 个循环周期完成。

for 循环执行 11 次。

在最终迭代结束时，循环退出控制步骤 1，并写入端口 y，还可以使用 Analysis 视角分析设计中使用的资源。

（3）单击 Resource，界面如图 15.26 所示。

（4）扩展所有资源分组。

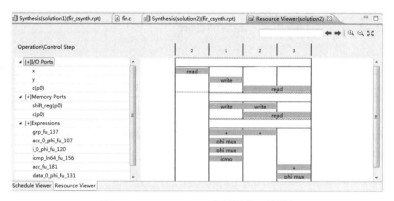

图 15.26　solution 2 分析视角：资源

由图 15.26 我们可以看出以下信息。

端口 x 上有一个读，端口 y 上有一个写。端口 c 在报告中的内存部分，因为这也是内存访问（内存在设计之外）。

在本设计中使用了一个简单的流水线乘法器。其中，一个加法器被共享：一行中有两个加法器实例。

可以通过分析对工程有更深入理解，也可以继续优化这个设计。在结束分析之前，我们需要对多个 DSP48 实现的多周期乘法运算进行评价。源代码使用 int 数据类型，这是 32 位数据类型，它会产生较大的乘数。一个 DSP48 乘法器是 18 位的，它需要多个 DSP48 来实现大于 18 位的数据宽度的乘法。在设计中，我们可以创建更适合硬件的任意精度数据类型。

⊙ 15.3.4　步骤四：优化最高吞吐量（最低间隔）

在本设计中，限制吞吐量的两个问题如下。

for 循环。默认情况下，循环保持滚动：循环体的一个副本被综合，并为每次迭代重新复用，这确保了循环的每次迭代按顺序执行。你可以展开 for 循环以允许所有操作并行发生。

用于 shift_reg 的块 RAM。由于变量 shift_reg 是 C 源代码中的数组，所以，默认情况下，它是使用块 RAM 实现的，但是这样它就不能使用移位寄存器实现。因此，你应该将此块 RAM 划分为单个寄存器。

下面，我们将开始创建一个新的 Solution。

（1）单击"Synthesis"视角按钮。

（2）单击"New Solution"按钮。

第 15 章
HLS 高层次综合

（3）保存这个 Solution 的名字为"solution 3"。

（4）单击 Finish 完成创建。

（5）在"项目"菜单中，选择"Close Inactive Solution Tabs"，关闭以前 Solution 中的现有选项卡。

下面的步骤，如图 15.27 所示，将演示如何展开 for 循环。

（6）单击 fir.c 文件，然后在 Directive 选项卡中，选择循环 Shift_Accum_Loop。

（7）右击选择 Insert Directive。

（8）从"Directive"下拉菜单中选择"unroll"。

将 Destination 保留为 Directive File。

在优化设计时，你必须经常执行多次优化迭代，以确定最终的优化。通过将优化添加到指令文件中，你可以确保它们不会自动转发到下一个 Solution。将优化存储在 Solution 指令文件中，允许不同的 Solution 有不同的优化。如果你将优化添加为代码中的注解，它们将自动转发到新的 Solution，并且必须修改代码才能返回并重新运行以前的 Solution。

将"Directive"窗口中的其他选项保留为空白，以确保循环完全展开。

（9）单击 OK 应用指令。

（10）应用该指令将数组划分为单个元素。

a. 在"Directive"选项卡中，选择数组 shift_reg。

b. 右击并选择"Insert Directive"。

c. 从指令下拉菜单中选择 Array_Partition。

d. 指定类型为完整类型。

e. 单击 OK 应用指令。

通过嵌入在 solution2 的代码中的指令和刚刚添加的两个新指令，solution3 Directives 如图 15.27 所示。

在图 15.27 中，注意在 solution 2 中应用的指令作为注解（#HLS）有一个与刚刚应用并保存到指令文件（%HLS）的注解不同的注释。你可以在 TCL 文件中查看新添加的指令。

（11）在 Explorer 窗格中，展开 solution3 中的 Constraint 文件夹，如图 15.28 所示。

（12）双击 solution 3 指令.tcl 文件，在"信息"窗格中查看它。

图 15.27　solution 3 Directives

图 15.28　solution 3 Directive.tcl File

（13）单击 Synthsis 工具栏按钮，进行综合设计。

（14）比较不同解的结果。单击"Compare Reports"工具栏按钮，或者使用 Project > Compare Reports。

（15）在比较中加入 solution1,solution2 和 solution3。

（16）单击 OK 按钮。

图 15.29 显示了实验三 Solution 比较结果的报告。从中，我们可以发现 solution3 具有最小的起始间隔，并且可以更快地处理数据。由于间隔仅为 11，它开始每 11 个时钟周期处理一组新的输入。

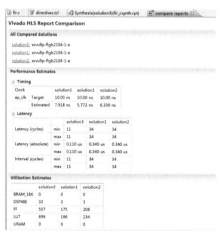

图 15.29　实验三 Solution 比较结果

我们可以继续在此设计上执行额外的优化。例如，可以使用流水线来进一步提高吞吐量，降低间隔。如前所述，也可以修改代码本身以使用任意精确类型。例如，如果数据类型不需要是 32 位 int 类型，则可以使用位精确类型（例如 6 位、14 位或 22 位类型），只要它们满足所需的精度就可以。

第 16 章

MIPS 架构处理器设计

CPU，全称为中央处理器单元，简称为处理器，是一个不算年轻的概念。早在 20 世纪 60 年代便已诞生了第一款 CPU。经过几十年的发展，到今天已经相继诞生或消亡过了几十种不同的 CPU 架构。什么是 CPU 架构？下面让我们来探讨区分 CPU 的主要标准：指令集架构（Instruction Set Architecture，ISA）。

类似于不同国家的人使用不同的文字，不同的处理器也使用了不同的指令。但是，这样存在一个问题：为处理器 A 编写的程序不能直接在处理器 B 上使用，需要重新编写，然后再次编译、汇编后才能使用，降低了软件的移植性。显然，这样的处理器使用起来极为不便。IBM 为了让自己的一系列计算机能使用相同的软件，免去重复编写软件的痛苦，在它的 System/360 计算机中引入了指令集架构（Instruction Set Architecture，ISA）的概念。

指令集，顾名思义是一组指令的集合，而指令是指处理器进行操作的最小单元指令集架构，有时简称为"架构"，或者称为"处理器架构"。指令集架构主要用于将编程所需要的硬件信息从硬件系统中抽象出来，这样软件人员就可以面向 ISA 进行编程，软件无须做任何修改便可以完全运行在任何一款遵循同一指令集架构实现的处理器上。因此，指令集架构可以理解为一个抽象层。该抽象层构成处理器底层硬件与运行于其上的软件之间的桥梁与接口，也是现在计算机处理器中重要的一个抽象层。

指令集架构主要分为复杂指令集（Complex Instruction Set Computer，CISC）和精简指令集（Reduced Instruction Set Computer，RISC），两者的主要区别如下。

CISC 的每条指令对应的 0、1 编码串长度不一，而 RISC 的每条指令对应的 0、1 编码串长度是固定的。CISC 不仅包含了处理器常用的指令，还包含了许多不常用的特殊指令。其指令数目比较多，所以称为复杂指令集。RISC 只包含处理器常用的指令，而对于不常用的操作，则通过执行多条常用指令的方式来达到同样的效果。由于其指令数目比较精简，所以称为精简指令集。

在 CPU 诞生的早期，CISC 曾经是主流，因为其可以使用较少的指令完成更多的操作。但是随着指令集的发展，越来越多的特殊指令被添加到 CISC 指令集中，CISC 的诸多缺点开始显现出来。例如，典型程序的运算过程中所使用到的 80%指令，只占所有指令类型的 20%。也就是说，CISC 指令集定义的指令，只有 20%被经常使用到，而有 80%则很少被用到。那些很少被用到的特殊指令尤其让 CPU 设计变得极为复杂，大大增加了硬件设计的时间成本与面积开销。

1979 年，美国加州大学伯克利分校的 David Patterson 首先提出了 RISC 的概念。RISC 并不只是简单地减少指令，更主要的目的是如何使计算机的结构更加简单合理以提高运算速度。其特点是指令长度固定、指令格式种类少、寻址方式种类少、大量使用寄存器等。由于在 RISC 中使用的指令大多数是简单指令，并且都能在一个时钟周期内完成，因而处理器的频率可以大幅提升，同时易于设计流水线，RISC 是计算机发展历史上的一个里程碑。

MIPS 的含义是无内锁流水线微处理器（Microprocessor without Interlocked Piped Stages），其设计者是斯坦福大学的 John Hennessy 教授。MIPS 是 20 世纪 80 年代诞生的 RISC CPU 的重要代表。当初的设计理念是：使用相对简单的指令，结合优秀的编译器及采用流水线执行指令的硬件，就可以用更少的晶圆面积生产更快的处理器。在随后的十几年里，MIPS 架构在很多方面得到了发展，在工作站和服务器系统中应用很广。MIPS 架构也从 MIPS I、MIPS II、MIPS III、MIPS IV、MIPS V、MIPS32 发展到 MIPS64。

指令定义及功能描述

与 MIPS 架构通用的指令格式，不打算改变指令的格式及其内容与含义。可以选择如下指令进行设计实验：add、addi、sub、and、or、xor、sll、srl、lw、sw、Beq、ori、jr、lui、andi、addiu、j 等 17 条指令。

本设计中的指令格式如表 16.1～表 16.3 所示。

表 16.1 R 型指令

R-type	OP[31:26]	RS[25:21]	RT[20:16]	RD[15:11]	Shamt[10:6]	Func[5:0]	备注
Add	000000	Rs	Rt	Rd	00000	100000	Rd< Rs + Rt
Sub	000000	Rs	Rt	Rd	00000	100010	Rd< Rs - Rt
And	000000	Rs	Rt	Rd	00000	100100	Rd< Rs & Rt
Or	000000	Rs	Rt	Rd	00000	100101	Rd< Rs | Rt
Xor	000000	Rs	Rt	Rd	00000	100110	Rd< Rs xor Rt
Sll	000000	00000	Rt	Rd	Shamt	000000	Rd< Rt<<shamt
Srl	000000	00000	Rt	Rd	Shamt	000010	Rd< Rt>>shamt
Jr	000000	Rs	00000	00000	00000	001000	PC< Rs

表 16.2　I 型指令

I-type	OP[31:26]	Rs[25:21]	Rt[20:16]	Immediate[15:0]	备注
Addi	001000	Rs	Rt	Immediate	Rt< Rs + (sign)imm
Addiu	001001	Rs	Rt	Immediate	Rt< Rs + (zero)imm
Ori	001101	Rs	Rt	Immediate	Rt< Rs	(zero)imm
Lui	001111	00000	Rt	Immediate	Rt[31:16] < imm
Lw	100011	Rs	Rt	Immediate	Rt< mem[Rs+(sigh)imm]
Sw	101011	Rs	Rt	Immediate	Mem[Rs+(sign)imm]< Rt
Beq	000100	Rs	Rt	Immediate	If (rs==rt) pc< pc+4+(sign)imm<<2
Andi	001100	Rs	Rt	Immediate	Rt < Rs & (zero)imm

表 16.3　j 型指令

J-type	OP[31:26]	Address	备注
J	000010	Address	Pc < {(pc+4),address,2'd00}

16.1　总体结构设计

图 16.1 是一个单周期数据通路和控制线路图。单周期 CPU 主要功能单元由指令存储器、数据存储器、寄存器堆、算术逻辑单元 ALU、控制单元组成。接下来对数据通路和各功能单元进行详细介绍。

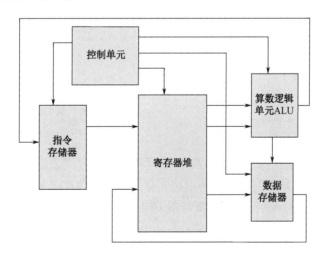

图 16.1　单周期数据通路和控制线路图

16.1.1 MIPS 架构单周期处理器数据通路设计

本节主要介绍数据通路中寄存器堆、指令存储器、数据存储器、ALU、数据通路上选择器、立即数扩展单元等电路的设计。

16.1.1.1 数据通路

（1）R 型指令的数据通路。

①add、sub、and、mult 指令。

它们都属于寄存器格式的指令，op 字段是 000000，具体的操作由后 6 位 func 字段决定。指令格式中的 rs, rt 是两个 5 位寄存器号，由它们从寄存器堆（Reg）中读出两个数据，读出的数据送入 ALU 的两个输入端口，具体计算由 ALU 完成。ALU 的计算结果由寄存器堆的控制信号 wreg 决定是否写入寄存器堆，下一条指令的选择信号 pcsource 决定下一条指令的地址。R 型指令（add、sub、and、multu）数据通路如图 16.2 所示。

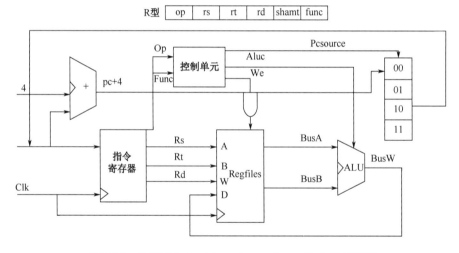

图 16.2　R 型指令（add、sub、and、multu）数据通路

②sll、slr 指令。

sll、slr 指令都是移位指令。它与图 16.2 所不同的地方在于寄存器堆的 qa 端口并没有使用，由于 shamt 字段只有 5 位，所以将它放到最后 5 位，前面的 27 位数随便放什么都可以。R 型指令（sll、slr）数据通路如图 16.3 所示。

（2）I 型指令数据通路。

①addiu、ori 指令。

立即数运算的指令有 addiu、ori，它们仅用 op 操作字段区别。共同点是 ALU 中的操作数 b 都来自指令中的立即数。而立即数在送入 ALU 之前，必须将其扩展为 32 位数，而算数逻辑指令 addiu 需要进行符号扩展，逻辑运算指令 ori 需要进行零扩展。与寄存器格式指令（R 型指令）不同的是，最后将计算结果写入由 rt 指定的寄存器中。I 型指令（addiu、ori）数据通路如图 16.4 所示。

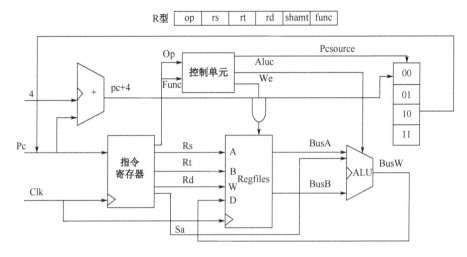

图 16.3　R 型指令（sll、slr）数据通路

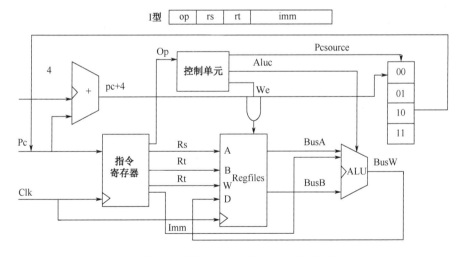

图 16.4　I 型指令（addiu、ori）数据通路

②lw、sw 指令。

lw 指令从数据存储器中读数据，将取出的数据写入由 rt 指定的寄存器中。而 sw 指令往数据存储器中写数据，与 lw 指令刚好相反，sw 指令把从 rt 寄存器中取出的数据写

入数据存储器。I 型指令（lw、sw）数据通路如图 16.5 所示。

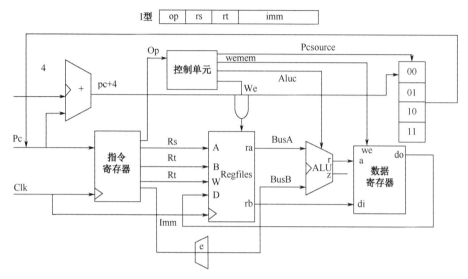

图 16.5　I 型指令（lw、sw）数据通路

③beq 指令。

beq 条件跳转指令，首先使用 rs 和 rt 从寄存器中读出两个数据，由 ALU 来比较它们是否相等，再决定是否跳转。这里可以利用减法来判断两个数是否相等。如果减法结果为 0，则 ALU 的零标志等于 1，否则为 0。I 型指令（beq）数据通路如图 16.6 所示。

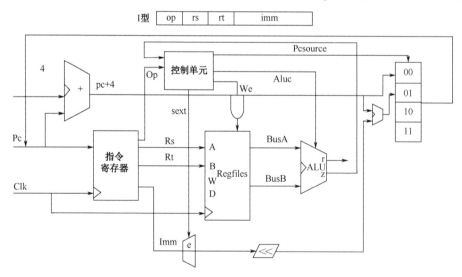

图 16.6　I 型指令（beq）数据通路

(3) J 型指令

无条件跳转指令既不需要 ALU，也不需要数据存储器，还不使用寄存器堆，而左移两位也是只需要连线实现，不需要逻辑电路。J 型指令数据通路如图 16.7 所示。

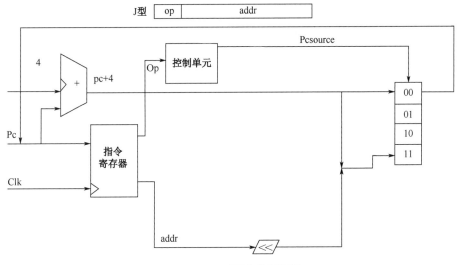

图 16.7　J 型指令数据通路

16.1.1.2　数据存储器（DataMem）

与指令存储器类似，数据存储器也要先定义一个 32 位的寄存器变量，在每个寄存器变量内部存储数据，存储的数据也是 32 位的，用 16 进制数来保存。只有当控制信号 wmem 为 1 时，才能对内部某个数据单元进行写入操作。

16.1.1.3　寄存器堆（Ram）

寄存器堆含有 32 个整数寄存器，每个寄存器有 32 位，实际上每一位可以由一个带使能信号的 D 触发器实现。而在代码设计上，也是直接按此展开去写，在数据流级编写代码，可以避免使用器件级编写带来的麻烦。当某个被选中的寄存器的写使能为 1 时就写入，其他则为 0。

16.1.1.4　算数逻辑单元（ALU）

ALU 负责运算、处理数据，但不能保存数据，根据这次的设计要求，ALU 必须实现以下运算：ADD（加）、SUB（减）、AND（与）、OR（或）、SLL（逻辑左移）、SLR（逻辑右移）。普通的加法器是串行执行的，也就是高位的运算要依赖低位的进位，所以当输入数据的位数较多时，会造成很大的延迟，影响整个 CPU 的性能。为了减小这种延迟，ALU 设计中使用到了超前进位加法器。首先从 1 位开始设计，再到 2 位、4 位、8 位、16 位、32 位超前进位加法器。无论怎样，各级的进位彼此独立，只有输入的数据是相关的，而且各个进位是并行产生的，所以这也算是一种并行进位加法器。ALU 运算功能表如表 16.4 所示

表 16.4 ALU 运算功能表

aluctr[2:0]	功能	描述
000	A + B	加
001	A - B	减
010	A * B	乘
011	>>	右移
100	<<	左移
101	A ∧ B	与
110	A ∨ B	或

▶ 16.1.2 接口定义和接口时序等

16.1.2.1 控制单元（control）

控制单元接口信号表如表 16.5 所示。

表 16.5 控制单元接口信号表

序号	接口信号名称	说明
1	instruction	读取出的指令
2	RegDst	用于选择寄存器文件的写地址
3	RegWr	用于控制寄存器文件的写操作，高电平有效
4	Branch	分支指令指示信息，高电平有效
5	Jump	跳转指令指示信息，高电平有效
6	Extop	用于控制立即数扩展，1 表示符号为扩展，反之则为零扩展
7	ALUSrc	用于选择 ALU 另一个操作数的来源
8	ALUctr	ALU 控制信息，用于控制 ALU 的操作
9	MemWr	用于控制数据存储器的写操作
10	MemtoReg	用于选择寄存器文件的写数据来源

16.1.2.2 数据存储器（DataMem）

数据存储器接口信号表如表 16.6 所示。

第 16 章
MIPS 架构处理器设计

表 16.6 数据存储器接口信号表

序号	接口信号名称	说明
1	clk	时钟信号
2	RaAddr	读数据地址信息
3	RdData	读出的 32 位数据信息
4	Wen	写使能信号，高电平有效
5	WrAddr	写入数据地址信息
6	WrData	待写入的 32 位数据信息

16.1.2.3 寄存器堆（Ram）

寄存器堆接口信号表如表 16.7 所示。

表 16.7 寄存器堆接口信号表

序号	接口信号名称	说明
1	Ra，Rb	分别为 rs、rt 寄存器的输入端口
2	wen	写使能信号，为 1 时写入
3	Rw	写数据地址
4	BusW	写入寄存器的数据的输入端口
5	BusA，BusB	rs 和 rt 寄存器的数据的输出端口
6	clk	时钟信号
7	Rstn	复位信号

16.1.2.4 取指单元（ifetch）

取指单元接口信号表如表 16.8 所示。

表 16.8 取指单元接口信号表

序号	接口信号名称	说明
1	clk	时钟信号
2	rst_n	清零信号
3	Zero	零标志位
4	branch	分支指令指示信息
5	jump	跳转指令指示信息
6	instruction	取出的指令信息
7	pc	下地址信号输出端口

16.1.2.5 算数逻辑单元（ALU）

算数逻辑单元接口信号表如表 16.9 所示。

表 16.9 算数逻辑单元接口信号表

序号	接口信号名称	说明
1	alu_da，alu_db	ALU 数据输入端口
2	alu_ctr	ALU 运算功能编码
3	alu_dc	ALU 运算结果
4	alu_zero	运算结果全零标志
5	alu_overflow	有符号运算溢出标志

16.2 MIPS 架构单周期设计总体连接及仿真验证

16.2.1 验证方案

（1）000000_00010_00011_00001_00000_100000：将 2 号寄存器的数据和 3 号寄存器的数据相加，结果送到 1 号寄存器。

预期执行结果：相加的结果为 160。

（2）000000_00010_00011_00001_00000_100010：将 2 号寄存器的数据和 3 号寄存器的数据相减，结果送到 1 号寄存器。

预期执行结果：相减的结果为 40。

（3）000000_00010_00011_00001_00000_100100：将 2 号寄存器的数据和 3 号寄存器的数据相与，结果送到 1 号寄存器。

预期执行结果：相与的结果为 00000000000000000000000000100100。

（4）000000_00010_00011_00001_00000_100101：将 2 号寄存器的数据和 3 号寄存器的数据相或，结果送到 1 号寄存器。

预期执行结果：相或的结果为 00000000000000000000000001111100。

（5）000000_00010_00011_00001_00000_100110：将 2 号寄存器的数据和 3 号寄存器的数据相异或，结果送到 1 号寄存器。

预期执行结果：相异或的结果为 00000000000000000000000001011000。

（6）000000_00010_00011_00001_00000_100111：将 2 号寄存器的数据和 3 号寄存器的数据相或非，结果送到 1 号寄存器。

预期执行结果：相或非的结果为 11111111111111111111111110000011。

（7）000000_00010_00011_00001_00000_101010：将 2 号寄存器的数据和 3 号寄存器的数据进行比较。如果 2 号寄存器的数据小于 3 号寄存器数据，就把 1 号寄存器的数值置为 1，否则置为 0。

预期执行结果：结果应全部置为 0。

（8）000000_00000_00010_00001_01010_000000：将 2 号寄存器的数据逻辑左移 10 位，移位后的数据送到 1 号寄存器。

预期执行结果：移位的结果为 00000000000000011001000000000000。

（9）001000_00010_00001_0000000001100100：将 2 号寄存器的数据与立即数 100 相加，相加的结果送到 1 号寄存器。

预期执行结果：相加的结果为 200。

（10）001101_00010_00001_0000000000001010：将 2 号寄存器的数据与立即数 10 做逻辑或操作，逻辑或的结果送到 1 号寄存器。

预期执行结果：逻辑或的结果为 00000000000000000000000001101110。

（11）101011_00000_00001_0000000000001111：取出 1 号寄存器的数据，把它存到 0 号寄存器和立即数 16'd15 符号扩展相加的结果的写入地址中去。

预期执行结果：15 号寄存器写入的数据为 110。

（12）100011_00000_01010_0000000000001111：将 0 号寄存器的数据和立即数 16'd15 符号扩展相加的结果作为读地址，读出来的数据写入 10 号寄存器中去。

预期执行结果：取出来的数据为 110。

（13）a. 000100_00010_00001_0000000000001010：将 1 号寄存器的数据与 2 号寄存器的数据进行比较。若相等，则 PC 的值进行跳转，否则 PC 加 4。

预期执行结果：PC=PC+4。

b. 000100_01000_00010_0000000000001010：将 8 号寄存器的数据与 2 号寄存器的数据进行比较。若相等，则 PC 的值进行跳转，否则 PC 加 4。

预期执行结果：PC=PC+4+imme*4。

（14）000010_00000000000000100111000100：将当前 PC 值的高 4 位拼接上目标地址的[25:0]位作为新的 PC 值，也即直接跳转指令，将 PC 直接跳转到 PC=10000 的位置处。

预期执行结果：PC=10000。

16.2.2 仿真结果及分析

（1）000000_00010_00011_00001_00000_100000 add r1,r2,r3;　//r1=r2+r3=160

说明：从图 16.8 可知，当 ALUctr = 4'b0001 时，ALU 执行的是符号数加法操作。目标指令是"add r1,r2,r3"，即：r1=r2+r3，指将 2 号寄存器和 3 号寄存器中的数据相加，结果送到 1 号寄存器。从图 16.8 可知，2 号寄存器中的数据为 100，3 号寄存器中的数据为 60，二者相加的结果为 160。

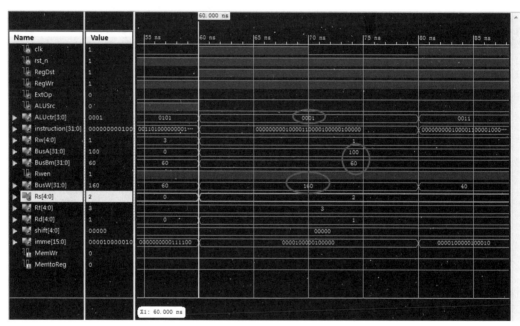

图 16.8　ALU 执行符号数加法操作

（2）000000_00010_00011_00001_00000_100010 sub r1,r2,r3;　//r1=r2-r3=40

说明：从图 16.9 可知，当 ALUctr = 4'b0011 时，ALU 执行的是符号数减法操作。目标指令是"sub r1,r2,r3"，即：r1=r2-r3，指将 2 号寄存器和 3 号寄存器中的数据相减，结果送到 1 号寄存器。从图 16.9 可知，2 号寄存器中的数据为 100，3 号寄存器中的数据为 60，二者相减的结果为 40。

第 16 章
MIPS 架构处理器设计

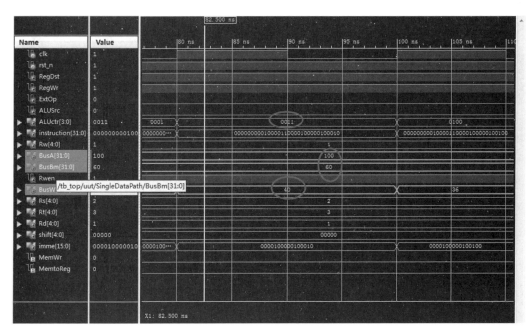

图 16.9 ALU 执行符号数减法操作

（3）000000_00010_00011_00001_00000_100100 and r1,r2,r3;

//r1=r2&r3=00000000000000000000000000100100

说明：从图 16.10 可知，当 ALUctr = 4'b0100 时，ALU 执行的是逻辑与操作。目标指令是"and r1,r2,r3"，即：r1=r2&r3，指将 2 号寄存器和 3 号寄存器中的数据做逻辑与操作，结果送到 1 号寄存器。从图 16.10 可知，2 号寄存器中的数据为 00000000000000000000000001100100，3 号寄存器中的数据为 00000000000000000000000000111100，二者相与的结果为 00000000000000000000000000100100。

（4）000000_00010_00011_00001_00000_100101 or r1,r2,r3;

//r1=r2|r3=00000000000000000000000001111100

说明：从图 16.11 可知，当 ALUctr = 4'b0101 时，ALU 执行的是逻辑或操作。目标指令是"or r1,r2,r3"，即：r1=r2|r3，指将 2 号寄存器和 3 号寄存器中的数据做逻辑或操作，结果送到 1 号寄存器。从图 16.11 可知 2 号寄存器中的数据为 00000000000000000000000001100100，3 号寄存器中的数据为 00000000000000000000000000111100，二者相或的结果为 00000000000000000000000001111100。

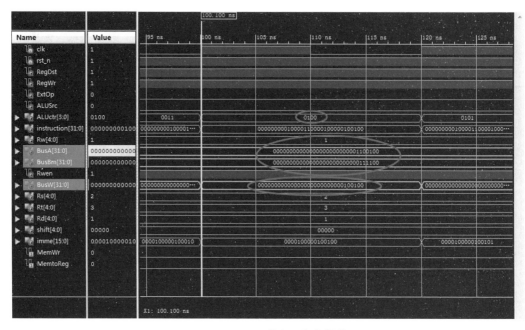

图 16.10 ALU 执行逻辑与操作

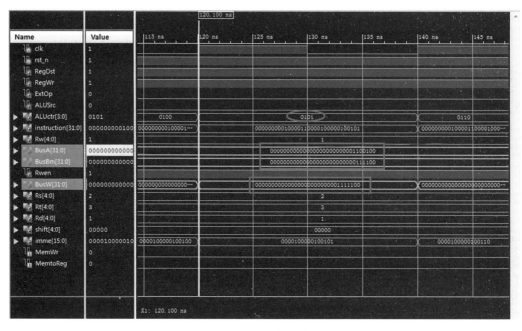

图 16.11 ALU 执行逻辑或操作

（5）000000_00010_00011_00001_00000_100110 xor r1,r2,r3;
//r1=r2^r3=00000000000000000000000001011000

说明：从图 16.12 可知，当 ALUctr = 4'b0110 时，ALU 执行的是逻辑异或操作。目标指令是 "xor r1,r2,r3"，即：r1=r2^r3，指将 2 号寄存器和 3 号寄存器中的数据做逻辑异或操作，结果送到 1 号寄存器。从图 16.12 可知 2 号寄存器中的数据为 00000000000000000000000001100100，3 号寄存器中的数据为 00000000000000000000000000111100，二者相异或的结果为 00000000000000000000000001011000。

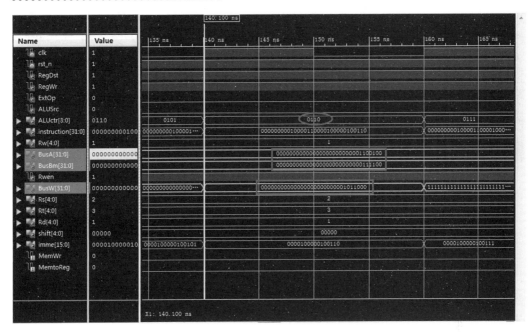

图 16.12　ALU 执行逻辑异或操作

（6）000000_00010_00011_00001_00000_100111 nor r1,r2,r3;
//r1=~(r2|r3)=11111111111111111111111110000011

说明：从图 16.13 可知，当 ALUctr = 4'b0111 时，ALU 执行的是逻辑或非操作。目标指令是 "nor r1,r2,r3"，即：r1=~(r2|r3)，指将 2 号寄存器和 3 号寄存器中的数据做逻辑或非操作，结果送到 1 号寄存器。从图 16.13 可知，2 号寄存器中的数据为 00000000000000000000000001100100，3 号寄存器中的数据为 00000000000000000000000000111100，二者相或非的结果为 11111111111111111111111110000011。

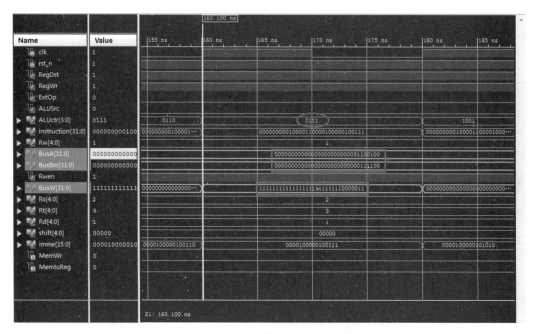

图 16.13　ALU 执行逻辑或非操作

（7）000000_00010_00011_00001_00000_101010 slt r1,r2,r3;

// if（r2<r3）r1=1;else r1=0

//r1=0

说明：从图 16.14 可知，当 ALUctr = 4'b1001 时，ALU 执行的是小于置一操作。目标指令是"slt r1,r2,r3"，即：if（r2<r3）r1=1;else r1=0，指将 2 号寄存器和 3 号寄存器中的数据做比较操作，比较结果送到 1 号寄存器。从图 16.14 可知 2 号寄存器中的数据为 100，3 号寄存器中的数据为 60。2 号寄存器的数据大于 3 号寄存器的数据，所以结果应全部置为 0。

（8）000000_00000_00010_00001_01010_000000 sll r1,r2,r3;

//r1<-r2<<shift

//r1=00000000000000000011001000000000000

说明：从图 16.15 可知，当 ALUctr = 4'b1100 时，ALU 执行的是逻辑左移操作。目标指令是"slt r1,r2,shift"，即：r1<-r2<<shift，指将 2 号寄存器的数据逻辑左移 shift 位，移位后的数据送到 1 号寄存器。从图 16.15 可知，2 号寄存器中的数据为 00000000000000000000000001100100，shift 为 10，故移位的结果为 00000000000000011001000000000000。

第 16 章
MIPS 架构处理器设计

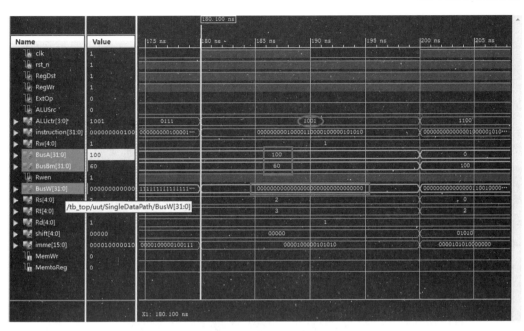

图 16.14　ALU 执行小于置一操作

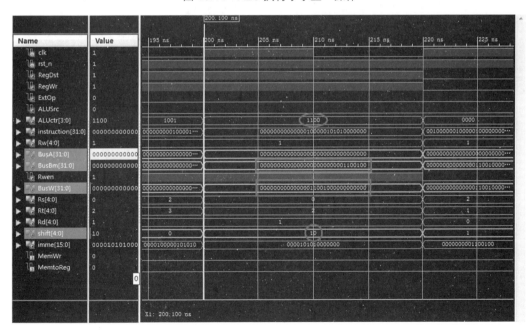

图 16.15　ALU 执行逻辑左移操作

(9) 001000_00010_00001_0000000001100100 addi r1,r2,100;   //r1=r2+100=200

说明：从图 16.16 可知，当 ALUctr = 4'b0001 时，ALU 执行的是符号数与立即数的符号数加法操作。目标指令是"addi r1,r2,100"，即：r1=r2+100，指将 2 号寄存器的数据与立即数 100 相加，相加的结果送到 1 号寄存器。从图 16.16 可知，2 号寄存器中的数据为 100，立即数为 100，故相加的结果为 200。

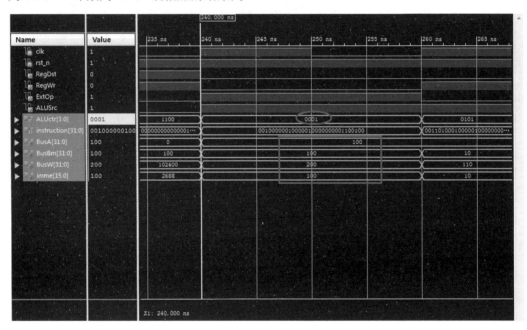

图 16.16 ALU 执行符号数与立即数的符号数加法操作

(10) 001101_00010_00001_0000000000001010 ori r1,r2,r3;
//r1=r2|10=00000000000000000000000001101110

说明：从图 16.17 可知，当 ALUctr = 4'b0101 时，ALU 执行的是符号数与立即数的逻辑或操作。目标指令是"ori r1,r2,10"，即：r1=r2 | 10，指将 2 号寄存器的数据与立即数 10 做逻辑或操作，逻辑或的结果送到 1 号寄存器。从图 16.17 可知，2 号寄存器中的数据为 00000000000000000000000001100100，立即数为 00000000000000000000000000001010，故逻辑或的结果为 00000000000000000000000001101110。

第 16 章
MIPS 架构处理器设计

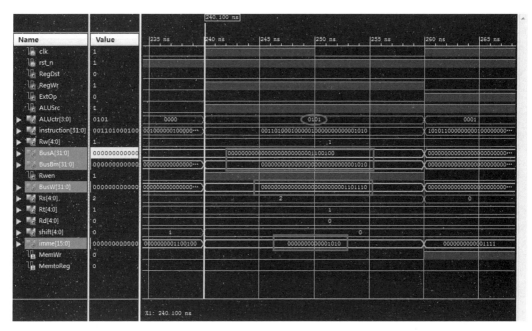

图 16.17 ALU 执行符号数与立即数的逻辑或操作

（11）101011_00000_00001_0000000000001111 sw r1,10(r0);

//memory[r0+10] =r1

//memory[15] =110

说明：从图 16.18 可知，当 ALUctr = 4'b0001 时，ALU 执行的是符号数与立即数的加法操作。目标指令是"sw r1,10(r0)"，即：memory[r0+10] =r1，指从 r1 寄存器取出数据，写入 r0 寄存器与立即数符号扩展相加的结果作为的访存地址中去。r1 寄存器中的数据为 110，r0 寄存器与立即数符号扩展相加的结果为 15，即在 15 号寄存器中写入数据 110。

（12）100011_00000_01010_0000000000001111 lw r10,15(r0);

//r10=memory[r2 +10]

//100=memory[15]

说明：从图 16.19 可知，当 ALUctr = 4'b0001 时，ALU 执行的是符号数与立即数的加法操作。目标指令是"lw r10,15(r0)"，即：r10=memory[r0+10]。将 r0 寄存器的数据和立即数符号扩展相加的结果作为访问地址，读出来的数据写入 r10 寄存器。r0 寄存器的数据和立即数符号扩展相加的结果为 15，即从数据存储器地址为 15 处读出数据 110，将这个数据写入寄存器堆的 10 号寄存器中去。

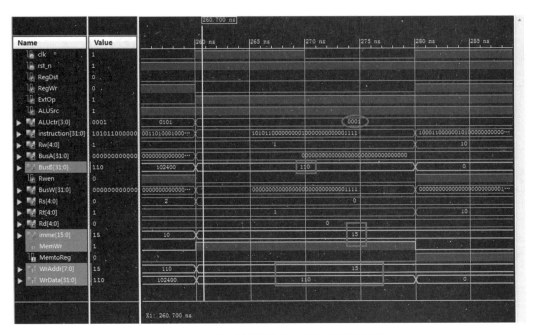

图 16.18　ALU 执行符号数与立即数的加法操作一

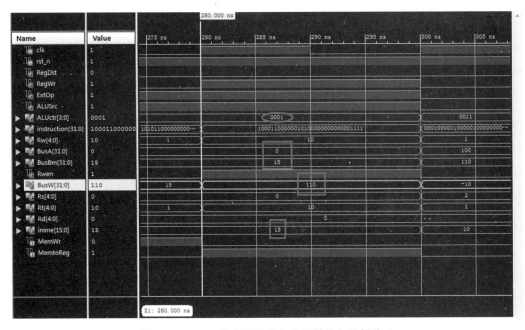

图 16.19　ALU 执行符号数与立即数的加法操作二

（13）①两个比较数相等时：000100_00010_00001_0000000000001010 beq r1,r2,10;
// if(r1==r2) PC<-PC+4+(sign-extend)imme<<2;else PC<-PC+4.

说明：从图 16.20 控制信号可知，此时执行的是 beq 指令。目标指令是"beq r1,r2,10"，即：if(r1==r2) PC<-PC+4+(sign-extend)imme<<2;else PC<-PC+4，指将 1 号寄存器的数据与 2 号寄存器的数据进行比较。若相等，则 PC 的值进行跳转，否则 PC 加 4。从图 16.20 可知，1 号寄存器中的数据为 100，2 号寄存器中的数据为 110，二者不相等，所以 PC 的值加 4。

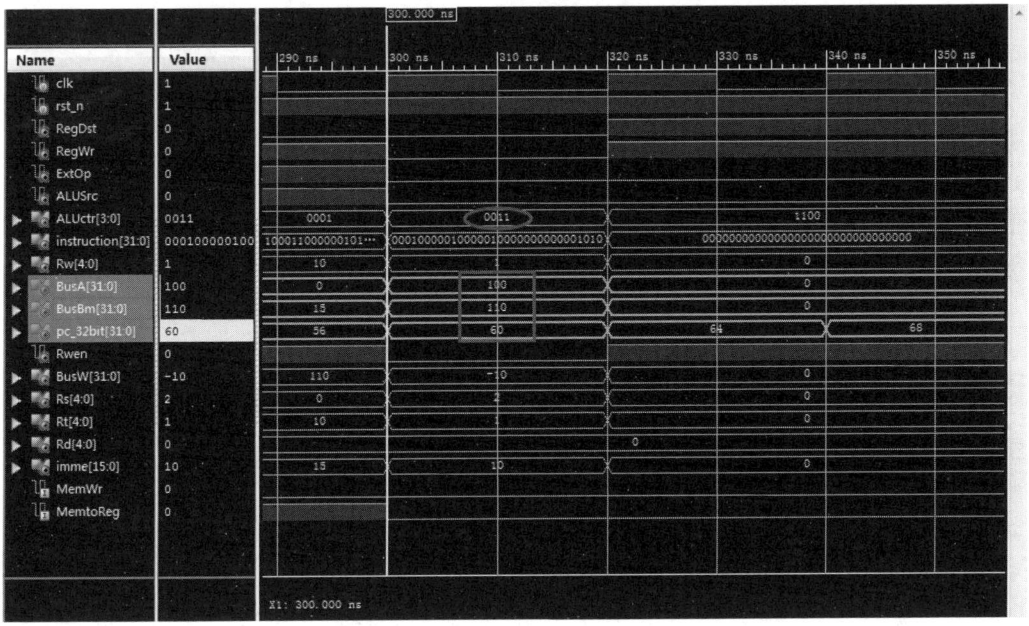

图 16.20 执行 beq 指令图示一

②两个比较数不相等时：000100_01000_00010_0000000000001010 beq r8,r2,10;
// if(r8==r2) PC<-PC+4+(sign-extend)imme<<2;else PC<-PC+4.

说明：从图 16.21、图 16.22 可知，此时执行的是 beq 指令。目标指令是"beq r8,r2,10"，即：if(r8==r2) PC<-PC+4+(sign-extend)imme<<2;else PC<-PC+4，指将 8 号寄存器的数据与 2 号寄存器的数据进行比较。若相等，则 PC 的值进行跳转，否则 PC 加 4。从图 16.21、图 16.22 可知，8 号寄存器中的数据为 100，2 号寄存器中的数据为 100，二者相等，立即数为 10，即跳过 10 条指令，所以 PC=PC+4+10*4，当前 PC 值为 68，所以下一条 PC 的值为 68+4+10*4=112。

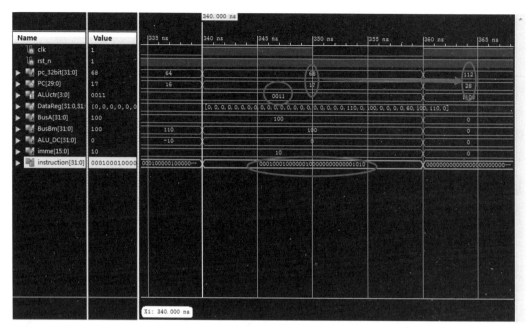

图 16.21 执行 beq 指令图示二

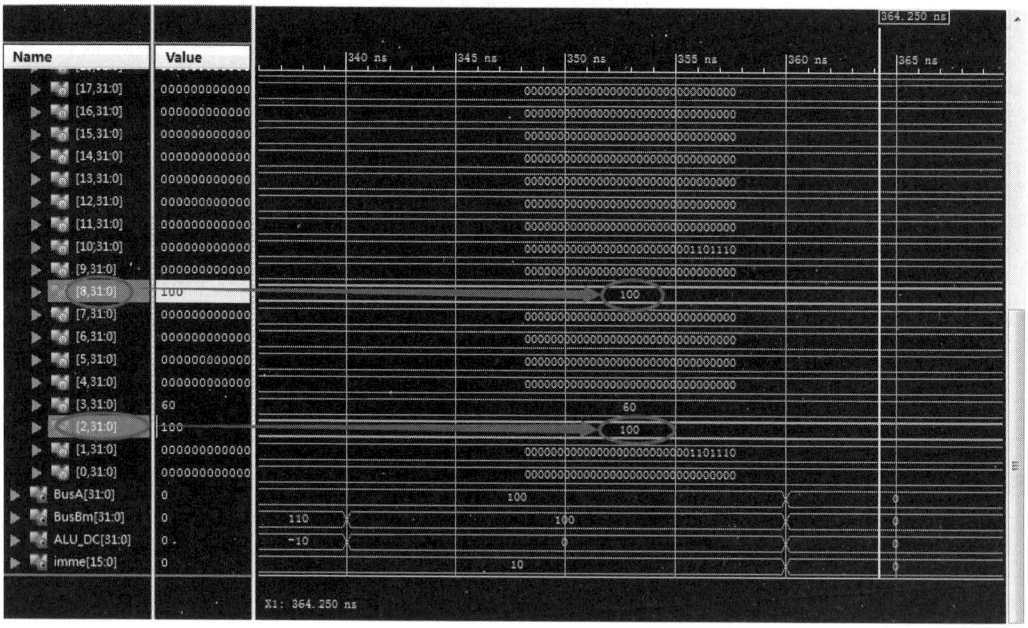

图 16.22 执行 beq 指令图示三

（14）000010_00000000000000100111000100 j 10000;   // goto 10000

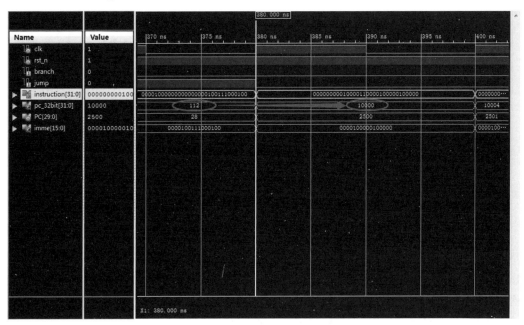

图 16.23 执行 J 型指令

说明：从图 16.23 的控制信号可知，此时执行的是 J 型指令。目标指令是"j 10000"，即：go to 10000，即 PC 直接跳转到 PC=10000 的位置。

16.3 课后习题

1. 详细阅读本章内容，并依据第 5 部分附录中提供的代码进行相关功能的复现。
2. 在第 5 部分附录提供的代码基础上，实现 64 位 MIPS 架构处理器。

第 17 章

RISC-V 架构处理器设计

中央处理器（Central Processing Unit，CPU）相当于电子产品的大脑。在电子信息领域，几乎所有的信息都要通过这个"大脑"处理。很长一段时间，CPU 的架构主要被以 Intel 和 ARM 为代表的公司掌握，普通公司无法触及。然而在 2016 年，RISC-V 基金会公布了可以免费使用的 RISC-V 架构，这一举动在很大程度上降低了 CPU 行业的进入难度。RISC-V 基金会（RISC_V Foundation）是一个非营利性的组织，于 2016 年成立，由这个组织负责维护标准的 RISC-V 指令集手册与架构文档，并推动 RISC-V 架构的发展。RISC-V 具有精简、模块化及可扩充等优点，因此，RISC-V 架构很快就获得了业界的高度关注。不管是灵活多变的小公司，还是实力雄厚的大公司，都开始尝试使用 RISC-V 架构来研发产品。接下来，我们谈谈 RISC-V 的历史。

要了解什么是 RISC-V 指令集，就要先知道 RISC 指令集的发展历史。1979 年，美国加州大学伯克利分校的计算机教授 David Patterson 提出了精简指令集（Reduced Instruction Set Computer，RISC）的设计概念，创造了 RISC 这一术语，并且长期从事 RISC 研发项目。由于其在 RISC 领域开创性贡献的杰出成就，David Patterson 教授在 2017 年获得被誉为计算机界诺贝尔奖的图灵奖。

2010 年，美国加州大学伯克利分校的 Krste Asanovic 教授、Andrew Waterman 和 Yunsup Lee 等开发人员于 2010 年发明了一套全新的指令级架构，并且得到了 Patterson 教授的大力支持。伯克利的开发人员之所以发明这一套全新的指令级架构，而不是使用生态成熟的 x86 或 ARM 架构，是因为这些架构经过多年的发展变得极为复杂，并且专利费昂贵。

本书所设计的 RISC-V 处理器采用的是五级流水线结构，采用静态预测跳转的方式，带有处理异常中断的功能，提高了处理器的运算效率。本处理器实现了 RISC-V 中的基本指令集的 48 条指令，ALU 还带有两级流水的乘法器，可以实现乘法操作。同时，本处理器还拥有 4 个用于邻接互连的特殊寄存器，可以通过相关指令来与外部或者处理器内部的寄存器堆进行数据交互，以实现邻接互连、可重构阵列中处理器的设计。

17.1 RISC-V 处理器设计

17.1.1 整体处理器设计

计算机处理器流水线技术是指在程序执行时多条指令重叠进行操作的一种时间重叠准并行处理实现技术，能有效提高系统吞吐率和处理器执行效率。但流水线处理过程中因为指令及其所需数据之间存在的相互依赖关系，会破坏流水线的预期执行流程。

本书所设计的 RISC-V 处理器采用五级流水线结构，图 17.1 为 RISC-V 处理器结构图。由图 17.1 可以看出，处理器的五级流水线分别为：取指阶段 IF、指令译码阶段 ID、指令执行阶段 EXE、访问存储器阶段 MEM 及数据写回阶段 WB。

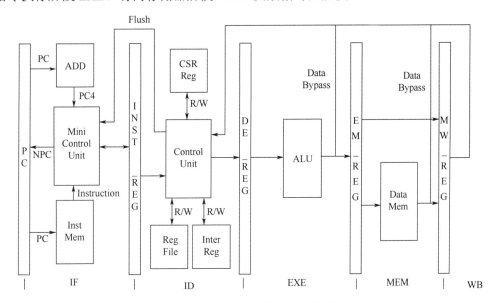

图 17.1 RISC-V 处理器结构图

取值 IF 模块包括指令存储器、微型指令译码电路和一个加法器。指令存储器存储需要运行的指令，微型指令译码电路用于指令的跳转。如果检测到当前的指令为 J 型跳转指令，则将译出的 PC 值用于下一周期的取指。如果检测到当前指令为条件跳转指令，则根据静态预测方法 BTFN 的原则，即对于向后的跳转预测为跳，对于向前的跳转预测为不跳。这种预测方法是因为在汇编程序中，向后跳转的分支指令是要多于向前跳转的分支指令的。加法器用来计算正常情况下 PC+4 的值。如果不需要跳转，则下一个周期的取指地址为 PC+4。

指令译码 ID 模块包括指令译码控制单元、CSR 寄存器组、通用寄存器堆和邻接互连寄存器组。同时，指令译码控制单元有一个冲刷信号接回到取指模块中，用于分支跳转指令预测失败的情况下，冲刷当前的流水线。指令译码控制单元用于将当前的指令进行译码，判断出当前是什么类型的指令、是否需要产生读写寄存器组信号和读写存储器信号、ALU 进行的运算类型、立即数扩招的类型等一系列信息。处理器将根据这些信息进行下一步操作。通用寄存器堆中有 32 个 32 位寄存器，用来存储处理器运算的结果和源操作数。CSR 寄存器组有 mstatus、mie、mtvec、mepc、mcause、mip 等寄存器，用于存储配置处理器处理异常中断的信息，以及记录处理器的状态信息等。邻接互连寄存器组有 4 个寄存器，分别为 west、east、north、south 寄存器，用来存储邻接互连的数据，并且与处理器外部的邻接互连接口直接相连。

指令执行 EXE 模块的主要电路为 ALU 电路。ALU 电路支持基本的逻辑运算、加减移位比较及乘法运算等。同时，为了解决数据冲突的问题，在 ALU 的输出端口有一条直接接回指令译码模块的数据旁路。数据旁路技术就是用于解决指令流水数据相关问题的。换句话说，在遇到数据相关问题时，可以通过数据旁路技术解决。

在访问存储器 MEM 模块中，如果执行的是访存相关的指令，会在这一模块进行存储器的读取或者写入。同时，为了解决处理的数据冲突问题，在存储器的数据输出接口有一条接回指令译码控制单元的回路。

在写回 WB 阶段，也就是流水线的第五级，可以选择写回存储器的数据来源是 ALU 的运算结果，还是存储器读取的数据。

17.1.2 取指阶段电路设计

处理器取指阶段的电路框图见图 17.2，主要部件为一个微型指令译码电路、指令存储器、加法器及 3 个数据选择器。

微型指令译码电路是判断指令是否为 J 型跳转指令、条件分支跳转指令、乘法指令或者 Fence 指令的。如果当前指令为 J 型无条件跳转指令，那么在下一个周期直接将计算出的跳转地址打入 PC 中。如果当前指令为条件分支跳转指令，根据静态预测跳转 BTFN 原则，即对于向后的跳转预测为跳，对于向前的跳转预测为不跳，将相应的跳转地址打入下一 PC 中。为了提高时钟频率，减小组合逻辑的延迟，本处理器的乘法器采用了两级流水线计算的方式。因此，如果当前指令为乘法指令，则在下一周期插入 NOP，即空操作，block 信号拉高。如果当前指令为 Fence 指令，并且根据外部信号判断出当前有 Load/Store 指令还未执行完毕，则与乘法指令相同，在接下来的周期插入空操作，并将 block 信号拉高，直到访存类指令执行完毕。

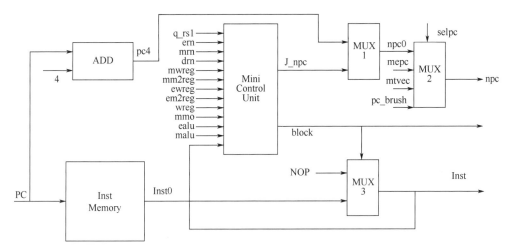

图 17.2　取指阶段电路框图

指令存储器存储着需要执行的程序指令。根据地址输入端的数据不同输出不同的指令。

加法器用来将当前 PC 值加 4，用于非跳转指令的下一次取指。数据选择器 1 用来根据当前是否为跳转指令来选择 npc0。数据选择器 2 用来根据指令译码阶段传来的 selpc 信号选择 npc 是 npc0、mepc、mtvec，还是 pc_brush。其中，mepc 为处理完异常中断之后需要返回现场的指令地址；mtvec 为发成异常中断时需要跳转的指令地址；pc_brush 为当指令译码阶段检测到条件分支跳转指令预测错误之后，对流水线进行冲刷且计算出的正确跳转地址。数据选择器 3 是根据是否需要插入空操作，来选择流入下一级的指令是 NOP，还是指令存储器中的指令。其中，需要插入空操作的情况有计算跳转地址存在数据相关问题、冲刷信号拉高、乘法指令、FENCE 指令等。

由于 jalr 指令需要从通用寄存器堆中读取数据，因此，存在数据冲突的问题。本处理器采用数据旁路及阻塞流水线的方法来解决数据冲突的问题。根据后面的流水线传来的信号判断出存在数据冲突时，首先要考虑将已经计算好的数据旁路过来。当需要的数据还没有计算好，无法旁路时，就需要插入空操作来阻塞流水线，直到数据可以旁路或者数据冲突消失。

17.1.3 指令译码阶段电路设计

指令译码阶段电路框图见图 17.3，主要部分为控制中心、CSR 寄存器组、通用寄存器堆、邻接互连寄存器组、加法器及若干数据选择器。

控制中心在处理器中起着重要作用，可以产生控制逻辑信号。它根据当前的指令来判断当前的信号类型，并产生相应的信号。如果当前为条件分支指令，则会通过对比通用寄存器堆的两个数值大小关系来判断在取值阶段的预测是否正确。如果正确，则不产生冲刷流水线信号。如果预测错误，则产生冲刷流水线信号，并将此信号传递给前一级，将已经取出的指令冲刷掉。加法器的作用就是将 pc 值与条件分支转移指令的偏移量相加，计算出新的 pc 值传递给前一级用来取指令。

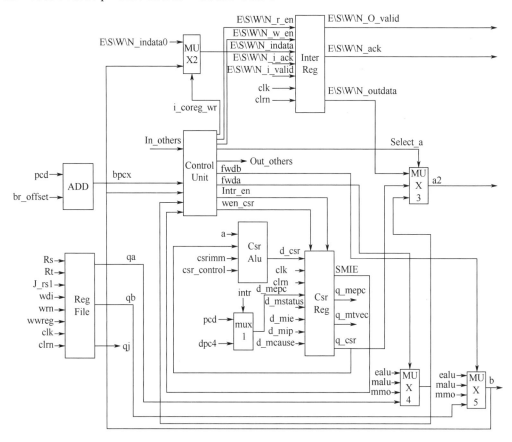

图 17.3 指令译码阶段电路框图

如果当前指令需要用到通用寄存器堆的数值，则会首先通过相关信号来判断是否存在数据相关和控制相关等问题。如果存在，则采用数据旁路或者阻塞流水线的方法来解决相关性的问题，数据选择器 MUX4 和 MUX5 就是根据控制中心发出的相关选择信号来选择旁路过来的数值。如果当前的指令需要用到 ALU，则控制中心会产生相应的 ALU 控制信号来控制下一级 ALU 进行的运算。如果发生异常或者中断，控制中心则会产生相应的控制信号来将需要保存的现场存到 CSR 寄存器组中。如果当前指令为邻接互连指令，则会根据相应的指令产生不同的控制信号来对邻接互连寄存器组进行读写操作。

RISC-V 的指令格式中的寄存器位数为 5 位。因此，通用寄存器堆由 32 个通用寄存器组成，位宽也都是 32 位。输入端口有 rna、rnb、d、wn、we、clk、rst_n、rnj。rna 和 rnb 为指令的两个源操作数的寄存器地址。rnj 为 jalr 指令进行跳转时，需要读取寄存器堆中的寄存器地址。d 为写入寄存器堆时的数据。wn 为写数据的寄存器地址。we 为写数据的写使能。输出端口为 qa、qb、qj。其中，qa 和 qb 是 rna 和 rnb 两个地址读取出来的寄存器数值。qj 为 rnj 地址读取出来的寄存器数值，用于前一级进行指令跳转。

CSR 寄存器组有 6 个寄存器，分别为 mstatus、mie、mtvec、mepc、mcause、mip。这些寄存器储存着当前处理器的状态、是否支持中断、trap 后跳入的地址、异常处理完成后返回的地址，以及造成异常中断的原因等。

邻接互连寄存器组有 4 个寄存器，分别为 west、east、south 和 north 寄存器。它们存储着用于邻接互连的数据，通过 valid 和 ack 信号进行与外界数据交互。同时，也可以通过相应的指令将通用寄存器中的数据写入邻接互连寄存器中，或者将邻接互连寄存器中的数据读取到通用寄存器中，并进行相关运算。

17.1.4 指令执行阶段电路设计

指令执行阶段电路框图见图 17.4，主要由 ALU、延迟寄存器及若干个数据选择器组成。

ALU 是处理器运算的核心，支持加法、减法、移位、与、或、异或、乘法等运算功能。其中，乘法功能为了提高资源的利用率，采用了两级流水线的设计方法。因此，在指令执行阶段，延迟寄存器将相关的信号延迟一个周期，与乘法器的两级流水线同步。

数据选择器一用来选择 ALU 的数据输入端 a 的数据；数据选择器二用来选择数据输入端 b 的数据；数据选择器三用来为乘法操作选择相应的延迟信号对 ALU 进行控制；数据选择器四用来选择当指令为 CSR 指令时，需要存入相关寄存器的数据；数据选择器五根据当前的指令是否为 CSR 指令选择指令执行阶段的数据输出。

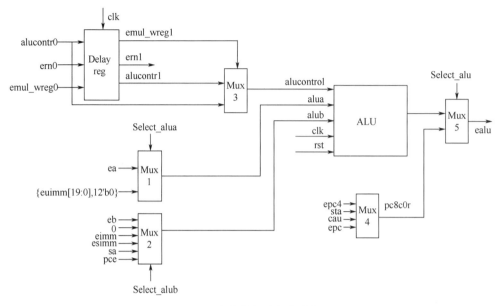

图 17.4　指令执行阶段电路框图

17.1.5　存储器访问阶段电路设计

存储器访问阶段电路框图见图 17.5，主要由一个 32 位的存储器构成。其中，a 端为地址输入端，di 为写入数据输入端，We 为写使能端，do 为数据输出端，malu 和 mmo 为向前一级提供的旁路数据。

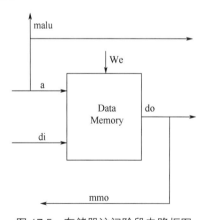

图 17.5　存储器访问阶段电路框图

第 17 章
RISC-V 架构处理器设计

17.1.6 写回阶段电路设计

写回阶段电路框图见图 17.6，主要为一个数据选择器根据当前的指令是否为 load 指令来选择写回寄存器的数据是 ALU 运算出来的数据，还是数据存储器中取出的数据。

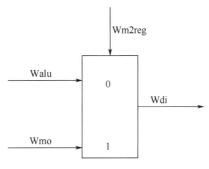

图 17.6 写回阶段电路框图

17.1.7 异常和中断处理机制

无论是中断，还是异常，在广义上来看都可以认为是一种异常，一般分为同步异常和异步异常。同步异常指由于指令流等错误而发生的可以被精确定位的异常；异步异常则为不能被准确定位的异常，例如外部中断等。

由于 RISC-V 架构取消了 ALU 运算溢出的异常，因此，本书设计的处理器共支持两种异常中断，分别为外部信号引起的中断与非法指令引起的异常。处理这两种异常中断的过程如下。

RISC-V 架构在进入异常之后，首先会将当前的程序流的执行停止，PC 值跳转到 CSR 寄存器 mtvec 中储存的 PC 值。同时，在进入异常之后，还会更新以下 4 个寄存器的内容：mcause（异常原因寄存器）、mepc（异常 PC 寄存器）、mtval（异常值寄存器）、mstatus（状态寄存器）。下面分别介绍这几个寄存器的功能。

mtvec 寄存器

mtvec 寄存器指令的格式见图 17.7。根据 RISC-V 架构的规定，mtvec 寄存器是一个可读可写的寄存器，我们可以通过相关的指令对其内容进行更改。从图 17.7 可以看出，mtvec 寄存器的高 30 位是 BASE 值，低 2 位为 MODE 值。当 MODE 值为 0 时，无论发生何种异常，PC 值均跳转到 BASE 域所指示的地址。当 MODE 值为 1 时，如果发生狭义的异常与狭义的中断，则跳转的地址不同。狭义的异常发生时，跳转到 BASE 域代表的地址。狭义的中断发生时，PC 跳转到 BASE+4*CAUSE 所指示的地址中。

图 17.7　mtvec 寄存器指令的格式

mcause 寄存器

mcause 寄存器指令的格式见图 17.8。根据 RISC-V 架构的规定，在处理器进入异常时，要同时更新 mcause 寄存器（异常原因寄存器）指示当前的异常种类。在后面的操作中，程序可以通过读取该寄存器中的数据来判断发生异常的原因。

图 17.8　mcause 寄存器指令的格式

mepc 寄存器

根据 RISC-V 架构的规定，处理器进入异常后，返回地址由 mepc 寄存器（异常 PC 寄存器）保存。该寄存器保存着处理器处理完异常后需要返回的程序点，同时，mepc 也是一个可读可写的寄存器。因此，可以直接通过相关的指令对该寄存器的数值进行修改。

mtval 寄存器

根据 RISC-V 架构的规定，如果处理器当前发生的异常是由于访问存储器而发生的，那么就会将访问的存储器地址存储到该寄存器中。如果处理器当前发生的异常是由于非法指令造成的，那么就将该指令编码存储到该寄存器中。

mstatus 寄存器

mstatus 寄存器为状态寄存器，用来存储当前处理器的一些状态信息。其中，MIE 域的值表示机器模式下所有的中断全局是否打开。当 MIE 域的值为 1 时，表示打开。当 MIE 域的值为 0 时，表示关闭。同时，在进入异常时，该寄存器中的 MPIE 域的值将会被更改为异常发生之前的 MIE 值，该域主要用于处理完异常之后恢复原来 MIE 域的值。进入异常之后，MIE 值会被更新为 0。由于本书设计的处理器没有涉及其他域的作用，因此不再赘述。

第 17 章
RISC-V 架构处理器设计

当处理器处理完异常之后,需要退出异常返回主程序,并且需要 MRET 指令。退出异常时,处理器会从 mepc 寄存器中存储的 PC 地址开始执行,同时会更新 status 寄存器中的处理器状态信息。

⊙ 17.1.8 邻接互连机制

本书设计的处理器有 4 个特殊的寄存器,可以用于邻接互连,使处理器与其他处理器数据交互形成运算矩阵。处理器与外界的数据交互通过握手信号进行。因此,该处理器会有 4 组与外界进行数据交互的接口,分别为"东、南、西、北"。每组接口有 6 个信号,分别分"valid、i_ack、ack、o_valid、indata、outdata"。valid 为当前向本处理器输入的数据有效信号,i_ack 为外部给处理器发来的响应信号,ack 为本处理器向外部发出的响应信号,o_valid 为当前数据输出的数据有效信号,indata 为当前的输入数据,outdata 为当前的输出数据。

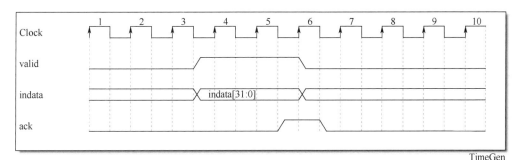

图 17.9 处理器数据输入时序图

图 17.9 为处理器数据输入时序图。由图 17.9 可以看出,只有在当前的 valid 信号为高时,才表明当前传输的数据是有效的。当处理器接收完当前输入的数据之后,会将 ack 拉高来响应。当外部检测到响应信号之后便会将数据有效位拉低,为下一次数据传输做准备。

图 17.10 为处理器数据输出时序图。由图 17.10 可以看出,在当前输出数据有效时,处理器会将 o_valid 信号拉高,告诉外界当前的输出数据有效。在处理器接收到外界传来的响应信号时,会将 o_valid 信号拉低,为下一次数据传输做准备。

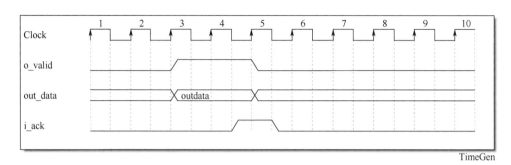

图 17.10 处理器数据输出时序图

17.1.9 邻接互连指令简介

本书设计的处理器支持 4 条用于邻接互连的指令，控制通用寄存器组与邻接互连寄存器组、邻接互连寄存器组与邻接互连端口之间的数据交互。

处理器支持的 4 条邻接互连指令的详细汇编格式与功能描述参见表 17.1。1 号指令的作用是将目前邻接互连端口上的数据写入邻接互连寄存器中。在汇编格式中，NUM 为邻接互连处理器与端口的地址，可以为 4 个方向中的任意方向。2 号指令的作用是将邻接互连寄存器中的数据读取到相应的邻接互连端口，格式与 1 号指令相同。3 号指令与 4 号指令的作用是将邻接互连寄存器中的数据读取出来，写入通用寄存器堆中，用于邻接互连寄存器组与通用寄存器堆之间的数据交互。RD、RS、RL 分别为寄存器的地址。

表 17.1 邻接互连指令的详细汇编格式与功能描述

序号	汇编指令	描述	汇编格式	备注
1	CORR_WR	Inter R ← IO	CORR NUM	将邻接互连接口数据写入邻接互连寄存器
2	CORR_RD	IO ← Inter R	CORW NUM	将邻接互连寄存器数据读取到邻接互连接口
3	CORR_LS	RD ← RL	CORRL RD, RL	将邻接互连寄存器数据读取到通用寄存器堆
4	CORR_SW	RL ← RS	CORRS RL, RS	将通用寄存器堆中的数据写入邻接互连寄存器

17.1.10 乘法过程简介

17.1.10.1 乘法运算处理单元

为了提高工作频率，减小组合逻辑，加速数据运算，乘法运算可以采用二级流水来实现。

乘法处理单元实现电路结构图如图 17.11 所示。本书设计的乘法处理单元的二级流

第 17 章
RISC-V 架构处理器设计

水线第一级主要处理的是乘数的移位、相加等操作。在第一级中将 32 个 64 位加法操作分成 8 组，每组 4 个加法操作。第二级中完成 8 个 64 位的加法操作。

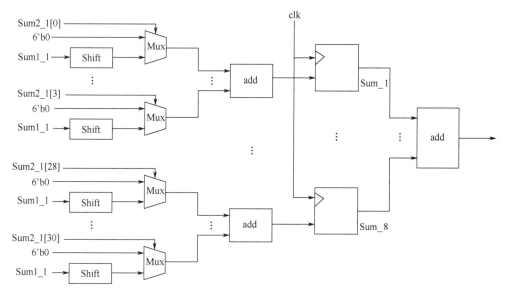

图 17.11　乘法处理单元实现电路结构图

17.1.10.2　乘法运算过程

由于乘法计算需要经过二级流水线，因此对于乘法指令来说，数据需要经过六级流水线处理。

从图 17.4 指令执行阶段电路框图可以看出，在指令执行阶段有一个延迟寄存器，用来将该阶段的写寄存器信号、目的寄存器地址及 ALU 控制信号延迟一个时钟周期。在乘法流水线的第二级计算出乘法结果后，ALU 可以根据相应的 ALU 控制信号选择乘法器结果作为 ALU 的输出，并将写寄存器信号、目的寄存器地址与乘法结果一起转入处理器的下一阶段。

由于乘法计算为两个时钟周期，如果在乘法指令后紧接着进行其他指令的运算，在指令执行阶段就会造成流水线的数据冲突。本书设计的处理器在解决这个问题时，采用了阻塞流水线的方法，即在乘法指令后阻塞一个时钟周期的流水线，插入 NOP 操作，这样数据冲突的问题就会得到解决。

17.2 基于 RISC-V 的邻接互连处理器仿真验证

17.2.1 仿真平台搭建

17.2.1.1 RV32I、乘法及异常中断仿真平台搭建

RV32I 及乘法指令仿真平台框架图见图 17.12。仿真是在 ISE 软件环境下进行的。

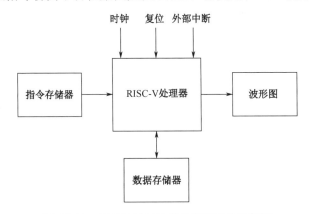

图 17.12 RV32I 及乘法指令仿真平台框架图

首先，将需要测试的指令，即测试向量写入指令存储器中。然后，在 testbench 文件中为处理器接入时钟信号，并且将复位信号拉高，使处理器开始正常工作。通过波形图观察处理器内部寄存器是否按照预期的数值变化。如果波形图中的处理器数值按照预期的数值变化，则证明处理器可以正确支持 RV32I 中的指令，否则需要修改处理器结构来使处理器正常工作。同时，可以通过在指令存储器中放入未知指令和将外部中断信号拉高的方式来仿真处理器的中断异常机制。

17.2.1.2 邻接互连机制仿真验证平台搭建

RISC-V 邻接互连机制仿真验证平台的搭建框图见图 17.13，仿真验证是在 ISE 软件环境下进行的。将四个 RISC-V 处理器的用于邻接互连的总线接口互连起来构成 2*2 运算矩阵，在指令存储器中写入相关的运算指令以及邻接互联指令，将数据通过邻接互连机制分别在四个处理器中进行交互和运算。

第 17 章
RISC-V 架构处理器设计

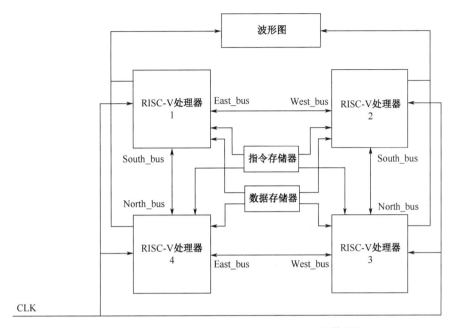

图 17.13 RISC-V 邻接互连机制仿真验证平台的搭建框图

在 testbench 文件中给处理器时钟信号，通过波形图观察四个 RISC-V 处理器之间的数据交互能否正常进行，以及处理器寄存器中的数值是否能够运算正确。如果处理器能够进行正常的数据交互以及数据运算，则表明处理器的邻接互连机制可以正常运行，否则需要通过修改处理器的结构来使处理器按照预期功能执行。

17.2.2 仿真方案

17.2.2.1 RV32I、乘法及异常中断仿真验证方案

本次验证所用的 RISC-V 编译器为 GitHub 上下载的开源的 Java 编译器 Jupiter，可以将汇编指令编译为 RISC-V 机器码。

在仿真 RV32I、乘法指令及异常中断时，需要将相应的指令全部编译为机器码，写入指令存储器中。在编写运算指令的测试向量时，要考虑到指令之间源操作数寄存器和目的寄存器的关系，使指令之间存在数据相关性的问题，观察处理器能否按照预期正确地处理数据相关性的问题。在编写跳转指令的测试向量时，要观察条件分支指令预测正确和预测错误的情况，观察处理器能否进行正确调整。同时，条件分支指令在判断预测结果时，也会涉及数据相关性及控制相关性问题，由于 RISC-V 处理器取消了延迟槽，因此，当预测错误时，译码阶段的控制中心会产生冲刷信号对流水线进行冲刷。

表 17.2 所示的 21 条指令把 RV32I 指令模块中的基本运算指令测试向量全部都包括了，有的指令之间存在数据相关，例如，第一条 addi 指令与第二条 slti 指令，第一条指令的作用是向 1 号寄存器中写入数值-5，第二条指令的作用是将 1 号寄存器中的数值左移 6 位存入 2 号寄存器，由于这条指令需要用到 1 号寄存器中的数值，因此便产生了数据相关，通过这组测试向量也可以看出本书设计的 RISC-V 处理器对数据相关情况下的操作正确性。

表 17.2 为基本运算指令的测试向量。

表 17.2　基本运算指令测试向量

Machine Code	Basic Code	Source Code
0xffb00093	addi x1,x0,-5	addi x1,x0,-5
0x0060a113	slti x2,x1,6	slti x2,x1,6
0x0060b193	sltiu x3,x1,6	sltiu x3,x1,6
0x00a0f213	andi x4,x1,10	andi x4,x1,10
0x00a0e293	ori x5,x1,10	ori x5,x1,10
0x00a0c313	xori x6,x1,10	xori x6,x1,10
0x00509393	slli x7,x1,5	slli x7,x1,5
0x0050d413	srli x8,x1,5	srli x8,x1,5
0x4050d493	srai x9,x1,5	srai x9,x1,5
0x00005537	lui x10,5	lui x10,5
0x00006597	auipc x11,6	auipc x11,6
0x00408633	add x12,x1,x4	add x12,x1,x4
0x404086b3	sub x13,x1,x4	sub x13,x1,x4
0x0040a733	slt x14,x1,x4	slt x14,x1,x4
0x0040b7b3	sltu x15,x1,x4	sltu x15,x1,x4
0x0040f833	and x16,x1,x4	and x16,x1,x4
0x0040e8b3	or x17,x1,x4	or x17,x1,x4
0x0040c933	xor x18,x1,x4	xor x18,x1,x4
0x004099b3	sll x19,x1,x4	sll x19,x1,x4
0x0040da33	srl x20,x1,x4	srl x20,x1,x4
0x4040dab3	sra x21,x1,x4	sra x21,x1,x4

表 17.3 为 jupiter 软件自动计算出的执行完测试向量指令后，RISC-V 处理器中的通用寄存器堆中应该出现的数值（基本运算指令寄存器堆预期结果）。将 17.3 数值与 ISE 仿真出来的波形图中通用寄存器堆中的数值比较，就可以看出处理器能否成功执行了指令。如果处理器可以成功执行指令，那么仿真波形图中的寄存器内数值应该与图 17.3 中

第 17 章
RISC-V 架构处理器设计

所示的预期结果相同。

表 17.3 基本运算指令寄存器堆预期结果

Mnemonic	Number	Value	Mnemonic	Number	Value
zero	x0	0	a4	x14	1
ra	x1	−5	a5	x15	0
sp	x2	1	a6	x16	10
gp	x3	0	a7	x17	−5
tp	x4	10	s2	x18	−15
t0	x5	−5	s3	x19	−5120
t1	x6	−15	s4	x20	4194303
t2	x7	−160	s5	x21	−1
s0	x8	134217727	s6	x22	0
s1	x9	−1	s7	x23	0
a0	x10	20480	s8	x24	0
a1	x11	90160	s9	x25	0
a2	x12	5	s10	x26	0
a3	x13	−15			

除去上面的基本运算指令，还需要仿真验证跳转指令、CSR 指令及中断异常处理机制等。上面的基本运算指令就不再需要单独编写跳转指令来进行仿真验证，而是通过执行一段流水灯的汇编程序就可以观察本书设计的 RISC-V 处理器能否正确执行，因为在流水灯的汇编程序中包含了无条件跳转及条件跳转等指令。

表 17.4 CSR 等指令测试向量

Machine Code	Basic Code	Source Code
0x00900093	addi x1,x0,9	addi x1,x0,9
0x001020a3	sw x0,x1,1	sw x0,x1,1
0x0000000f	fence	fence
0x00102103	lw x2,x0,1	lw x2,x0,1
0x02208233	mul x4,x1,x2	mul x4,x1,x2
0x300012f3	csrrw x5,768,x0	csrrw x5,768,x0
0x3050a373	csrrs x6,773,x1	csrrs x6,773,x1
0x3040b3f3	csrrc x7,772,x1	csrrc x7,772,x1
0x30055473	csrrwi x8,768,10	csrrwi x8,768,10
0x305564f3	csrrsi x9,773,10	csrrsi x9,773,10
0x30457573	csrrci x10,772,10	csrrci x10,772,10

表 17.4 为 CSR 等指令的测试向量。例如，向 1 号寄存器中写入数值 9，然后将 1 号寄存器中的数据存到存储器的 00000001 地址位，此时插入一个 fence 指令用来将数据进行隔离。接着利用存储器读取指令将 00000001 地址位的数据读取到 2 号寄存器中。接着用乘法指令，将 1 号寄存器与 2 号寄存器中的数值相乘，并将结果存入 4 号寄存器。注意在运行乘法指令时，由于前一条指令为 Lw 指令，因此存在数据相关。下面的 6 条指令为 CSR 指令，分别对 CSR 寄存器进行读写操作。其中，SCR 寄存器组中，地址为 768 的寄存器是 mstatus 寄存器，初始值为 0x00001808。地址为 773 的寄存器是 mtvec 寄存器，初始值为 0x00000000。地址为 772 的寄存器是 mie 寄存器，初始值为 0x00000800。

如果本书设计的 RISC-V 处理器可以正确运行上述指令，则在通用寄存器堆中 2 号寄存器应该预期存入数值 9，4 号寄存器中应该预期存入数值 81，5 号到 10 号寄存器中的数值应该预期为 0x00001808、0、0x00000800、0x00001808、9、0x00000800。在 CSR 寄存器组中，mstatus 寄存器应该预期存入数值 10，mtvec 寄存器应该预期存入数值 11，mie 寄存器中应该预期存入数值 2048。

进行中断异常仿真验证时，首先需要利用 CSR 指令向 CSR 寄存器组中的 mtvec 寄存器写入数据，作为发生异常的入口基地址。之后将外部中断信号拉高一个周期，观察 RISC-V 处理器的 PC 值是否跳转到入口基地址处，并且处理器将会更新 CSR 寄存器组中的 mcause 寄存器、mepc 寄存器、mstatus 寄存器中的值。如果跳转成功，则处理器继续向下执行指令，直到遇到 mret 指令，处理器将退出异常，重新返回到发生异常时的 PC 值处，并且更新相关的寄存器数值。

表 17.5 用于测试异常中断的指令

Machine Code	Basic Code	Source Code
0x305850f3	csrrwi x1,773,16	csrrwi x1,773,16
0x00500193	addi x3,x0,5	addi x3,x0,5
0x00000fef	jal x31,0	jal x31,0
0x00000f6f	jal x30,0	jal x30,0
0x00518193	addi x3,x3,5	addi x3,x3,5
0x30200073	mret	mret

表 17.5 是用于测试异常中断功能的指令。首先，第一条 csrrwi 指令就是将 16 写入 csr 寄存器组中的 mtvec 寄存器中，用于入口基地址。第二条指令为给通用寄存器堆 3 号寄存器加 5。第三条指令为无条件跳转指令，处理器执行这一指令后就会一直在这循环。之后，外部中断信号拉高，处理器根据入口基地址寄存器进行跳转，即跳转到第五条指令，同时更新状态寄存器。第五条指令为通用寄存器组三号寄存器数值加五，这时通用

寄存器组三号寄存器中的数值更新为 10。下一条指令 mret，退出异常中断处理，同时处理器 PC 值跳转回 mepc 中存储的返回地址加 4，即第四条指令，处理器将一直循环。

17.2.2.2　处理器邻接互连机制仿真验证方案

在验证邻接互连机制时，需要将 4 个 RISC-V 处理器的邻接互连端口连接起来，构成一个 2*2 的运算矩阵，利用邻接互连端口进行数据交互和运算，观察寄存器中的结果是否符合预期的数值。

在一号处理器中，向通用寄存器堆中的一号寄存器写入数值 8，利用邻接互连指令将一号寄存器中的数据写入邻接互连寄存器组中的 east 寄存器，然后将该寄存器中的数据提取到一号处理器的 east_IO 端口，传递给二号处理器。根据仿真平台搭建框图可以看出，二号处理器会将该数据存入邻接互连寄存器组中的 west 寄存器中，接着二号处理器会执行邻接互连的相关指令，将 west 寄存器中的数据提取到该处理器通用寄存器堆的一号寄存器。同时，执行左移一位指令，并将结果存入通用寄存器堆的二号寄存器。二号处理器将数据处理完毕后，会利用邻接互连指令将该数据写入邻接互连寄存器组中的 south 寄存器，此时数值应为 16，接着将该值提取到二号处理器的 south_IO 端口，传递给三号处理器。三号处理器接收数据后，将该值存入邻接互连寄存器组中的 north 寄存器，然后利用邻接互连指令将该值提取到三号处理器通用寄存器堆中的一号寄存器，接着利用移位指令将一号寄存器中的数值左移三位，并写入通用寄存器堆中的三号寄存器，三号处理器将数据处理完毕后，利用邻接互连指令将该值写入邻接互连寄存器组中的 west 寄存器，并提取到 west_IO 端口，将该值传递给四号处理器。四号处理器接收该值后，将其转到邻接互连寄存器组中的 east 寄存器。至此，四号处理器中邻接互连寄存器组中的 east 寄存器中的值应为 128。如果仿真结果与这个过程一致，表明 RISC-V 处理器的邻接互连机制工作正常。

17.2.3　仿真结果及分析

17.2.3.1　RV32I、乘法及异常中断仿真结果及分析

RV32I 中的基本运算指令仿真波形图如图 17.14 所示。在波形图中，所加的信号为通用寄存器堆中的 1 号到 21 号寄存器中的数值。可以看出，通用寄存器堆中的 1 号到 21 号寄存器中的数值与仿真验证方案中的预期结果相同，说明测试向量中的指令在处理器中得到了成功执行。因此，本书设计的 RISC-V 处理器可以正确执行基本运算指令。

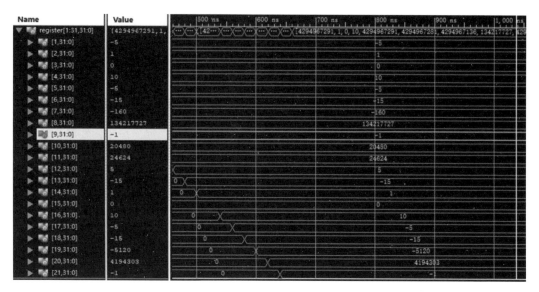

图 17.14　RV32I 中的基本运算指令仿真波形图

图 17.15 为 fence 指令仿真波形图。fence 指令用于存储器的数据隔离，由图 17.15 可以看出处理器先执行了 SW 指令 0x001020a3 向存储器中写入数值，接着执行 fence 指令 0x0000000f。由于此时处理器的 SW 指令并没有执行完毕，因此流水线进行了阻塞暂停处理，直到 SW 指令执行完成之后，流水线才开始继续工作，由波形图可以看出仿真的结果符合预期效果。

图 17.15　fence 指令仿真波形图

图 17.16 为 CSR 及乘法指令仿真波形图。依据仿真方案中的测试向量，乘法指令将通用寄存器堆的一号寄存器和二号寄存器中的数值相乘后存入三号寄存器。从图 17.16 中可以看出四号寄存器中的数值为 81，运算结果正确。同时，CSR 相关指令对 RISC-V 处理器中的 CSR 寄存器组中的寄存器读写操作结果，与仿真方案中的预期结果相同，表明处理器可以成功支持这些指令。

图 17.17 为 RISC-V 处理器的异常中断仿真波形图。从图 17.17 可以看出，在 10μs 时，外部中断信号拉高，表明处理器的外部有中断发生。当处理器检测到该信号拉高后，PC 值便跳转到 CSR 寄存器组 mtvec 寄存器存储的入口基地址处，在图 17.17 中表示为 16，继续执行后面的指令。根据仿真验证方案中的测试向量，入口基地址处的指令为

将通用寄存器堆中的三号寄存器加 5，由于三号寄存器中原数值为 5，因此三号寄存器中的数值变为 10。执行完该指令后，下一条指令为 mret 指令，处理器退出异常中断，PC 值返回发生中断时的地址，即 CSR 寄存器组中的 mepc 寄存器中的地址，在图 17.17 中表示为 12。依据仿真方案中的测试向量，处理器将一直在该地址处循环。从波形图可以看出，RISC-V 处理器的结果符合预期。因此，本书设计的处理器可以成功支持异常中断机制。

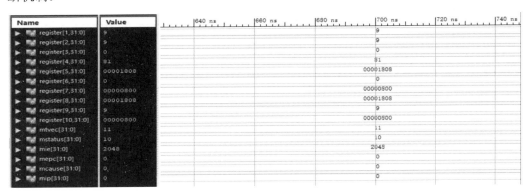

图 17.16　CSR 及乘法指令仿真波形图

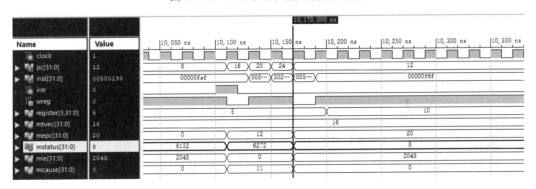

图 17.17　RISC-V 处理器的异常中断仿真波形图

17.2.3.2　处理器邻接互连机制仿真结果及分析

邻接互连机制仿真波形图见图 17.18。波形图中的 4 个 inst 分别为一号、二号、三号、四号处理器中执行的指令，下面的 register1 及 east 信号为一号处理器的通用寄存器堆中的一号寄存器数值和邻接互连寄存器组中的 east 寄存器数值。往下依次为二号、三号、四号处理器的通用寄存器堆和邻接互连寄存器组中的相关寄存器数值。由图 17.18 波形图可以看出，验证方案中搭建的 2*2 运算矩阵可以实现正常的数据交互及运算，最终的数值为 128，符合测试向量预期的要求。因此，本书设计的 RISC-V 处理器可以正确实现邻接互连机制。

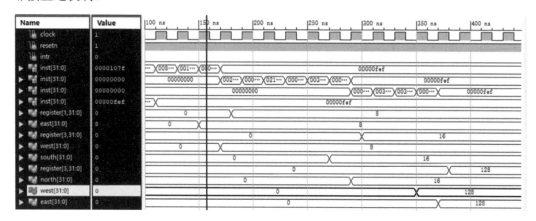

图 17.18　邻接互连机制仿真波形图

17.3　课后习题

1. 详细阅读本章内容，依据第 5 部分附录提供的代码进行相关功能复现。
2. 在第 5 部分附录提供的代码基础上，实现 64 位 RISC V 架构处理器。

第 4 部分
基于人工智能的目标检测

特征提取技术已经发展了几十年，随着手动选取特征技术的性能趋于饱和，目标检测方案在 2010 年之后达到了瓶颈期。在 2012 年，卷积神经网络的再一次流行也为目标检测技术带了了启示。自 2014 年以来，基于深度学习的目标检测得到了快速的发展，R. Girshick 等人在 2014 年率先提出了具有 CNN 特征的区域（RCNN）用于目标检测。自此，目标检测开始以前所未有的速度发展。在深度学习时代，目标检测可以分为两类："双级检测（two-stage detection）"和"单级检测（one-stage detection）"，前者将检测框定为一个"从粗到细"的过程，而后者将其定义为"一步到位"。

在这一部分，本书通过介绍"基于 FPGA C5SoC 的 MobileNetV1 SSD 目标检测方案设计"，来向读者阐述软硬协同设计的思路和方案，使读者能够将前面的知识学以致用。该项目的 Demo 来自于北京海云捷迅科技有限公司，本书对其做了一定的优化。项目的主要内容为在 Intel FPGA 的 Cyclone V C5 平台上对 Paddle lite 架构的移植。C5 平台为 ARM+FPGA 异构平台，ARM 完成 Paddle lite 的模型解析、算子融合、优化等，FPGA 完成耗时的运行工作，如实现卷积、池化、全连接等。ARM 通过设备驱动实现和 FPGA 的控制和数据交互，在 ARM 完成对当前处理的配置后，通过控制寄存器启动 FPGA 执行运算，在 FPGA 完成计算后，通过状态寄存器或中断通知 ARM 读取运算结果。读者可以根据书中的步骤复现方案，充分理解软件与硬件计算各自的特点与优势。

第 18 章

基于 FPGA C5SoC 的 MobileNetV1 SSD 目标检测方案设计

18.1 背景介绍

18.1.1 SSD 模型介绍

SSD 模型的英文全称为 Single Shot MultiBox Detector。Single Shot 指明了 SSD 算法属于 one-stage 方法，Multi Box 指明了 SSD 是多框预测。图 18.1 为 SSD 模型网络示意图，SSD 算法在准确度和速度（除了 SSD512）上都比 Yolo 要好很多。对于 Faster R-CNN 而言，其先通过 CNN 得到候选框，然后再进行分类与回归，而 Yolo 与 SSD 可以一步到位完成检测。相比 Yolo，SSD 采用 CNN 来直接进行检测，而不是像 Yolo 那样在全连接层之后做检测。其实，SSD 采用卷积直接做检测只是与 Yolo 相比其中一个不同点，还有两个重要的改变：一是 SSD 提取了不同尺度的特征图做检测，大尺度特征图（较靠前的特征图）可以用来检测小物体，而小尺度特征图（较靠后的特征图）用来检测大物体；二是 SSD 采用了不同尺度和长宽比的先验框（Prior boxes, Default boxes，在 Faster R-CNN 中叫锚：Anchors）。Yolo 算法缺点是难以检测小目标，而且定位不准。

第18章

基于 FPGA C5SoC 的 MobileNetV1 SSD 目标检测方案设计

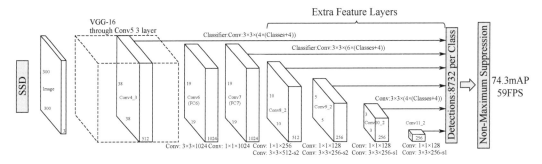

图 18.1　SSD 基础网络

18.1.2　Paddle Lite 简介

Paddle Lite 是飞桨基于 Paddle Mobile 全新升级推出的端侧推理引擎，在多硬件、多平台及硬件混合调度的支持上更完备，为包括手机在内的端侧场景的 AI 应用提供高效、轻量的推理能力，有效解决了手机算力和内存限制等问题，致力于推动 AI 应用落地。

在 Paddle Lite 中，ARM 上运行的 Kernel（FP32, NCHW 的数据格式，FPGA 的 Kernel 的数据和权重）输入采用 INT8，输出采用 INT32 的格式，在提升计算速度的同时能做到使用户对数据格式无感知。对于 FPGA 暂不支持的 Kernel，均会切换到 ARM 端运行，实现 ARM+FPGA 混合部署。

目前 FPGA 成本功耗都较低，Paddle Lite 基于 FPGA 的模型性能远好于 ARM 端，可作为边缘设备首选硬件。

Paddle Lite 使用 Tensor 结构承载数据。FPGA 需要实现对应的 Kernel，并注册到 Paddle Lite 中来实现对应的功能。

Kernel 需要实现 PrepareForRun 和 Run 的两个调用。PrepareForRun 实现数据的初始化，而 Run 则调用执行对应的功能。

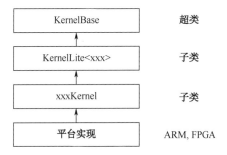

图 18.2　Paddle 结构图

图 18.2 为 Paddle 结构图,我们的平台实现 xxx Kernel 定义的类接口,Paddle Lite 框架通过超类 Kernel Base 的接口来实现对应实现的调用,接口包括 SetParam()、PrepareForRun 和 PrepareForRun。

18.2 方案介绍

18.2.1 功能介绍

以已训练好的 SSD 模型参数文件、已有的 Intel FPGA 工程网表文件、Linux-C5SoC 平台的 Paddle-Paddle 框架驱动为参考,对方案进行评估,提出设计方案,提升性能,实现优化,或者重新设计加速器,并且部署 SSD 模型到 FPGA。

18.2.2 系统设计

系统整体分 PL 部分与 PS 部分。PL 部分为通过 FPGA 设计的硬件加速器;PS 部分为 ARM 的 Cortex-A9 系列处理器。通过在 ARM 处理器中安装 Linux 操作系统,并利用 Paddle-Paddle 框架进行图像目标推理。

图 18.3 为我们目前所采用方案的整体框架图。方案计划 Paddle Lite 框架运行在 PS 上,卷积、池化和全连接在 PL 上运行,PS 和 PL 通过 FPGA 设备驱动实现通信和同步。Paddle Lite 在 FPGA 上的移植,关键需要实现 KERNEL 接口及对应算法,如激活函数、卷积核、图像输入输出、缩放、偏置操作等。

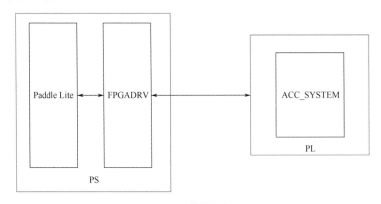

图 18.3　整体框架图

第 18 章
基于 FPGA C5SoC 的 MobileNetV1 SSD 目标检测方案设计

ARM 通过设备驱动实现和 FPGA 的控制和数据交互,在 ARM 完成对当前处理的配置后,通过控制寄存器启动 FPGA 执行运算。在 FPGA 完成计算后,ARM 将计算后的数据从硬件加速器中取出。

FPGA 控制参数列表如表 18.1 所示。

表 18.1　FPGA 控制参数列表

地址	控制参数	参数描述
0x C0000000	IRAM0 空间	32kB
0x C0008000	IRAM1 空间	32 kB
0x C0010000	IRAM2 空间	32 kB
0x C0080008	池化状态	4 B
0x C008000C	全连接状态	4 B
0x C0080010	卷积配置 B12: 是否有卷积功能, 1—启动 B16-24: 卷积数据大小, 64 字节上对齐 B25-27: 卷积核大小, 如 5×5, 则为 4 B29: 是否累加	4 B
0x C0080018	池化配置	4 B
0x C008001C	全连接配置	4 B

18.2.3　数据量化

在输入 FPGA 之前,需要对输入图像、权重和偏置进行量化。输入图像和权重量化为 INT8,偏置量化为 INT32。

在 ARM 端,暂时采用 FP32 的数据格式,对 INT8 的量化方式如下。

查找输入数据中的最大值 Wmax,则量化因子为 127.0/Wmax。对所有输入数据(Dif32)乘以量化因子,最终可以映射为[-127~127]之间的 INT8 数据。

```
Dmax = find_max(Dif32, size); Fd = 127.0 /Dmax; Dii8 = Dif32 * Fd
Wmax = find_max(Wif32, size); Fw = 127.0 /Wmax; Wii8 = Wif32 * Fw
```

对偏置的量化,则是输入偏置乘以输入量化因子(Fd)和权重量化因子(Fw),再直接转换为 INT32。

```
Bii32 = Bif32 * Fd * Fw
```

FPGA 可以实现对数据的处理,输出 INT32 的输出数据(Doi32),最后转换为 FP32 (Dof32),即输出数据除以量化因子和权重量化因子。

```
Doi32 = Dii8 * Wii8 + Bii32
Dof32 = Doi32/Fd/Fw
```

FPGA 作为边缘器件，可以通过应用配置来选择使用对应的卷积操作。在上述流程中，由 FPGA 替代 ARM 的实现。

18.2.4 SoC_system 连接图

图 18.4 为 SoC_system 的部分连接图，主要体现了 HPS 与硬件加速器 accsystem0 模块的连接关系。为了改善时序等问题，在 HPS 与 accsystem0 之间的数据交换通过 accsystem_bridge 模块进行桥接。

图 18.4 SoC_system 部分连接图

18.2.5 方案创新点及关键技术分析

卷积与池化模块

通过阅读源码发现在 Demo 中的池化模块是通过状态机来完成的，将池化操作分为 4 个状态，这使得 4 个时钟周期只能计算一个数值。我们计划将池化模块改为流水线计算的方式，通过这种方式理论上可以将池化操作的速度提升 4 倍。

由于 Demo 中只给出了卷积模块的网表，因此我们无法知道卷积模块采用的具体方法。我们重新卷积模块时需要采用流水线的计算方式，将推理速度提高 0.4s。

第 18 章
基于 FPGA C5SoC 的 MobileNetV1 SSD 目标检测方案设计

数据传输与计算过程

在 Demo 框架中，PL 端的数据传输与计算是串行进行的，即 PS 端首先将需要计算的数据传输到 PL 端，再通过配置 PL 端开始进行计算，这无疑会增加推理时间。因此，我们在 PS 端向 PL 端传输数据时，可以根据当前传输数据的深度提前计算，使得计算与传输同时完成。原先的卷积计算时间被彻底节省，也就消除了多核与单核的概念。

PS 驱动与 PL 之间的平衡

通过阅读 Demo 中的驱动程序，我们还可以发现，在对数据格式进行转化使其满足 PL 端卷积池化要求时，会有很多乘除等操作。这些操作通过 PS 计算所花费的时间开销也是不可忽略的。如果通过 PL 端来完成的话，会进一步提高推理速度。

PS 与 PL 数据交互

PS 与 PL 之间采用 128bit 位宽的 AXI 总线进行传输，以此提高系统效率。

18.3 硬件加速器介绍及仿真

18.3.1 硬件加速器整体架构

图 18.5 为硬件加速器整体架构图。依据方案设计，将在硬件加速器中实现卷积、池化和激活等功能。配置数据与图像数据通过 Avalone-MM 总线由 ARM 端发送给硬件加速器。硬件加速器根据 Controller 模块中配置的操作控制数据进行相应的运算。运算完毕后，ARM 通过 Avalone-MM 总线将结果数据从硬件加速器中取出。由于 Avalone-MM 总线的宽度为 128bit，而硬件加速器中读取写入的数据宽度为 512bit，所以 Avalone Bus Up Sizer 的主要作用为将总线发来的 128bit 数据进行调整组合为 512bit 数据，以便硬件加速器进行存储与处理。MEM0、MEM1、MEM2 中分别存储的数据为卷积核参数、需要处理的图像数据及处理之后的结果数据。CONV、POOL、BiasRelu 分别为卷积模块、池化模块及激活函数模块。

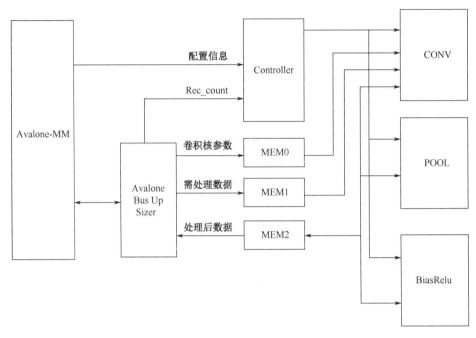

图 18.5 硬件加速器整体架构图

▶ 18.3.2 卷积电路

18.3.2.1 数据处理流程

卷积核同时操作输入图像的每个通道，输出对应的特征图。输入图像和对应位置的卷积核进行卷积运算。例如，针对 3 个通道输入的特征图，通过 4 层卷积得到 4 个特征图。卷积操作示意图如图 18.6 所示。

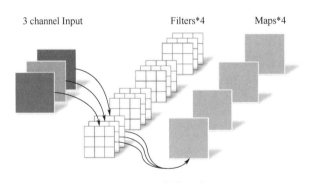

图 18.6 卷积操作示意图

第 18 章

● 基于 FPGA C5SoC 的 MobileNetV1 SSD 目标检测方案设计

输入数据的每个通道对应一个卷积核。在每个通道完成卷积后完成对应元素累加，最终输出一个特征图。卷积操作示意图如图 18.7 所示。

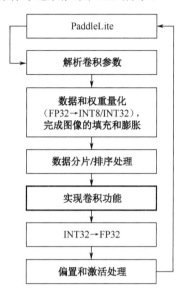

图 18.7 卷积数据处理流程

图 18.7 为卷积数据处理流程，其中，加粗黑框部分即卷积功能，由硬件加速器完成，其余部分，例如数据的量化、排序、偏置计算、激活操作等，均在 ARM 端完成。

在 FPGA 中，数据对齐按 64B 处理。对于 1×1 到 8×8 的卷积内存布局如表 18.2 所示。

表 18.2 卷积内存布局

卷积核大小	空间（B）	容纳数量
1×1	1	64
2×2	4	16
3×3	9	4
4×4	16	4
5×5	25	2
6×6	36	1
7×7	49	1
8×8	64	1

对输入数据的排列，按上述对齐和水平步进 {HSRTIBE} 方式使用卷积核对输入数据从左到右，按垂直步进 {VSTRIBE} 从上到下，依次存储在内存中。未填满 64B 的部

分填写为 0，并按顺序发送给 FPGA。

对于卷积核，使用同一个卷积核填充 64B，如 5×5。前 32B 中填充 25B，其他 7B 填充 0，后 32B 处理和前 32B 处理方法一致，如图 18.8 所示。输入 6×6 的数据，使用 5×5 进行卷积，水平和垂直步进为 1 的情况下，实现数据排序。

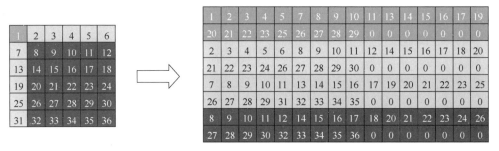

图 18.8　卷积数据排序

对于超出 FPGA 的 IRAM 大小的输入数据，需要进行分片处理。按卷积的运算过程，分别输入每个通道的对应部分，卷积完成后，再处理每个通道的下一部分，直到整个输入处理完成。

在原始的 Demo 中，数据接收、数据处理、数据发送三步是分开的，但是事实上数据接收与数据处理这两个阶段可以并行执行，也就是说硬件加速器的起始运算信号不需要等待 ARM 端指示，而是根据接收的数据数量与 Controller 中的数据深度由硬件加速器决定开始运算时间。

图 18.9 为 Avalone-MM 总线数据抓取波形。可以看出硬件加速器的运算速度与 Avalone-MM 总线的传输速度并不匹配，虽然 Avalone-MM 总线宽度为 128bit，但是由于 Linux 操作系统中 memcpy 函数的限制，每个时钟有效数据仅为 32bit，即 AvaloneByteEnable 信号每次仅有 4bit 为 "1"。根据波形图可以看出每传输 512bit 数据平均需要 24（6*4）个时钟周期。因此，硬件加速器的运算速度约为数据接收的 24 倍左右。在进行卷积时，可以在图像数据接收到一定深度后，硬件加速器便开始运算，通过计算匹配可以使卷积运算与图像数据接收同时结束，这可以节省卷积运算的时间，消除多核与单核卷积的差别。如果目前需要接收 512 个数据深度，那么通过计算可得

$$512 - X = \frac{512}{24} \Rightarrow X \approx 491$$

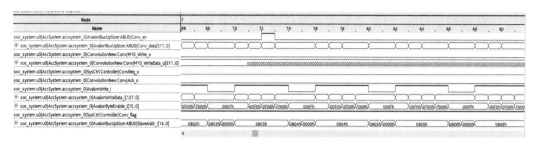

图 18.9 Avalone-MM 总线数据抓取波形

硬件加速器在接收 491 个深度数据时便可以开始卷积运算,这样当接收最后一个数据时,卷积计算也恰好可以完成。

18.3.2.2 卷积电路结构

图 18.10 为卷积电路结构图。该电路采用全流水线并行计算结构,由于进行卷积时,图像数据深度大,因此,可以近似单个时钟周期进行一次卷积运算,最大程度地发挥硬件加速器的优势。卷积电路首先通过 MUL 乘法器将图像数据与卷积权重进行乘法操作,结果数据打一拍之后送给加法运算部分。为了进行时序收敛,在加法运算部分插入一个寄存器进行打拍,M10_ReadData_i 为需要进行累加的数据。MUX 根据累加使能信号选择相应的运算结果数据。

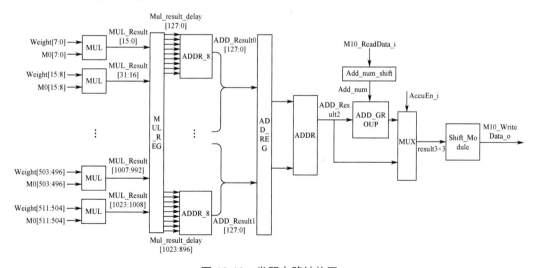

图 18.10 卷积电路结构图

在 3×3 卷积运算时,根据表 18.2 可以看出,卷积电路每次读取的 512bit 数据中含有 4 个需要计算的卷积核,也就是说可以得到 4 个 32bit 的结果数据。由于结果数据也是按照 512bit 进行存储的,因此卷积电路每从图像数据存储器中读取 4 次数据,就可以组成一个 512bit 数据写入处理结果存储器中。在卷积电路中的移位模块 Shift_Model 便是对每次计算后的数据进行移位调整,以组成 512bit 的结果数据发送给处理结果存储器。通过选择不同的移位数值和控制信号便可以实现不同的卷积核大小运算。

18.3.2.3 卷积电路仿真

图 18.11 为卷积模块在卷积核大小为 3×3 条件下的仿真波形图,需要处理每个图像数据为 8bit,总线宽度为 512bit。3×3 卷积核情况下,每个时钟可以产生 4 个 32bit 的输出数据,因此,卷积模块输出使能每 4 个时钟拉高一次。

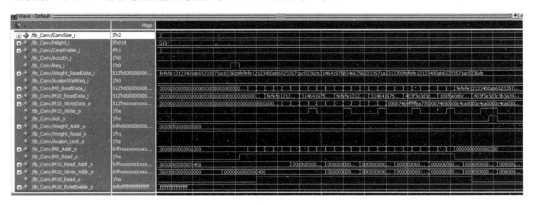

图 18.11 卷积电路仿真波形图

▶ 18.3.3 硬件加速器波形抓取

图 18.12 为 SignalTap 硬件加速器进行卷积运算时抓取到的相关信号波形,可以看出在 ARM 端向 FPGA 发送完图像数据后,卷积状态信号随即拉低,表明卷积运算完成。ARM 端之后便开始向硬件加速器传输下一轮计算所需要的权重参数与图像数据,这相当于将数据运算的时间全部节省了出来。

第 18 章
基于 FPGA C5SoC 的 MobileNetV1 SSD 目标检测方案设计

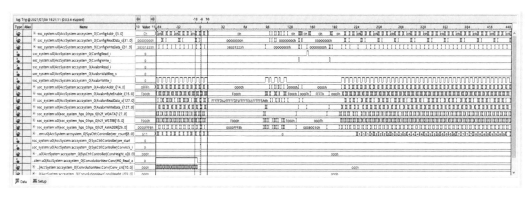

图 18.12　SignalTap 硬件加速器波形抓取的相关信号波形

18.4　整体加速结果分析

18.4.1　硬件加速器时序及资源报告

图 18.13 为硬件加速器建立时间报告。从图 18.13 可以看出，最长路径的建立时间裕度为 2.113ns，表明硬件加速器的建立时间满足时序要求。

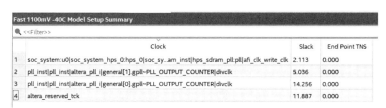

图 18.13　硬件加速器建立时间报告

图 18.14 为硬件加速器保持时间报告。从图 18.14 可以看出，最短路径的保持时间裕度为 0.076ns，表明硬件加速器的保持时间满足时序要求。

	Clock	Slack	End Point TNS
1	soc_system:u0|soc_system_hps_0|hps_0|soc_sy...am_inst|hps_sdram_pll:pll|afi_clk_write_clk	0.076	0.000
2	pll_inst|pll_inst|altera_pll_i|general[1].gpll~PLL_OUTPUT_COUNTER|divclk	0.103	0.000
3	pll_inst|pll_inst|altera_pll_i|general[0].gpll~PLL_OUTPUT_COUNTER|divclk	0.125	0.000
4	altera_reserved_tck	0.163	0.000

图 18.14　硬件加速器保持时间报告

由以上两个报告可以看出我们所设计的硬件加速器时序已经收敛满足工作时钟的要求。

图 18.15 为硬件加速器资源占用情况。从图 18.15 报告中可以看出，ALMs 占用 31%，Block Memory Bits 占用 15%，RAM Blocks 占用 23%，资源占用整体比较乐观。FPGA 中依然有很多资源可以用来满足加速器的扩展与功能增强需求。

Fitter Summary	
Fitter Status	Successful - Thu Jul 15 16:25:40 2021
Quartus Prime Version	18.1.0 Build 625 09/12/2018 SJ Standard Edition
Revision Name	C5MB_top
Top-level Entity Name	C5MB_top
Family	Cyclone V
Device	5CSEBA6U23I7
Timing Models	Final
Logic utilization (in ALMs)	13,130 / 41,910 (31 %)
Total registers	21010
Total pins	150 / 314 (48 %)
Total virtual pins	0
Total block memory bits	823,552 / 5,662,720 (15 %)
Total RAM Blocks	129 / 553 (23 %)
Total DSP Blocks	0 / 112 (0 %)
Total HSSI RX PCSs	0
Total HSSI PMA RX Deserializers	0
Total HSSI TX PCSs	0
Total HSSI PMA TX Serializers	0
Total PLLs	1 / 6 (17 %)
Total DLLs	1 / 4 (25 %)

图 18.15　硬件加速器资源占用报告

18.4.2　加速结果对比与总结

图 18.16 为检测结果图，可以看出优化的系统已经正确地将狗狗、自行车和汽车位置标示了出来。

目前在精度保持较高的情况下，通过优化硬件加速器架构和驱动，推理速度可以达到 2.5s 推理结果参见图 18.17。在牺牲一定的精度情况下，精度最快可以达到 2.0s，推理结果参见图 18.18。与 DEMO 中的 2.9s 相比，本书设计的方案推理速度在两种情况下分别提升了 0.4s 与 0.9s。

第 18 章

基于 FPGA C5SoC 的 MobileNetV1 SSD 目标检测方案设计

图 18.16　检测结果图

```
warmup: 1 repeat: 1, average: 2553.639893 ms, max: 2553.639893 ms,
893 ms
results: 3
[0] bicycle - 0.998247 0.166843,0.215947,0.720061,0.791237
[1] car - 0.941883 0.584753,0.116382,0.894171,0.298019
[2] dog - 0.941595 0.167956,0.307240,0.439941,0.919507
Preprocess time: 109.152000 ms
```

图 18.17　推理结果——2.5s

```
warmup: 1 repeat: 1, average: 2008.317993 ms, max: 2008.317993 ms, min: 2008.317
993 ms
results: 3
[0] bicycle - 0.715858 0.161144,0.232960,0.764658,0.713362
[1] car - 0.911514 0.597771,0.150610,0.908168,0.299309
[2] dog - 0.831201 0.162367,0.383367,0.445327,0.901145
```

图 18.18　推理结果——2.0s

图 18.19 为优化结果对比图，由图 18.9 可以得出 Demo 消耗的时间中卷积计算占了很大比重这一结果，这也是我们将优化重心放在卷积的原因。可以看出经过两次优化，我们的推理总时间、普通卷积时间及 3*3 卷积时间最终分别缩小了 32.27%、31.69%、

57.49%。

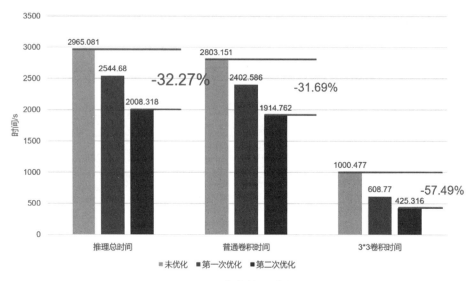

图 18.19 优化结果对比图

18.5 课后习题

1. 详细阅读本章内容，依据第 5 部分附录中提供的代码进行相关功能的复现。
2. 在第 5 部分附录提供的代码基础上，优化 CNN 模块，加速目标识别。

第5部分
附　　录

本部分将介绍 XILINX 与 ALTERA 的 FPGA 开发软件的基本操作,以及海云捷迅科技有限公司的远程 FPGA 开发平台的调试方法,同时给出本书正文中所提到的相关代码。

附录 A

在 ISE 设计组件下编写 VHDL 项目的方法

1. 安装 ISE 和进入 ISE 设计组件

ISE 设计组件是 Xilinx 公司为 Spartan-6、Virtex-6、CoolRunner 及其上一代器件系列开发的 FPGA 设计套件,在 Windows 或 Linux 环境中工作的。

为了能使用 ISE 设计组件,必须事先在所用的计算机上安装 ISE 设计组件的软件。在安装好 ISE 设计组件后,可为 ISE 添加桌面快捷方式,以方便使用。

双击桌面上的 ISE 图标,就能进入 ISE 设计组件,屏幕上会出现 ISE 主界面,见图 A.1。

图 A.1　ISE 主界面

附录 A
在 ISE 设计组件下编写 VHDL 项目的方法

在 ISE 主窗口的顶部是 ISE 的主菜单栏，包含 10 个菜单项：

File（文件）、Edit（编辑）、View（查看）、Project（项目）、Source（源文件）、Process（操作进度）、Tools（工具）、Windows（窗口）、Layout（布线）和 Help（帮助）。

主菜单栏下方是快捷图标栏，包含新建文件、打开文件、保存文件、全部保存等常用操作。

主窗口的左边栏是 Start 窗口，包含 Project commands（项目指令）、Recent projects（最近项目）和 Additional resources（额外信息）三部分。

主窗口的最下方是 Console（控制台），会在项目开发过程中显示操作进度、程序的错误和警告等提示信息。

2. 新建项目或打开项目

如果没有已存在的 ISE 项目，需要新建一个 ISE 项目，操作步骤如下。

单击主菜单栏的 File（文件）—New Project（新建项目），参见图 A.2。

图 A.2　新建 ISE 项目

屏幕上出现一个 New Project Wizard（新建项目向导）对话框，见图 A.3。选择项目的保存目录，并填写项目名称。填写完成后，单击 Next 进入下一步。

向导的第二步是选择项目运行的芯片、项目编写语言、项目仿真等信息，见图 A.4。填写完成后，单击 Next 进入下一步。

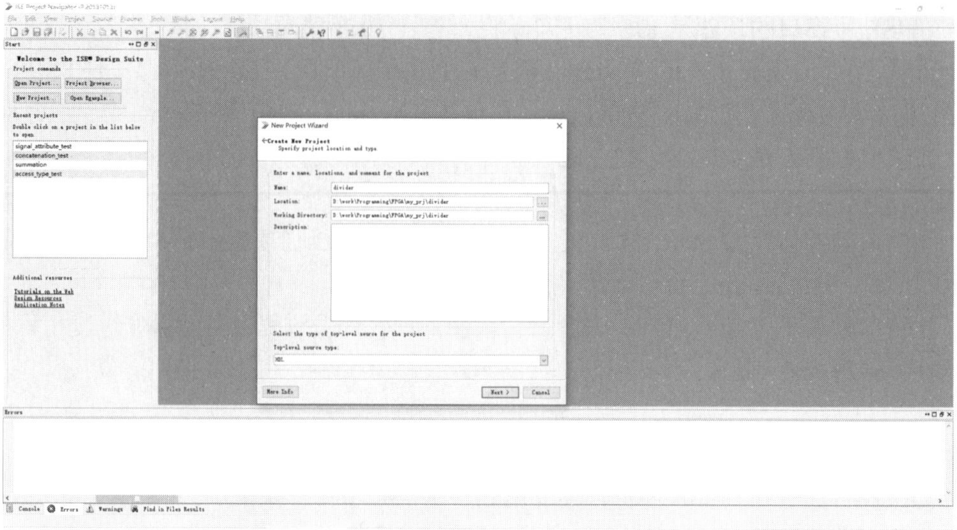

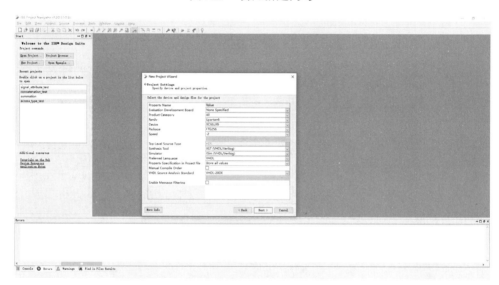

图 A.3　项目新建向导

图 A.4　项目新建向导

向导的最后一步是项目向导的信息汇总，包含了之前填写的项目信息，见图 A.5。核对无误后即可单击 Finish。

完成新建项目向导后，ISE 会根据向导中收集的相关信息新建一个空项目，ISE 项目界面见图 A.6。

附录 A

在 ISE 设计组件下编写 VHDL 项目的方法

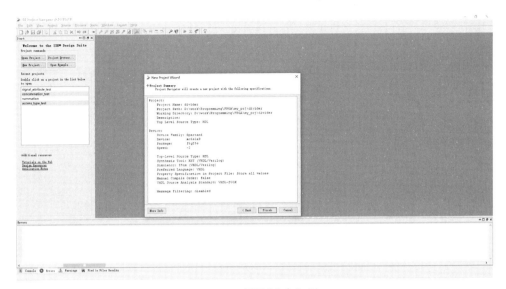

图 A.5 项目新建向导

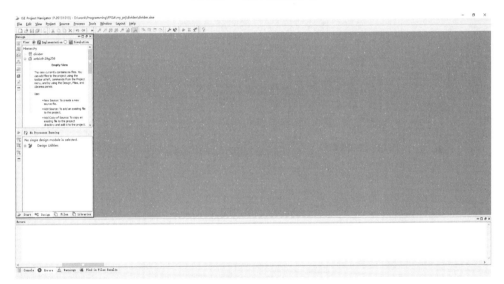

图 A.6 ISE 项目界面

此时的 ISE 窗口与之前出现的 ISE 窗口类似，唯一不同的是左边栏是 Design（设计）窗口，包含项目开发中常用的工具（项目设计层次、设计模型操作树等）。在 Design 窗口的最下方是左边栏的标签，可以通过这些标签切换到不同的窗口，包括 Start、Design、Files（文件）和 Libraries（库）。

如果已存在 ISE 项目，则只需要打开项目即可，操作步骤如下。

单击主菜单栏的 File（文件）—Open Project（打开项目），界面见图 A.7。

图 A.7 打开 ISE 项目界面

屏幕上会出现一个 Open Project（打开项目）对话框，见图 A.8。进入项目所在的目录，打开项目目录中后缀为 xise 的文件。

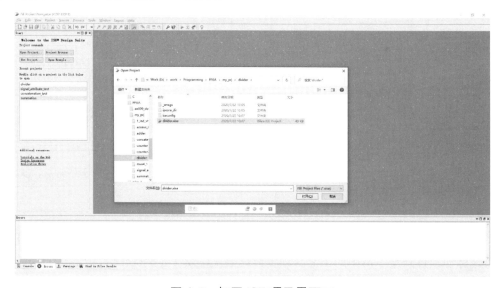

图 A.8 打开 ISE 项目界面二

打开项目后，ISE 窗口就会出现与图 A.6 相同的界面，见图 A.9。

附录 A
在 ISE 设计组件下编写 VHDL 项目的方法

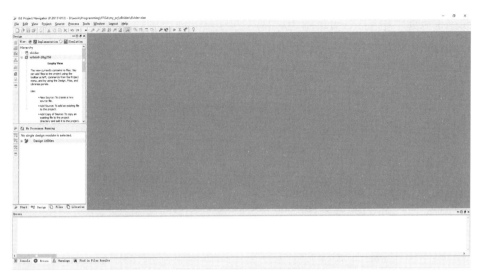

图 A.9　ISE 项目界面三

3．向项目中添加源文件

在 ISE 新建或打开项目后，就需要在项目中添加 VHDL 源文件。在项目中新建一个源文件的操作如下。

右键单击 Design 窗口 Hierarchy（设计层次）中的 xc6slx9-2ftg256，选择 New Source（新建源文件），见图 A.10。xc6slx9-2ftg256 是项目运行的芯片型号，以实际为准。

图 A.10　新建源文件

339

屏幕上出现一个 New Source Wizard（新建源文件向导）对话框，见图 A.11。单击 VHDL Module（VHDL 模型），填写 VHDL 模型的文件名。文件名填写完成后，单击 Next 进入下一步。

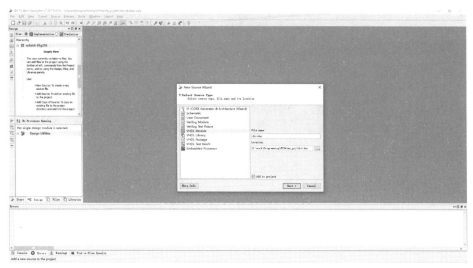

图 A.11　新建源文件向导对话框一

向导的第二步是填写 VHDL 模型的实体名称、实体对应的结构体名称及实体端口信息，见图 A.12。实体端口信息可以在向导中填写，也可以在 VHDL 文件创建完成后通过代码形式添加到 VHDL 文件中。信息填写完成后单击 Next 进入下一步。

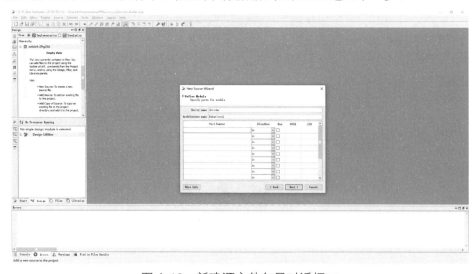

图 A.12　新建源文件向导对话框二

附录 A

在 ISE 设计组件下编写 VHDL 项目的方法

向导的最后一步是源文件向导的信息汇总,包含了之前填写的源文件信息,见图 A.13。核对无误后即可单击 Finish。

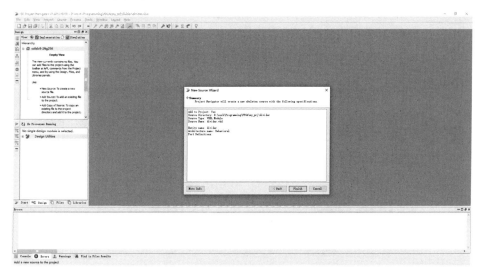

图 A.13　新建源文件向导对话框三

完成新建源文件向导后,ISE 会根据向导中收集的相关信息新建一个源文件,并将其添加到设计层次中,见图 A.14。

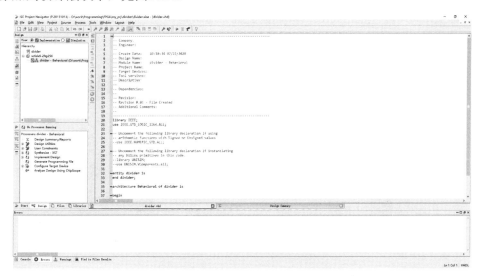

图 A.14　源文件新建后的界面

此时,ISE 还会自动打开源文件。主窗口中间的部分是源文件的显示和编辑区域,

341

通过主菜单栏的 Edit-Preference（偏好设置）可以设置源文件编辑区域的样式（字体、颜色等），也可以设置外置编辑器打开源文件。

如果已存在编写好的源文件，则可以将源文件导入项目中，操作步骤如下。

右键单击 Design 窗口中设计层次中的 xc6slx9-2ftg256，选择 Add Source（添加源文件），见图 A.15。

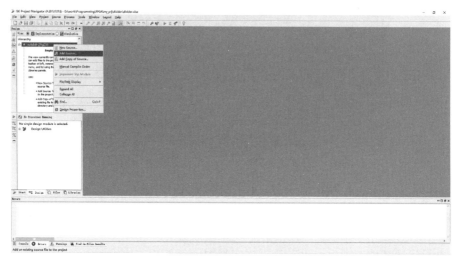

图 A.15　向项目中添加已存在源文件界面一

屏幕上出现一个 Add Source（添加源文件）对话框，见图 A.16。进入项目所在的目录，打开目录中后缀为 vhdl 或 vhd 的源文件。

图 A.16　向项目中添加已存在源文件界面二

附录 A

在 ISE 设计组件下编写 VHDL 项目的方法

打开需要添加的源文件后，ISE 会自动将所选的源文件添加到项目中。添加操作运行结束后，屏幕上会出现 Adding Source Files（添加源文件）对话框，给出源文件添加操作的结果，见图 A.17。如果添加操作失败，ISE 会在这个对话框中给出错误原因。

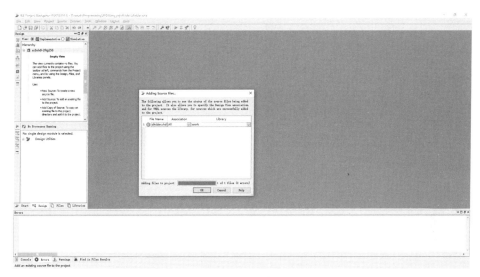

图 A.17　向项目中添加已存在源文件界面三

关闭 Adding Source Files 对话框，选择的源文件已经添加到设计层次中了，见图 A.18。双击打开设计层次中的源文件。

图 A.18　源文件添加后的界面

打开源文件后，ISE 窗口的界面与图 A.14 相同，见图 A.19。

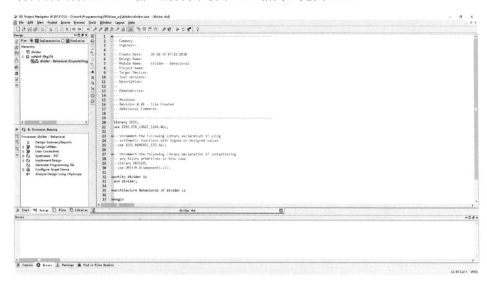

图 A.19　打开源文件后的界面

源文件添加成功后，就需要编辑源文件实现项目功能，见图 A.20。

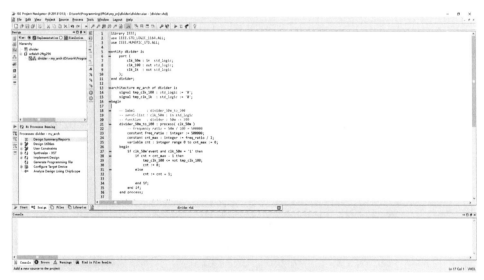

图 A.20　编辑源文件界面

4．综合和功能仿真

源文件编写完成后，需要对该 VHDL 模型进行综合，操作步骤如下。

附录 A
在 ISE 设计组件下编写 VHDL 项目的方法

在设计层次中选中需要综合的源文件，双击操作树中的 Synthesize-XST（综合），见图 A.21。

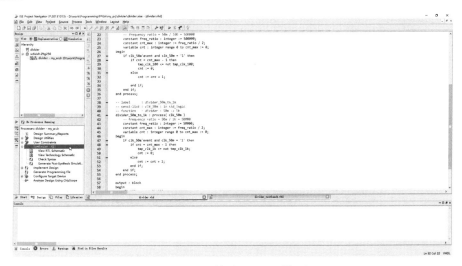

图 A.21 综合 VHDL 模型

在综合过程中，ISE 会将综合过程中的信息输出到 Console（控制台）显示。如果综合过程中出现错误和警告，可以将控制台切换到 Errors 和 Warning 标签页查看，再根据错误信息修改 VHDL 模型的程序。综合成功后，控制台会输出 Process "Synthesize-XST" completed successfully（综合操作成功完成）信息，见图 A.22。

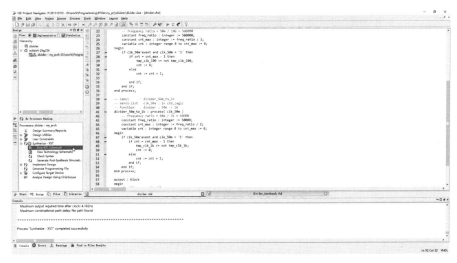

图 A.22 综合 VHDL 模型

展开 Synthesize-XST 操作，双击 View RTL Schematic（查看 RTL 原理图），可以查看 VHDL 模型的 RTL 级电路，见图 A.23。

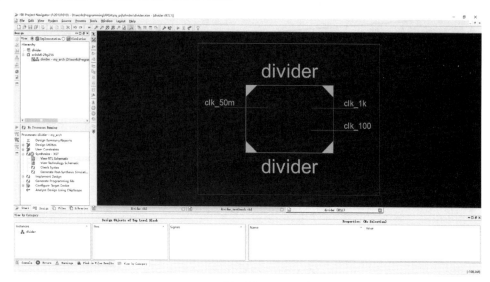

图 A.23 模型的 RTL 级电路

上面仅展示了 VHDL 模型的外部视图，双击 RTL 窗口的模型可以查看模型内部电路，见图 A.24。

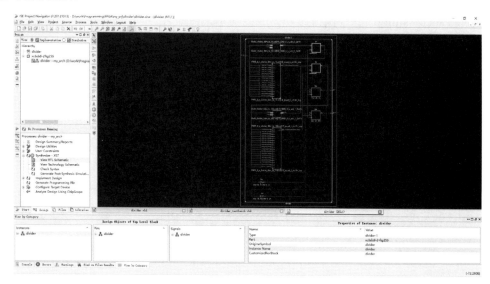

图 A.24 模型的 RTL 级内部电路

附录 A

在 ISE 设计组件下编写 VHDL 项目的方法

综合结束后,还需要对模型进行功能仿真,操作步骤如下。

在设计层次中右键单击源文件,单击 New Source(新建源文件)添加 VHDL 测试文件,见图 A.25。

图 A.25　新建源文件

屏幕上出现一个 New Source Wizard(新建源文件向导)对话框,见图 A.26。单击 VHDL Test Bench(VHDL 测试台),填写 VHDL 测试文件的文件名。文件名填写完成后,单击 Next 进入下一步。

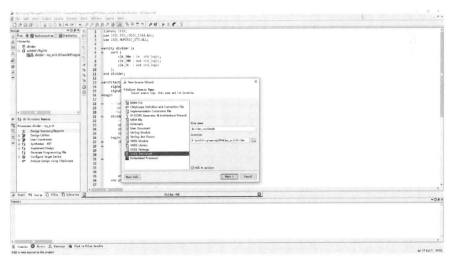

图 A.26　新建源文件向导界面一

向导的第二步是选择测试需要的 VHDL 模型文件，见图 A.27。选择结束，进入下一步。

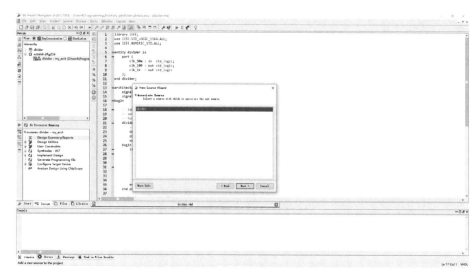

图 A.27　新建源文件向导界面二

向导的最后一步是信息汇总，包含了之前填写的测试文件信息，见图 A.28。核对无误后即可单击 Finish。完成新建源文件向导后，ISE 会根据向导中收集的相关信息新建一个测试文件，并将其添加到设计层次中。

图 A.28　新建源文件向导界面三

附录 A
在 ISE 设计组件下编写 VHDL 项目的方法

单击 Design（设计）窗口的最上方的 Simulation（仿真），切换到仿真模式，见图 A.29。

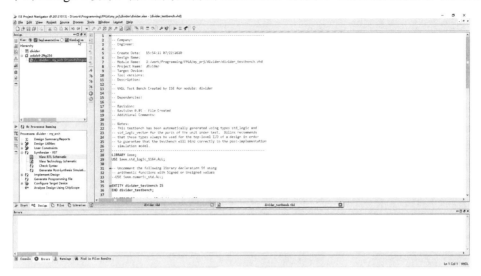

图 A.29　切换仿真模式

在仿真模式中，可以看到 ISE 已经将刚刚新建的测试文件添加到设计层次中了，仿真模式界面见图 A.30。

图 A.30　仿真模式界面

完成新建测试文件后，需要根据测试需求编写测试文件。测试文件编写完成后，在设计层次中选择测试文件，双击 Design 窗口中操作树的 Behavioral Check Syntax（行为语法检查），检查测试文件的语法，见图 A.31。

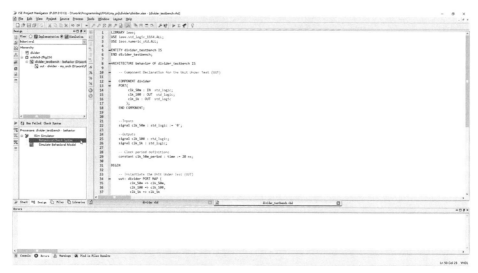

图 A.31　编辑测试文件和行为语法检查

与综合操作相同，ISE 会将行为语法检查操作过程中的信息输出到 Console（控制台）窗口。如果操作运行中出现错误和警告，可以在 Errors 和 Warning 标签页查看。行为语法检查运行成功后，ISE 会输出 Process "Behavioral Check Syntax" completed successfully（行为语法检查完成）信息，见图 A.32。

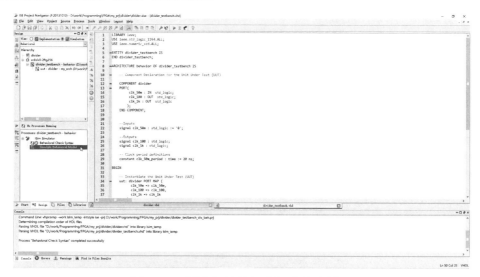

图 A.32　测试文件的行为语法检查结果

双击操作树中的 Simulate Behavioral Model（仿真行为模型），ISE 会根据项目创建时选择的仿真软件，打开软件并将测试文件输入到仿真软件中，见图 A.33。根据测试需求，在 ISim 中添加需要检测的信号，设置仿真时间，对编写的 VHDL 模型进行测试。

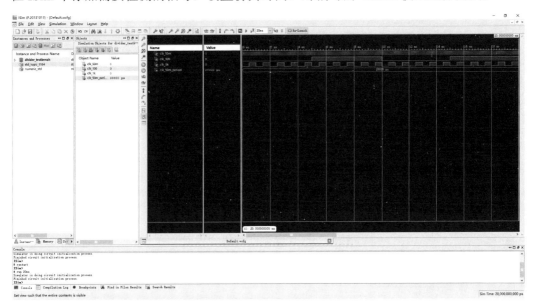

图 A.33　ISim 界面

5．实现设计

功能仿真验证结束后，就可以进行实现设计。操作步骤如下。

单击 Design（设计）窗口的最上方的 Implementation（实现），切换到实现模式，见图 A.34。

在设计层次中右键单击源文件，单击 New Source（新建源文件）添加 Implementation Constraints File（实现约束文件），见图 A.35。

屏幕上出现一个 New Source Wizard（新建源文件向导）对话框，见图 A.36。单击 Implementation Constraints File，填写约束文件的文件名。文件名填写完成后，单击 Next 进入下一步。

向导的第二步是信息汇总，界面会显示之前填写的约束文件信息，见图 A.37。核对无误后即可单击 Finish。

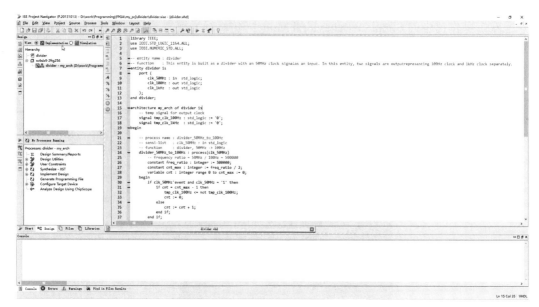

图 A.34　切换到实现模式界面

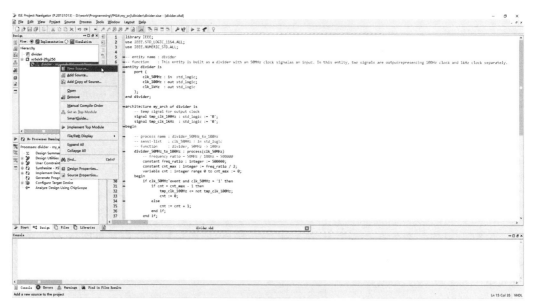

图 A.35　新建源文件界面一

附录 A
在 ISE 设计组件下编写 VHDL 项目的方法

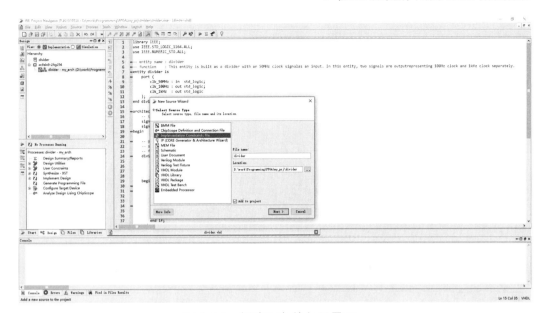

图 A.36　新建源文件向导界面一

图 A.37　新建源文件向导界面二

完成新建向导后，ISE 会根据向导中收集的相关信息新建一个约束文件，并将其添加到设计层次中，见图 A.38。

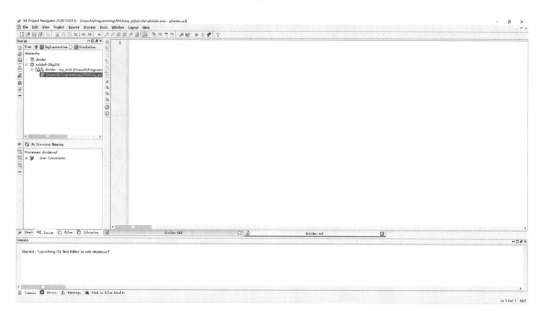

图 A.38　约束文件新建后的界面

按照项目的需求和芯片的实际情况分配管脚，编写 ucf 文件，见图 A.39。

图 A.39　编辑约束文件界面

双击 Design 窗口中操作树的 Implement Design（实现设计），见图 A.40。

附录 A
在 ISE 设计组件下编写 VHDL 项目的方法

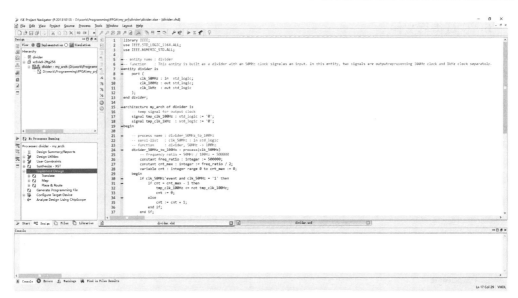

图 A.40　实现设计界面

与综合操作相同，ISE 会将实现设计操作过程中的信息输出到 Console（控制台）。如果操作运行中出现错误和警告，可以在 Errors 和 Warning 标签页查看。实现设计操作运行成功后，控制台会出现 Process "Generate Post-Place & Route Static Timing" completed successfully（布局布线完成）信息，见图 A.41。

图 A.41　模型的实现设计结果界面

355

6. 生成编程文件

为了将项目设计的功能和电路烧录到芯片中，需要生成二进制文件，操作步骤如下。
双击 Design 窗口中操作树的 Generate Programming File(生成编程文件)，界面见图 A.42。

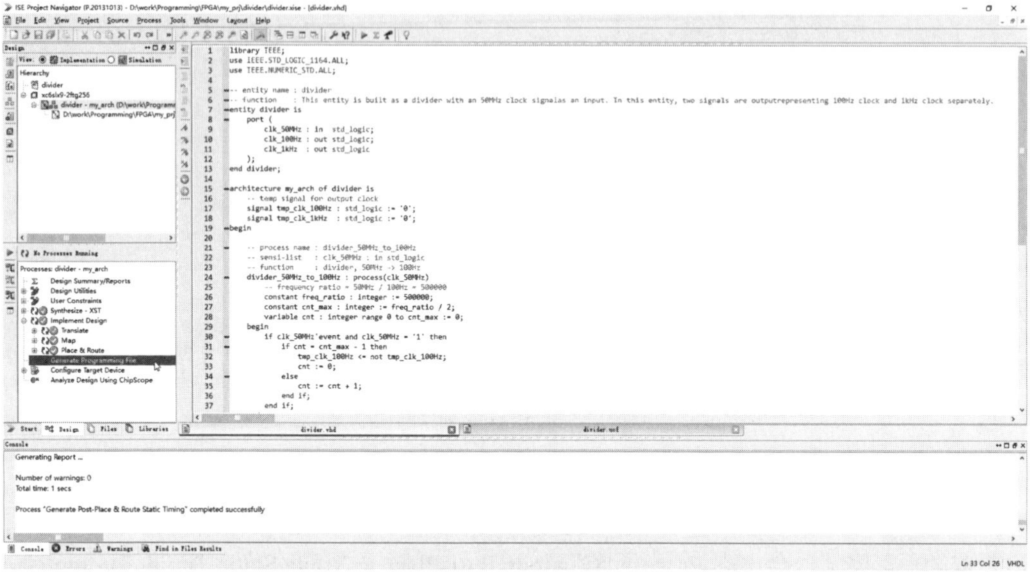

图 A.42　生成 VHDL 模型的编程文件界面

与综合操作相同，ISE 会将生成编程文件操作过程中的信息输出到 Console(控制台)。如果操作运行中出现错误和警告，可以在 Errors 和 Warning 标签页查看。成功生成二进制文件后，控制台会输出 Process "Generate Programming File" completed successfully(生成编程文件操作完成)信息，见图 A.43。

7. 配置目标设备

配置目标设备是向 FPGA 芯片及其外围电路烧录程序，操作步骤如下。
双击 Design 窗口中操作树的 Configure Target Device(配置目标设备)，界面见图 A.44。
屏幕上会出现没有已存在的 iMPACT 项目文件信息，见图 A.45。单击 OK 继续下一步操作。
屏幕上会出现 ISE iMPACT 窗口，iMPACT 主界面见图 A.46。

附录 A

在 ISE 设计组件下编写 VHDL 项目的方法

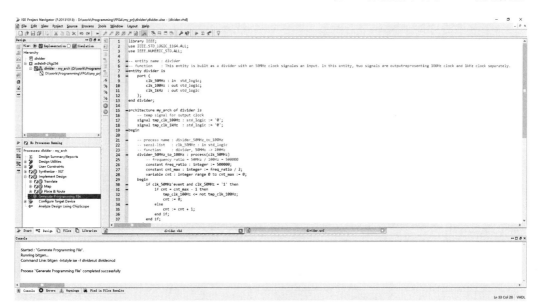

图 A.43 模型的编程文件的生成结果

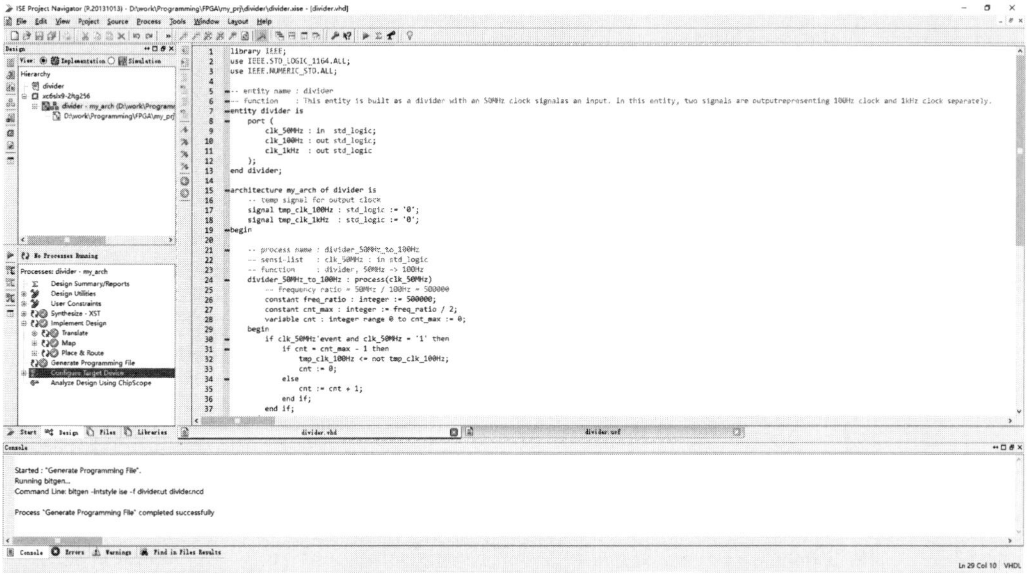

图 A.44 配置目标设备界面一

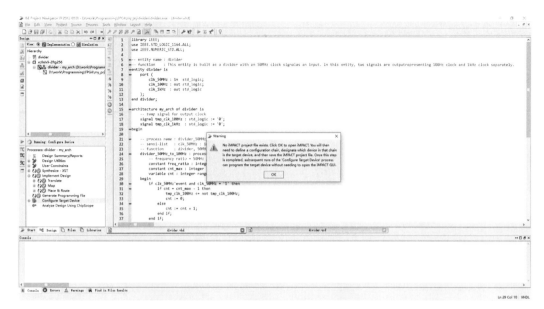

图 A.45　配置目标设备界面二

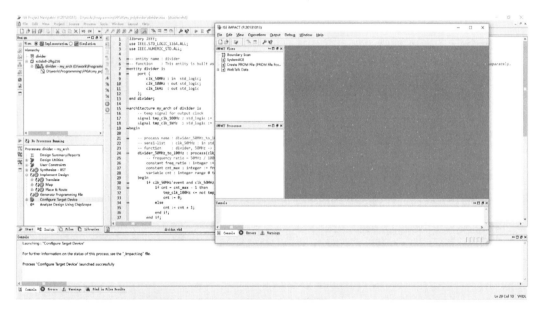

图 A.46　iMPACT 主界面

双击 iMPACT 中 iMPACT Flows（iMPACT 工作流）窗口的 Boundary Scan（边界扫描），打开 Boundary Scan 窗口，边界扫描界面见图 A.47。

附录 A
在 ISE 设计组件下编写 VHDL 项目的方法

图 A.47　边界扫描

在右侧窗口空白处点右键，单击 Initialize Chain（初始化 JTAG 链），界面见图 A.48。

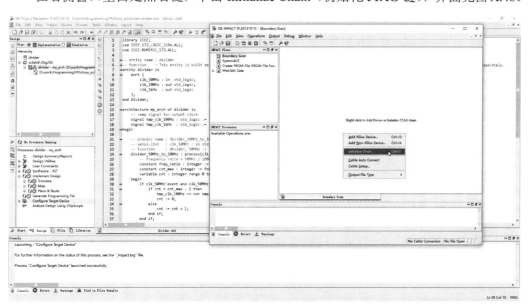

图 A.48　初始化 JTAG 链界面

JTAG 初始化成功后，屏幕上会出现 Device Programming Properties（设备编程选项）

窗口，见图 A.49。单击 OK 继续下一步操作。

图 A.49 初始化 JTAG 链界面一

关闭 Device Programming Properties 窗口后，Boundary Scan 窗口会展示当前 JTAG 链的内容，并在下方显示 Identify Succeeded（成功识别）字样，界面见图 A.50。

图 A.50 初始化 JTAG 链界面二

附录 A
在 ISE 设计组件下编写 VHDL 项目的方法

选中 JTAG 链中的 FPGA 芯片，界面参见图 A.51。双击芯片选择烧录文件。

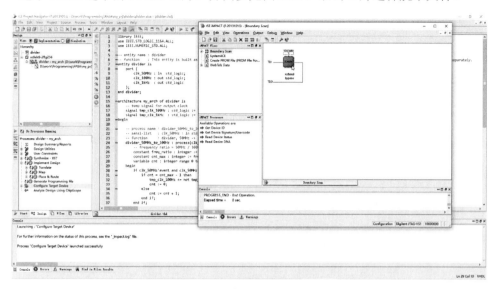

图 A.51　选择烧录文件界面一

屏幕上出现 Assign New Configuration File（分配新的配置文件）对话框，打开项目生成的二进制文件，界面参见图 A.52。注意：这个对话框的初始目录不一定是项目的目录，选择烧录文件时务必核对项目目录。

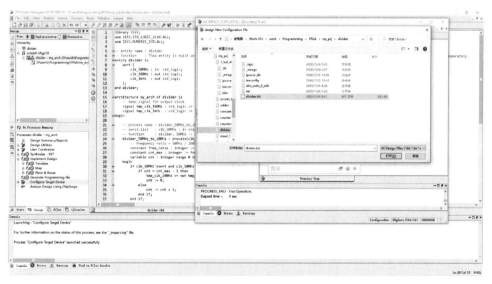

图 A.52　选择烧录文件界面二

选择烧录文件后,屏幕上会出现 Attach SPI or BPI PROM(附加 SPI 或 BPI PROM)对话框,见图 A.53。本例无须使用,单击 NO 继续下一步操作。

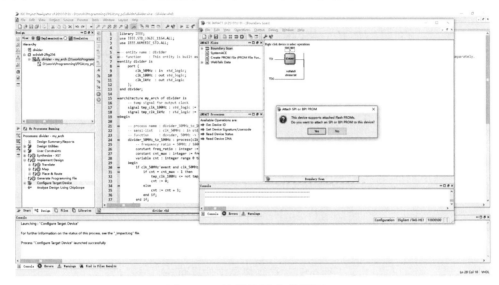

图 A.53　选择烧录文件界面三

单击芯片,双击右侧 iMPACT Processes(iMPACT 操作)窗口的 Program(编程),或右键单击芯片,单击 Program,对芯片进行烧录,见图 A.54。

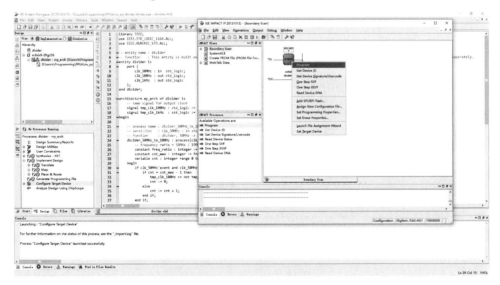

图 A.54　对芯片编程界面一

附录 A
在 ISE 设计组件下编写 VHDL 项目的方法

屏幕上会再次出现 Device Programming Properties（设备编程选项）窗口，见图 A.55。单击 OK 继续下一步操作。

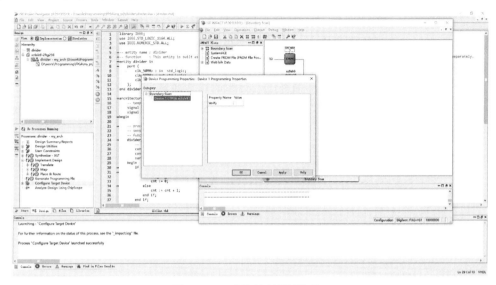

图 A.55 对芯片编程界面二

程序烧录成功后，Boundary Scan 窗口在下方会显示 Program Succeeded（成功编程）字样，见图 A.56。

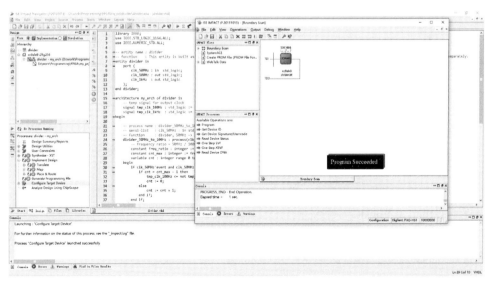

图 A.56 对芯片编程界面三

8. 使用 ChipScope 分析

ChipScope Pro 是一款在线调试工具。它的主要功能是通过 JTAG 口,在线实时读取 FPGA 的内部信号。ChipScope Pro 的基本原理是利用 FPGA 中未使用的 BlockRam,根据用户设定的触发条件将信号实时地保存到这些 BlockRam 中,然后通过 JTAG 口传送到计算机,最后在计算机屏幕上显示出时序波形。

使用 ChipScope 对 FPGA 内部信号进行分析的操作步骤如下。

在设计层次中右键单击源文件,单击 New Source(新建源文件)添加 ChipScope 配置文件,见图 A.57。

图 A.57 新建源文件界面

屏幕上会出现一个 New Source Wizard(新建源文件向导)对话框,见图 A.58。单击 ChipScope Definition and Connection File(ChipScope 定义和连接文件),填写 ChipScope 配置文件的文件名。文件名填写完成后,单击 Next 进入下一步。

向导的最后一步是信息汇总,界面会显示之前填写的配置文件信息,见图 A.59。核对无误后即可单击 Finish。

完成新建源文件向导后,ISE 会根据向导中收集的相关信息新建一个 ChipScope 配置文件,并将其添加到设计层次中,见图 A.60。

附录 A

在 ISE 设计组件下编写 VHDL 项目的方法

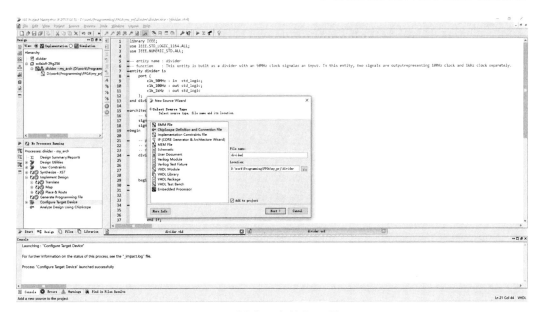

图 A.58　新建源文件向导界面一

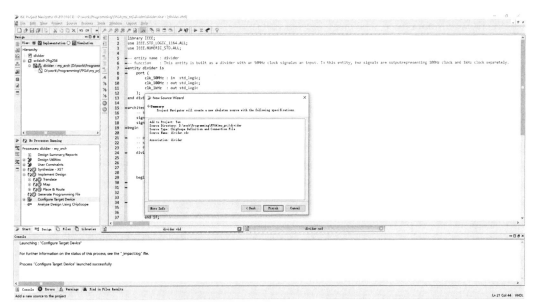

图 A.59　新建源文件向导界面二

图 A.60 新建 ChipScope 配置文件后的界面

在配置 ChipScope 之前，需要修改综合的选项防止需要查看的信号被 ISE 综合优化掉。在设计层次中选中源文件，右键单击操作树中的 Synthesize-XST（综合），单击 Process Properties（操作选项），见图 A.61。

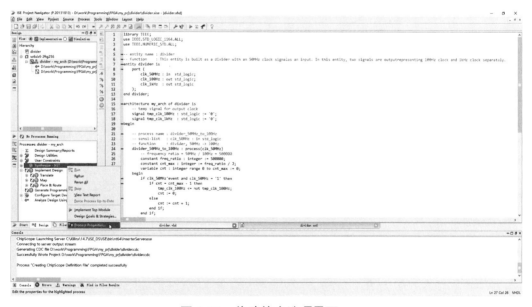

图 A.61 修改综合选项界面一

附录 A

在 ISE 设计组件下编写 VHDL 项目的方法

屏幕上会出现 Process Properties（操作选项）窗口，将 Synthesis Options（综合选项）中的 Keep Hierarchy（保持设计层次）修改为 Yes，见图 A.62。

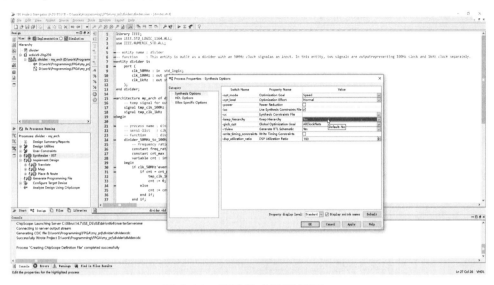

图 A.62　修改综合选项界面二

关闭 Process Properties 窗口，在设计层次中双击打开 ChipScope 配置文件，屏幕上会出现 ChipScope Pro Core Inserter 窗口，见图 A.63。

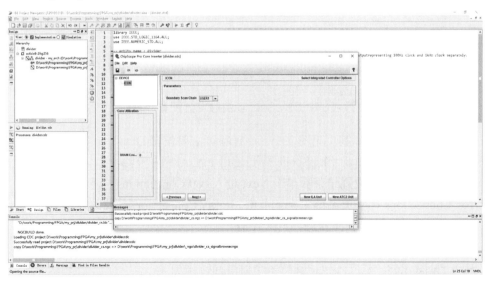

图 A.63　ChipScope 配置界面

单击右下角的 New ILA Unit（新建集成逻辑分析仪单元）新建一个 ILA 单元，见图 A.64。ILA 界面有 3 个标签页：Trigger Parameters（触发器参数）、Capture Parameters（捕获参数）和 Net Connections（信号网络连接）。Trigger Parameters 标签页中，Number of Input Ports（触发端口数量）表示 ILA 单元的触发端口数，触发端口可以设置 Trigger Width（触发器宽度）和触发端口最大可以容纳的数据（最大为 256 位）。在这里，笔者建议设置为 256 位，防止进行信号网络连接时宽度不够。Match Type（触发条件）一般设置为 Basic w/edges，包含高电平、低电平、上升沿、下降沿、变化等常用触发条件。Counter Width（计数器宽度）表示同一触发条件发生一定次数后，才开始触发，本例无须使用，因此设置为 Disabled。设置结束后单击 Next 进入 Capture Parameters 标签页。

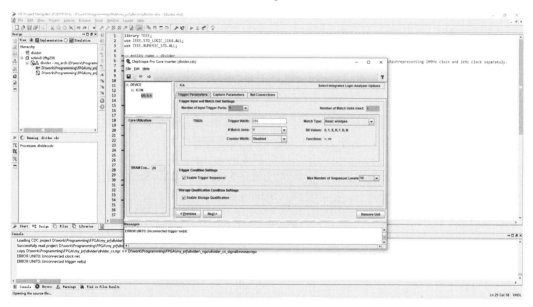

图 A.64　ChipScope 的触发器配置界面

Capture Parameters 标签页见图 A.65。该标签页主要设置 Data Depth（采样深度），需要根据实际需求设置。由于 ChipScope 需要使用 FPGA 片内资源，如果采样深度设置过多，窗口会提示错误。设置结束后单击 Next 进入 Net Connections 标签页。

Net Connections 标签页见图 A.66。单击 Modify Connections（修改连接）。

屏幕上会出现 Select Net 窗口，见图 A.67。

选择采样时钟信号，单击右下角 Make Connections（建立连接）添加到 Clock Signals 的 CH:0，见图 A.68。建立连接，支持多个信号同时添加。

附录 A

在 ISE 设计组件下编写 VHDL 项目的方法

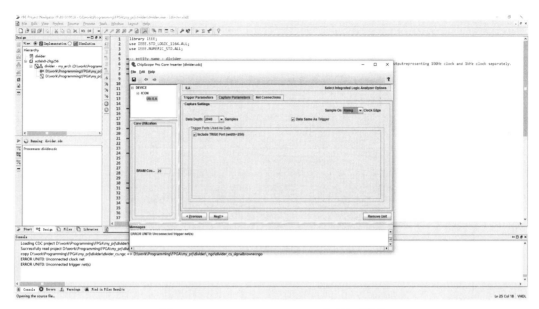

图 A.65 Capture Parameters 标签页界面

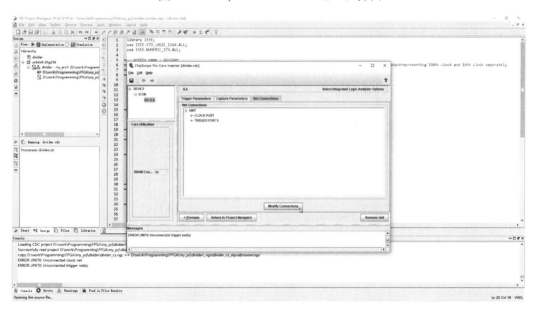

图 A.66 Net Connections 标签页

人工智能硬件电路设计基础及应用

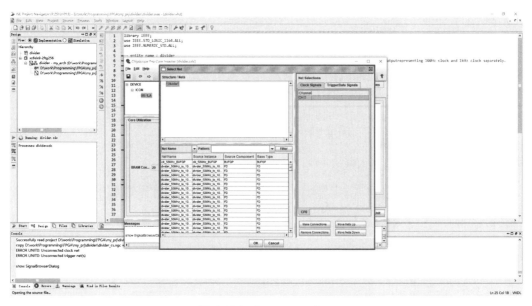

图 A.67　Select Net 窗口

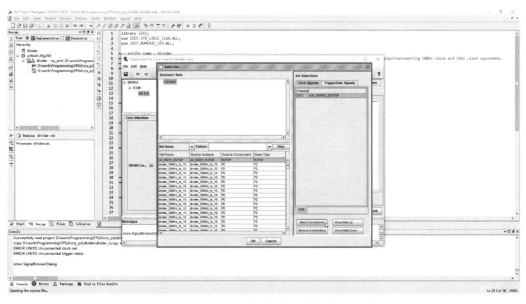

图 A.68　ChipScope 的信号网络连接配置界面一

单击 Trigger/Data Signals（触发器信号/数据信号）标签，将触发信号和需要查看的信号添加到信号通道内，见图 A.69。为了方便检索信号，ChipScope 支持通过网络名称、类型等信息检索需要的信号。检索信号时，可以直接输入信号的全称，也可以使用*（表示任意长度字符串和空字符串)、?（表示单个字符）等通配符进行检索。

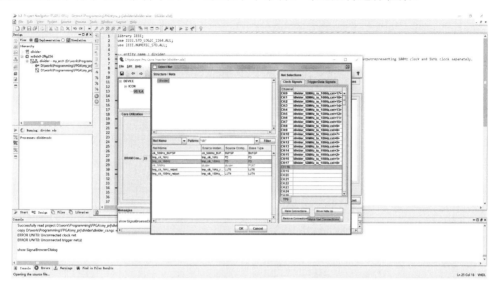

图 A.69 ChipScope 的信号网络连接配置界面二

关闭 Select Net 窗口，可以发现 Net Connections 标签页内的 CLOCK PORT 已经配置成功，变成了黑色；TRIGGER PORT 还是红色，见图 A.70。

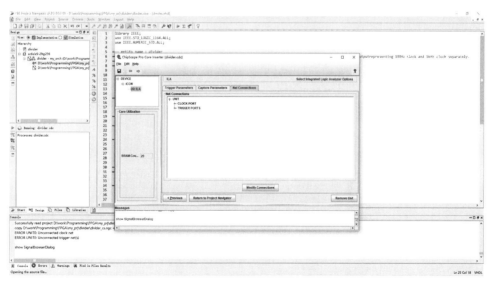

图 A.70 ChipScope 的信号网络连接配置界面三

单击 Trigger Parameters 标签，修改 Trigger Width 为正确的值，见图 A.71。

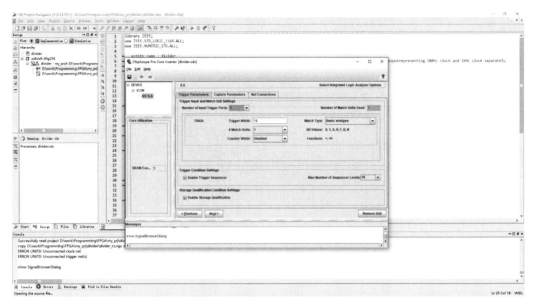

图 A.71　ChipScope 的触发器配置界面

保存 ChipScope 配置文件，ISE 和 ChipScope 的控制台都会显示配置文件的保存结果，见图 A.72。

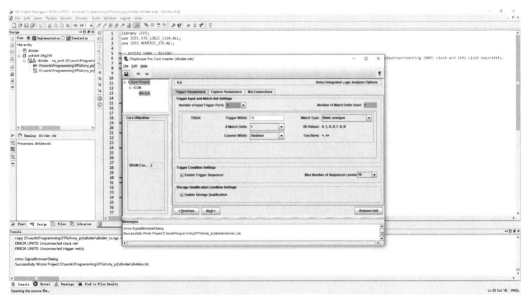

图 A.72　保存 ChipScope 配置文件界面

附录 A
在 ISE 设计组件下编写 VHDL 项目的方法

以同样的操作，为 1kHz 信号新建 ILA 单元，见图 A.73。

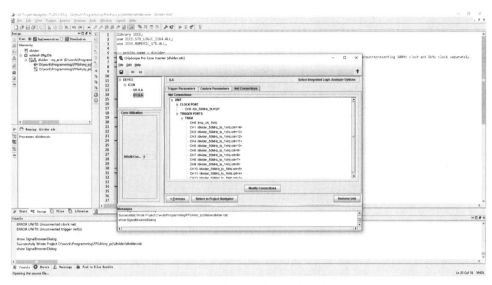

图 A.73　添加另一个 ILA 单元界面

保存配置文件后，关闭 ChipScope Pro Core Inserter 窗口。选择 VHDL 源文件，双击 Design 窗口中操作树的 Configure Target Device 生成二进制文件，见图 A.74。

图 A.74　重新生成编程文件界面一

加入了 ChipScope 配置文件的实现设计操作比较慢，需要几分钟。相关界面见

373

图 A.75。

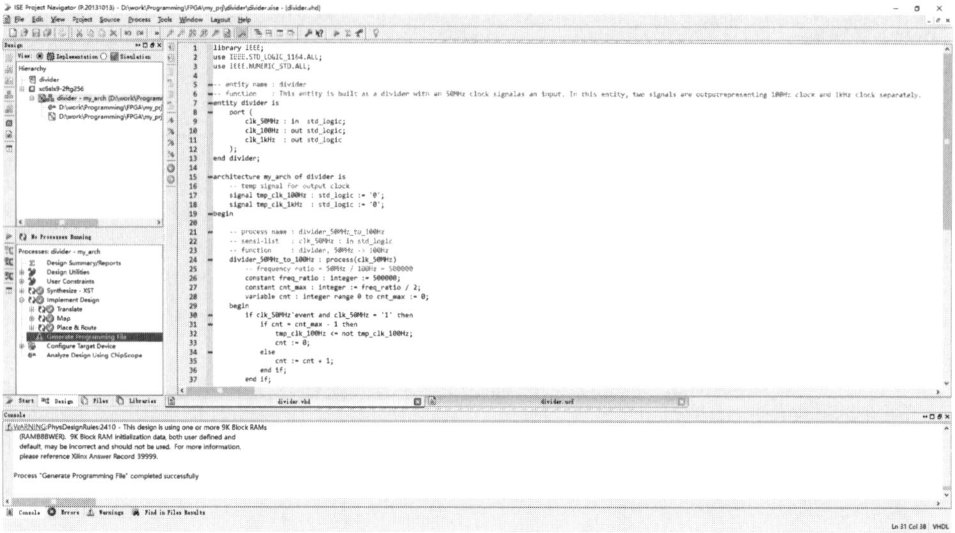

图 A.75　重新生成编程文件界面二

双击 Analyze Design Using ChipScope（使用 ChipScope 分析设计），打开 ChipScope Pro Analyzer，主界面见图 A.76。

图 A.76　ChipScope 主界面

单击右上角按钮，与 FPGA 平台建立连接，ChipScope 检测到目标设备后会弹出包含设备型号、设备 ID 等信息的对话框，见图 A.77。单击 OK 继续下一步操作。

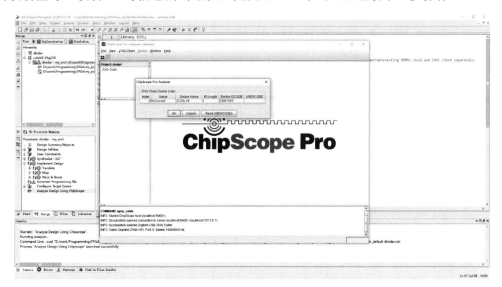

图 A.77　连接目标设备界面

右键单击左侧 Project 窗口的目标设备，选择 Configure（配置），界面见图 A.78。

图 A.78　下载编程文件和导入 ChipScope 配置文件界面一

屏幕上弹出配置对话框，根据需求勾选 Clean previous project setting（清除之前的项目设置），单击 Select New File（选择新文件），界面见图 A.79。

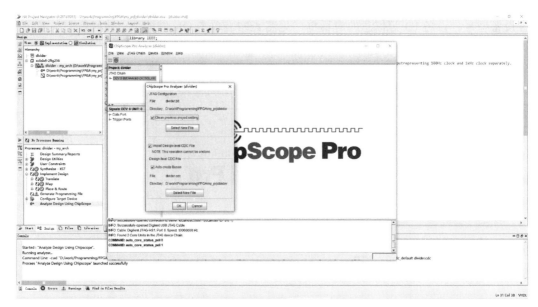

图 A.79　下载编程文件和导入 ChipScope 配置文件界面二

在弹出的对话框中打开项目的烧录文件，界面见图 A.80。

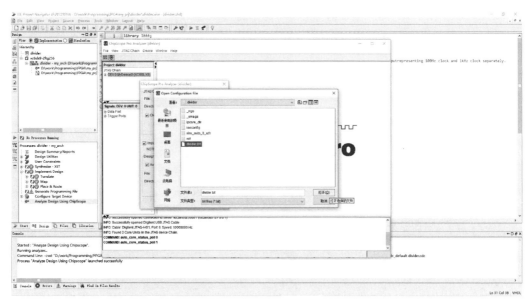

图 A.80　下载编程文件和导入 ChipScope 配置文件界面三

打开烧录文件后，单击 OK 进行烧录和导入 ChipScope 配置，界面见图 A.81。

附录 A

在 ISE 设计组件下编写 VHDL 项目的方法

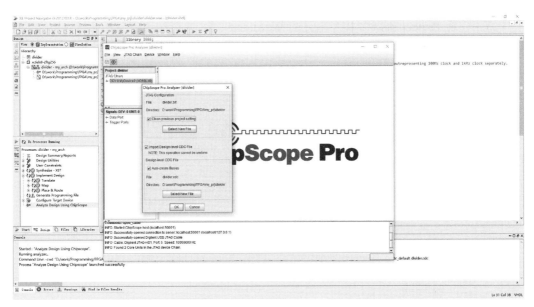

图 A.81　下载编程文件和导入 ChipScope 配置文件界面四

双击左侧 Project 窗口中 ILA 单元的 Trigger Setup，见图 A.82。在 Trigger Setup 窗口中配置触发条件和波形显示位置。

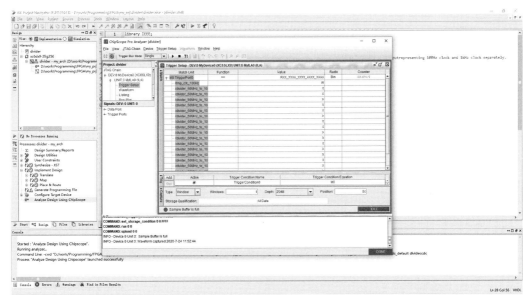

图 A.82　ChipScope 的 Trigger Setup 窗口

双击左侧 Project 窗口中 ILA 单元的 Waveform 打开波形显示窗口，见图 A.83。运行 ChipScope 逻辑分析仪，Waveform 窗口内会显示满足触发条件时的信号波形。

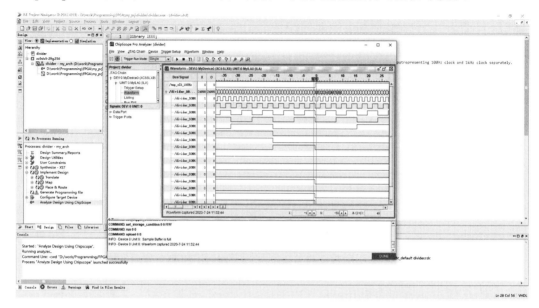

图 A.83　ChipScope 的 Waveform 窗口

附录 B

在 Quartus 设计组件下编写 VHDL 项目的方法

1. 新建工程

启动 Quartus II 软件，双击桌面上的 Quartus II 13.1 (64-bit)软件图标，打开 Quaruts II 软件，Quartus II 软件主界面如图 B.1 所示。

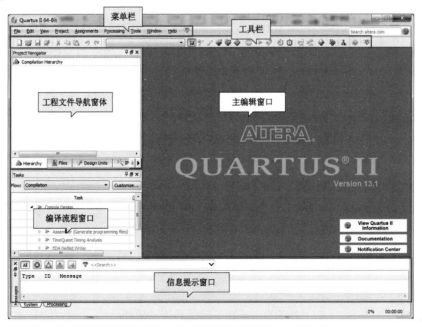

图 B.1　Quartus II 软件主界面

Quartus 软件默认由菜单栏、工具栏、工程文件导航窗口、编译流程窗口、主编辑窗口及信息提示窗口组成。在菜单栏上选择【File】→【New Project Wizard...】来新建一个工程，如图 B.2 所示。

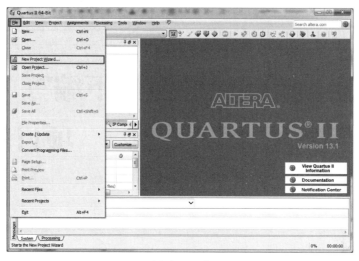

图 B.2　新建工程操作界面

新建工程向导说明界面如图 B.3 所示。

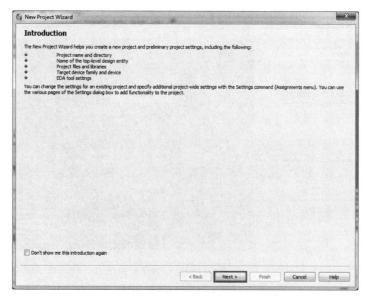

图 B.3　新建工程向导说明界面

在"Introduction"介绍页面中,可以了解到在新建工程的过程中要完成以下 5 个步骤:
(1) 工程的命名及指定工程的路径;
(2) 指定工程的顶层文件名;
(3) 添加已经存在的设计文件和库文件;
(4) 指定器件型号;
(5) EDA 工具设置。

接下来,可以单击图 B.4 界面下面的【Next>】按钮进入图 B.4 所示界面。

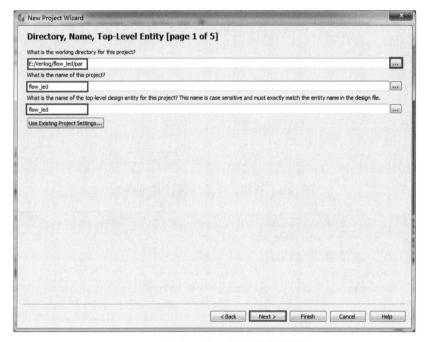

图 B.4 新建工程工程名及路径页面

图 B.4 的第一栏用于指定工程所在的路径;第二栏用于指定工程名,这里建议大家直接使用顶层文件的实体名作为工程名;第三栏用于指定顶层文件的实体名。这里设置的工程路径为 E:/Verilog/flow_led 文件夹,工程名与顶层文件的实体名为 flow_led。文件名和路径设置完毕后,单击【Next】按钮,进入下一个界面,如图 B.5 所示。

在该界面中,可以通过单击【User Libraries…】符号按钮添加已有的工程设计文件(Verilog 或 VHDL 文件)。由于这里是一个完全新建的工程,没有任何预先可用的设计文件,所以不用添加,直接单击【Next】按钮,进入如图 B.6 所示界面。

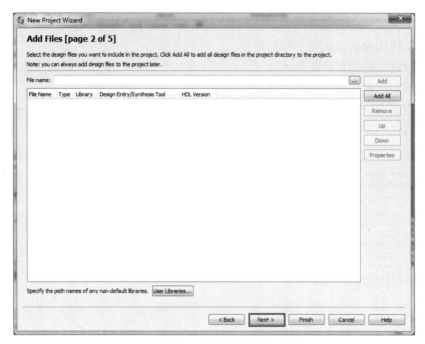

图 B.5　新建工程添加设计文件界面

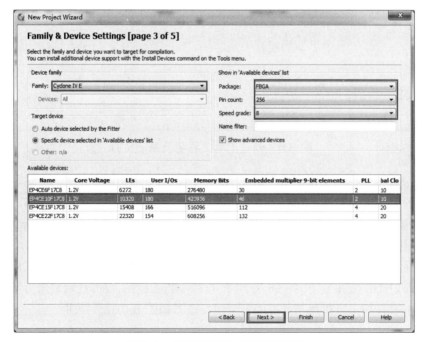

图 B.6　新建工程选择器件界面

附录 B

在 Quartus 设计组件下编写 VHDL 项目的方法

这里要根据实际所用的 FPGA 型号来选择目标器件，在 Device Family 一栏中选择"Cyclone IV E"。Cyclone IV E 系列的产品型号较多，为了方便在 Available device 一栏中快速找到开发板的芯片型号，在 Package 一栏中选择 FBGA 封装，Pin Count 选择 256 引脚，Speed grade 速度等级一栏中选择 8，之后在可选择的器件中只能看见 4 个符合要求的芯片型号了，选中"EP4CE10F17C8"，接着再单击【Next】按钮进入如图 B.7 所示界面。

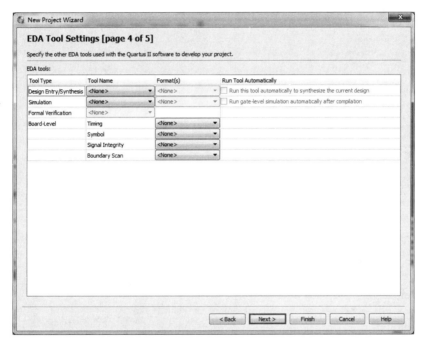

图 B.7　EDA 工具设置界面

如图 B.7 所示，在"EDA Tool Settings"页面中，可以设置工程各个开发环节中需要用到的第三方 EDA 工具，比如：仿真工具 Modelsim、综合工具 Synplify。由于本实例着重介绍 Quartus II 软件，并没有使用 EDA 工具，所以此页面默认不添加第三方 EDA 工具，直接单击【Next>】进入图 B.8 所示界面。

从该界面中，可以看到工程文件配置信息报告，接下来单击【Finish】完成工程的创建。此时返回 Quartus 软件界面，可以在工程文件导航窗口中看到刚才新建的 flow_led 工程。如果需要修改器件的话，直接双击工程文件导航窗口中的"Cyclone IVE:EP4CE10F17C8"即可，工程创建完成界面如图 B.9 所示。

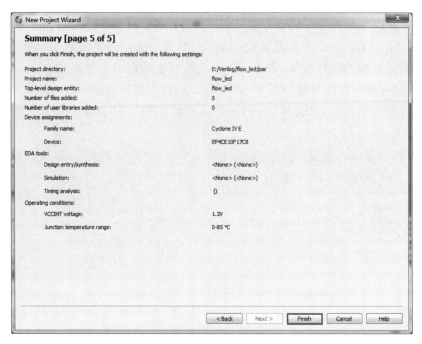

图 B.8　总结界面

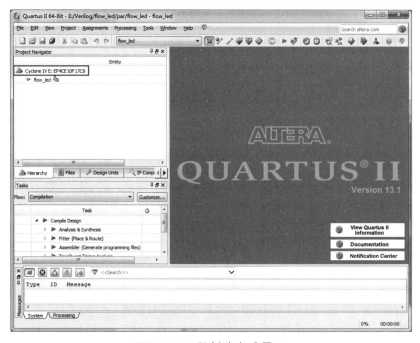

图 B.9　工程创建完成界面

附录 B
在 Quartus 设计组件下编写 VHDL 项目的方法

2. 设计输入

下面就来创建工程顶层文件，在菜单栏中找到【File】→【New】，新建设计文件操作界面如图 B.10 所示。

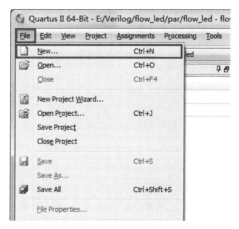

图 B.10　新建设计文件操作界面

弹出如图 B.11 所示界面，使用 Verilog HDL 语言来作为工程的输入设计文件，所以在 Design Files 一栏中选择 Verilog HDL File，然后单击【OK】按钮。

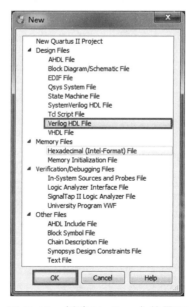

图 B.11　创建 Verilog 文件界面

这里会出现一个 Verilog1.v 文件的设计界面,用于输入 Verilog 代码,如图 B.12 所示。

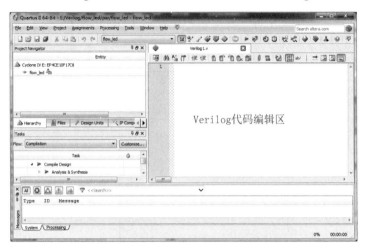

图 B.12　创建 Verilog 文件工程界面

接下来,编写流水灯代码,代码编写完成后,在软件中显示的界面如图 B.13 所示。

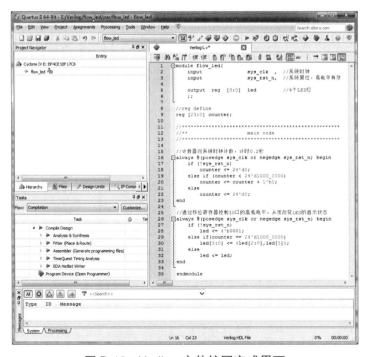

图 B.13　Verilog 文件编写完成界面

保存编辑完成后的代码，按快捷键【Ctrl】+【S】或选择【File】→【Save】，则会弹出一个对话框提示输入文件名和保存路径，默认文件名会和所命名的 module 名称一致，默认路径也会是当前工程文件夹所在路径，如图 B.14 所示。

图 B.14　Verilog 代码保存界面

在图 B.14 界面中，单击【保存（S）】按钮即可保存代码文件，然后可以在工程文件导航窗口 File 一栏中找到新建的 flow_led.v 文件，如图 B.15 所示。

3．分析与综合

为了验证代码是否正确，可以在工具栏中选择【Analysis & Synthesis】图标来验证语法是否正确，也可以对整个工程进行一次全编译，即在工具栏中选择【Start Compilation】图标，不过全编译的时间耗时会比较长。接下来，可以对工程进行语法检查，单击工具栏中的【Analysis & Synthesis】（分析与综合工具）图标，参见图 B.16 所示。

在编译过程中，如果没有出现语法错误，编译流程窗口【Analysis & Synthesis】前面的问号会变成对勾，表示编译通过，如图 B.17 所示。

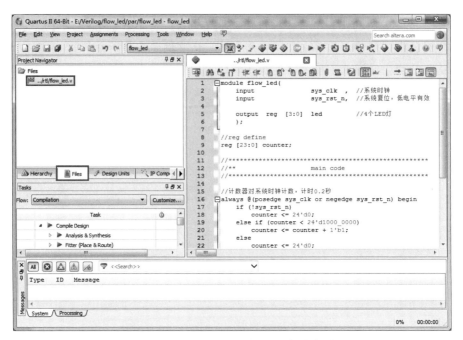

图 B.15 工程文件导航窗口中的文件

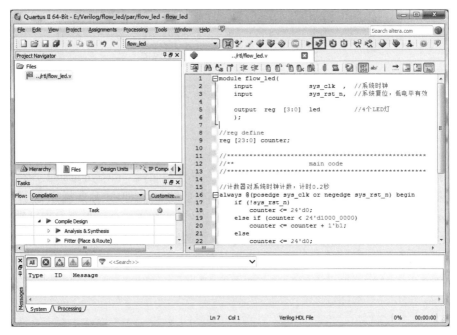

图 B.16 分析与综合工具图标

附录 B
在 Quartus 设计组件下编写 VHDL 项目的方法

图 B.17　编译完成界面

最后，可以查看打印窗口的"Processing"里的信息，界面如图 B.18 所示。信息会包括所有"Warning"和"Error"。"Error"是必须要关心的。"Error"意味着代码有语法错误，后续的编译将无法继续。如果出现错误，可以双击错误信息，此时编辑器会定位到语法错误的位置，修改完成后，需要重新编译。

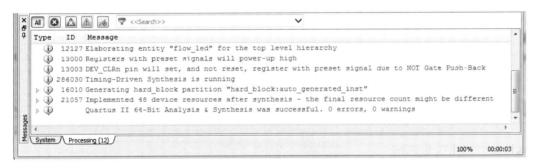

图 B.18　信息提示窗口界面

4．设计仿真

首先，在菜单栏中找到【Tool】→【Options】按钮，界面如图 B.19 所示。

单击此按钮，在打开的页面左侧单击"EDA Tool Options"，出现的界面如图 B.20 所示。

该界面中，在 ModelSim 这一栏，设置 ModelSim 的安装路径下的可执行文件路径。路径设置完成以后，单击【OK】返回 Quartus II 软件界面。在 Quartus II 软件页面的菜单栏中，找到【Assignments】→【Settings】按钮，界面如图 B.21 所示。

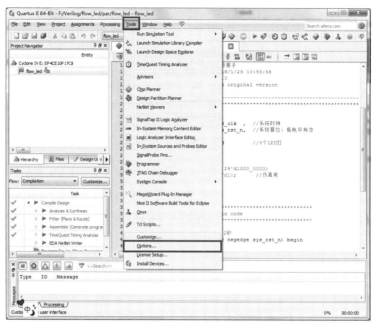

图 B.19 选择 Options 选项界面

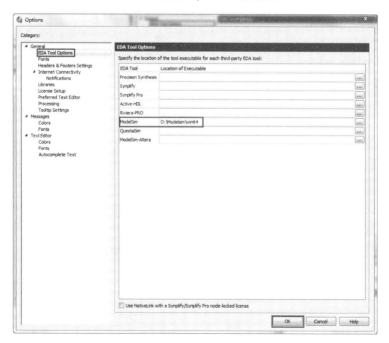

图 B.20 添加 Modelsim 路径界面

附录 B

在 Quartus 设计组件下编写 VHDL 项目的方法

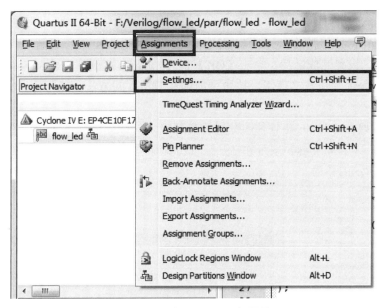

图 B.21　选择 Setting 选项界面

单击此按钮,在打开的页面左侧单击"EDA Tool Settings",如图 B.22 所示。

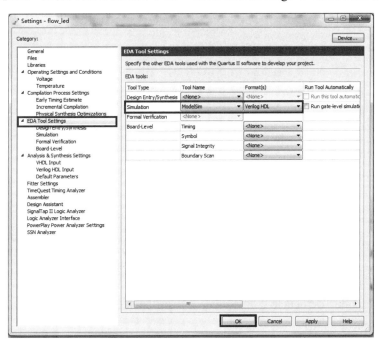

图 B.22　选择 Modelsim 仿真界面

之前创建工程的时候，由于在 Quartus II 软件中没有用到仿真，所以这里设置成了"None"。现在需要用到仿真工具了，需要在这里将"Simulation"设置成"ModelSim、Verilog HDL"。设置完成之后，单击【OK】返回 Quartus II 软件界面。

接下来就是编写仿真文件了，按照之前编写源文件的方法，编写仿真文件，编写完成后保存。

接下来需要在 Quartus II 软件中配置仿真环境，在 Quartus II 软件界面的菜单栏找到【Assigement】→【Settings】按钮并打开配置仿真环境界面，单击左侧的 Simulation，出现如图 B.23 所示的界面。

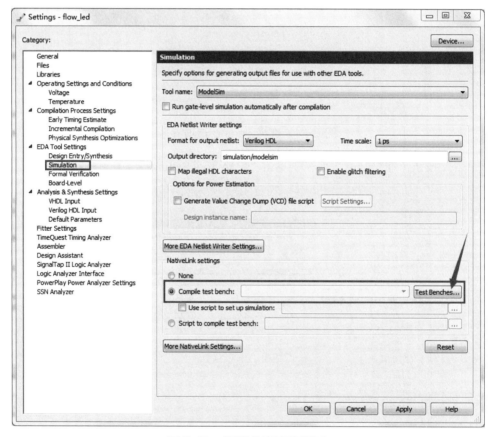

图 B.23　配置仿真环境界面

选中"Compile Test bench"，然后单击【Test Benches】按钮，则出现如图 B.24 所示的添加 Test Benches 界面。

附录 B
在 Quartus 设计组件下编写 VHDL 项目的方法

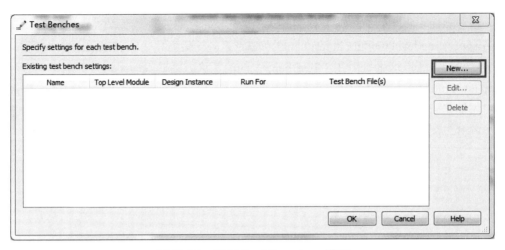

图 B.24　添加 Test Benches 界面

单击【New】按钮，则会出现如图 B.25 所示界面。

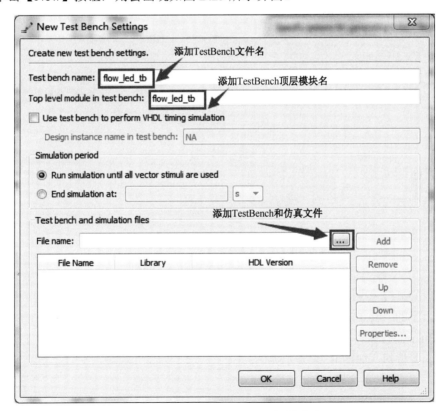

图 B.25　设置 Test Benche 模块名界面

在该界面,将 Test Bench 文件名输入"Test bench name"栏,将 Test Bench 顶层模块名输入"Top level module in test bench"编辑栏。一般而言,Test Bench 文件名和顶层模块名相同,所以这里只用在"Test bench name"这一栏输入即可,软件自动同步添加"Top level module in test bench"信息。接下来,在"Test bench and simulation files"列表框中添加 Test Bench 仿真文件,这里选择"flow_led_tb.v"文件。添加 Test Bench 结果界面如图 B.27 所示。

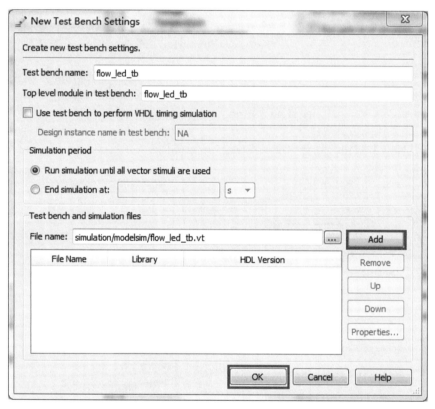

图 B.26　添加 Test Bench 结果界面

单击【Add】按钮添加信息到下面的列表中。完成后,单击【OK】按钮,便可看到图 B.27 所示的"Test Benches"窗口的列表中出现了刚才添加的仿真文件相关信息。

在 Quartus II 软件界面中的菜单栏中找到【Tools】→【Run Simulation Tool】→【RTL Simulation】按钮,如图 B.28 所示界面。

附录 B
在 Quartus 设计组件下编写 VHDL 项目的方法

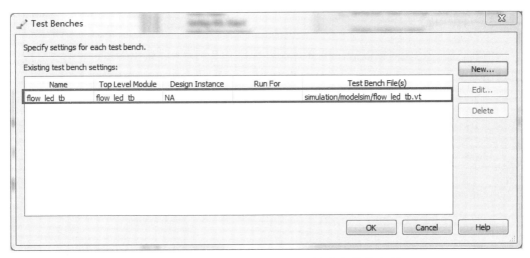

图 B.27 成功添加 Test Benches 仿真文件信息界面

图 B.28 开始 RTL 仿真界面

单击此按钮,则会出现如图 B.29 所示的波形图界面。在该软件启动过程中,不需要任何操作,它会自动完成仿真,并给出所需要的波形。

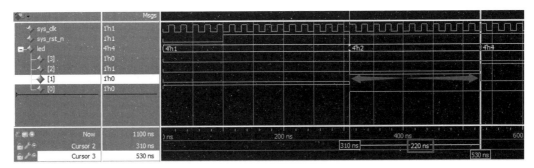

图 B.29 仿真结果局部图

5. 分配引脚

仿真、编译均无问题以后，接下来就需要对工程中输入、输出端口进行管脚分配。可以在菜单栏中单击【Assignments】→【Pin Planner】，或者在工具栏中单击【Pin Planner】图标。引角分配操作界面如图 B.30 所示。

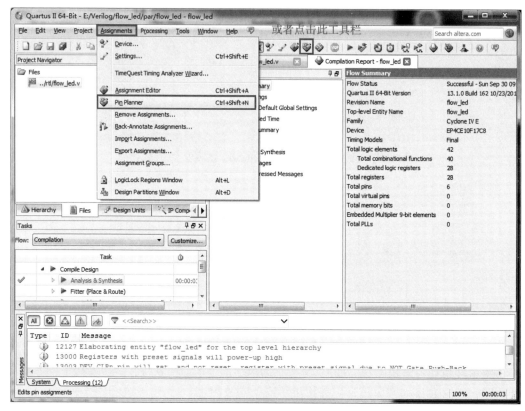

图 B.30　引脚分配操作界面

引脚分配界面如图 B.31 所示。

可以看到该界面出现了 6 个端口分别是 4 个 LED、时钟和复位，可以参考原理图来对引脚进行分配。比如分配 sys_clk 引脚为 PIN_E1，先用鼠标单击 sys_clk 信号名 Location 下面的空白位置，选择 PIN_E1，也可以直接输入 E1，按回车键。引脚分配完成后界面如图 B.32 所示。

附录 B

在 Quartus 设计组件下编写 VHDL 项目的方法

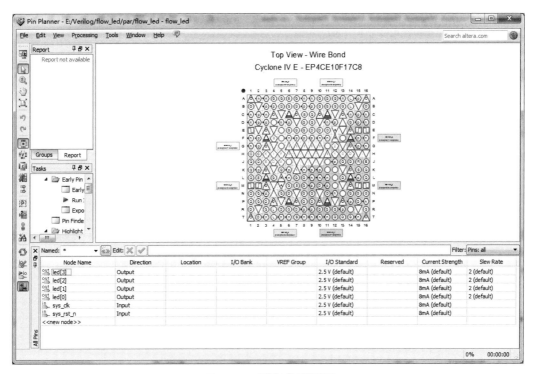

图 B.31 引脚分配界面

Node Name	Direction	Location	I/O Bank	VREF Group	I/O Standard	Reserved	Current Strength	Slew Rate
led[3]	Output	PIN_F9	7	B7_N0	2.5 V (default)		8mA (default)	2 (default)
led[2]	Output	PIN_E10	7	B7_N0	2.5 V (default)		8mA (default)	2 (default)
led[1]	Output	PIN_C11	7	B7_N0	2.5 V (default)		8mA (default)	2 (default)
led[0]	Output	PIN_D11	7	B7_N0	2.5 V (default)		8mA (default)	2 (default)
sys_clk	Input	PIN_E1	1	B1_N0	2.5 V (default)		8mA (default)	
sys_rst_n	Input	PIN_M1	2	B2_N0	2.5 V (default)		8mA (default)	
<new node>								

图 B.32 引脚分配完成界面

6. 编译工程

分配完引脚之后，需要对整个工程进行一次全编译，在工具栏中选择【Start Compilation】图标，全编译操作界面如图 B.33 所示。

全编译完成后的界面如图 B.34 所示。

图 B.33　全编译操作界面

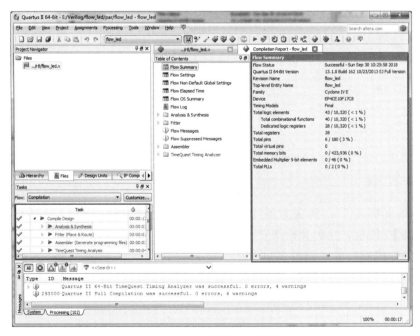

图 B.34　全编译完成界面

在图 B.34 界面中,左侧编译流程窗口全部显示打钩,说明工程编译通过。可以通过右侧 Flow Summary 观察 FPGA 资源使用情况。

7. 下载程序

编译完成后,就可以给开发板下载程序,验证程序能否正常运行。首先,将 USB Blaster 下载器一端连接电脑,另一端与开发板上的 JTAG 接口连接;然后连接开发板电源线,并打开电源开关。接下来,在工具栏上找到【Programmer】按钮,或者选择菜单栏【Tools】→【Programmer】,操作界面如图 B.35 所示。

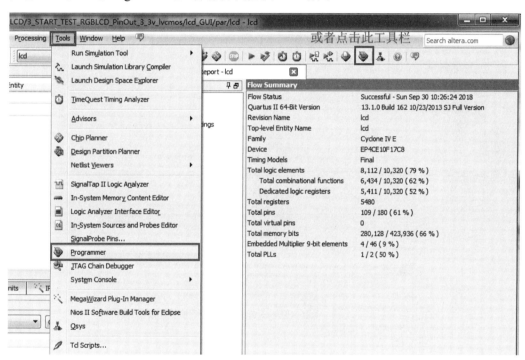

图 B.35　打开程序下载操作界面

程序下载界面如图 B.36 所示。

点击图 B.36 页面中的【Hardware Setup...】按钮,选择"USB-Blaster",出现如图 B.37 所示界面。

图 B.36　程序下载界面

图 B.37　选择 USB–Blaster 界面

在图 B.37 界面中，如果软件中没有出现 USB-Blaster，请检查是不是 USB-Blaster 没有插入电脑的 USB 接口。然后，单击 Close 按钮完成设置，接下来回到下载界面，单击【ADD File...】按钮，添加用于下载程序的 sof 文件，如图 B.38 和图 B.39 所示。

图 B.38 程序下载界面一

图 B.39 选择 sof 文件界面

找到"output_files"下面的"flow_led.sof"文件，单击【Open】即可。接下来就可以下载程序了。单击【Start】按钮下载程序，操作界面如图 B.40 所示。

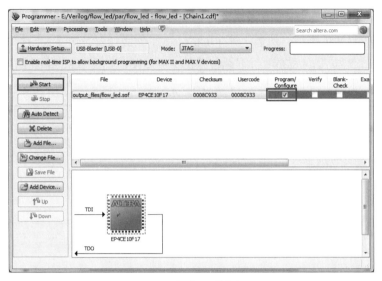

图 B.40 程序下载界面二

下载程序时，可以在 Process 一栏中观察下载进度。程序下载完成后，可以看到下载进度为 100%，如图 B.41 所示。

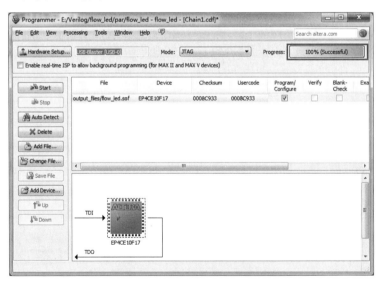

图 B.41 程序下载完成界面

下载完成之后，可以看到开发板上的 LED 按顺序点亮，呈现出流水灯效果。

附录 C

人工智能边缘实验室-FPGA 开发板调试

1. 平台概述

人工智能边缘实验室远程开发平台是将多个 FPGA 板卡放置在一个服务器中，提供统一的电源及分配相应的网络资源，形成 FPGA 资源池。使用 SoC 技术和 FPGA 远程调试技术，用户可以通过云接入方式访问 FPGA 板卡，远程进行 FPGA 程序设计、调试、下载、验证工作。

图 C.1　FPGA 实验结构框架图

FPGA 实验结构框架图如图 C.1 所示。用户可以通过本地主机拨入虚拟专用网络 VPN，通过远程桌面控制的方式来控制实验主机进行相应的实验操作。实验主机中安装了 Quartus Prime 软件。用户使用该软件及相应的 SoC 指令访问 FPGA 板卡，实现 FPGA 板卡的在线调试。

2. FPGA 实验流程图

FPGA 实验流程图如图 C.2 所示。

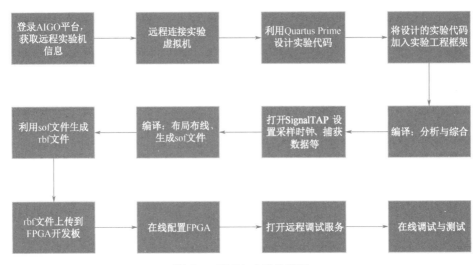

图 C.2 FPGA 实验流程图

3. FPGA 实验步骤

（1）虚拟机、开发板远程信息获取。

用户通过网页登录至实验平台，依次单击个人中心->开始实验->进行中实验->开始实验下拉按钮->远程信息，查看虚拟机及开发板的 IP 地址、用户名及密码等相关信息。虚拟机、开发板远程信息界面见图 C.3。

图 C.3 虚拟机、开发板远程信息

在远程信息中，FPGA 开发板的 IP 地址是指 FPGA 实验板卡上的 Linux 系统的 IP 地址。远程调试时，需要将 FPGA 的配置程序上传到该 IP 中，进行 FPGA 的配置及远程调试等操作。FPGA 开发板用户名和 FPGA 开发板密码在对 FPGA 板卡进行远程操作时会用到。实验云主机 IP、实验云主机用户名、实验云主机密码在用户登录远程桌面控制时会用到。

（2）VPN 接入。

打开电脑的网络和 Internet 设置，进入 VPN 菜单栏，选择添加 VPN 连接。VPN 设置信息如下：

a. 服务器地址：183.230.19.133。

b. VPN 类型：使用预共享密钥的 L2TP/IPsec。

c. 预共享密码：admin@123。

d. 登录信息的类型：用户名和密码。

e. 使用提供的用户名和密码。

VPN 设置完成后，点击连接即可。VPN 设置信息界面见图 C.4。

图 C.4　VPN 设置信息

（3）登录远程实验桌面。

在本地电脑的搜索框中，搜索远程桌面连接软件并打开远程桌面。单击显示选项，将前面获取的虚拟机 IP 地址及账号填入计算机（C）和用户名栏中。远程桌面信息界面如图 C.5 所示。

图 C.5　远程桌面信息界面

填写完成后,单击连接按钮,并输入前面获取到的密码,在弹出的安全证书对话框中单击"是",连接远程实验桌面,如图 C.6 所示。

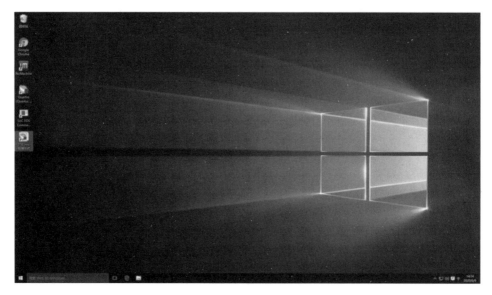

图 C.6　远程桌面

附录 C

人工智能边缘实验室–FPGA 开发板调试

实验虚拟机的桌面上预装的软件及相应用途如下。

桌面资源	用途
Nomachine	用于连接 FPGA 实验板卡上运行的 Linux 操作系统
Quartus Prime 17.1 Standard Edition	用于开发 Intel FPGA 的 EDA 软件
Soc EDS Command Shell	用于远程连接 FPGA 板卡、程序上传、配置等操作
C5TB_top-快捷方式	FPGA 程序开发框架文件（由于远程调试的特殊性，学生在做实验时编写的代码必须在这个框架里开发）

实验虚拟机的配置情况如下。

硬件资源	配置
CPU	4 核心 8 线程
硬盘	50GB
内存	16GB

4. 建立 FPGA 工程

打开 C5TB_top-快捷方式，在弹出的窗口中选择最后一项，指定 license file。在 license file 中输入：2700@10.1.0.11，单击 OK 获得软件授权。

工程文件打开后如图 C.7 所示，工程文件的详细情况如下。

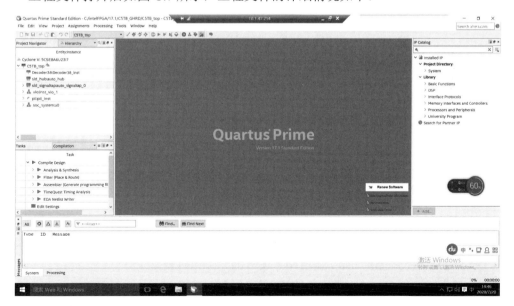

图 C.7　Quartus Prime 软件界面

工程文件	描述
C5TB_top	顶层文件，设计的实验模块必须加入这个顶层文件，在这个顶层文件内进行
C5TB_top | Decoder38：decoder31_inst	38 译码器 DEMO 实验源文件（该部分为用户自主编辑）
C5TB_top | sld_hub:auto_hub	SingleTap IP 核，用于实验调试时抓取波形
C5TB_top | sld_signaltap:auto_signaltap_0	
C5TB_top | vio:inst_vio_1	虚拟 IO IP 核，用于监控或输出信号
C5TB_top | soc_system:u0	ARM IP 核心，用于运行 Linux 操作系统，实现远程配置 FPGA 功能

其中，Decoder38：decoder31_inst 文件是由用户设计的模块，其余文件为该工程的工程框架，用于虚拟主机与 FPGA 开发板的连接。用户在编写完需要调试的工程源文件后，在 C5TB_top 文件中的学生编程区调用该模块，并将信号扇出到 VIO 模块、FPGA 管脚（虚拟实验主机提供的初试工程已经完成本步骤，故实验时无须操作），相关代码参见图 C.8。

```
/********************************************************************
↓↓                     学生编程区                              ↓↓
********************************************************************/
wire [7 :0] select;

Decoder38 Decoder38_inst(
        .data_in(select[2:0]),
        .enable(select[3]),
        .clk(fpga_clk_50),
        .data_out(LED)
);

//module
vio inst_vio_1(
.source(select),
.probe());
//==============================end==============================


endmodule
```

图 C.8　测试模块的调用代码

wire [7: 0]data_out; //定义 8bit 的 wire，用于将信号输出到开发板上的 led
wire [7 :0] select; //定义 8bit 的 wire，用于将 38 译码器的输出信号连接到 vio 模块
Decoder38 Decoder38_inst(//调用刚才编写的 38 译码器模块
.data_in(select[2:0]), //38 译码器的输入信号连接到 vio
.enable(select[3]), //38 译码器的使能信号连接到 vio

附录 C
人工智能边缘实验室–FPGA 开发板调试

.clk(fpga_clk_50), //38 译码器的时钟信号连接到时钟输入管脚

.data_out(LED) //38 译码器的输出信号连接到开发板上的 led

);

//module

vio inst_vio_1(

.source(select), //vio 模块的输出信号连接到 38 译码器的输入

.probe());

工程文件搭建完成后,单击 Quartus Prime 软件左下方的 Analysis & Synthesis 按钮,进行分析综合,工程大小不同,需要时间不一样。一般需要几分钟。

设置 Signal TAP 时钟信号。

工程分析综合完成后,在 Quartus Prime 软件上方的 tools 菜单栏中选择 Signal TAP,对 Signal TAP 的采样时钟信号进行设置,见图 C.8。

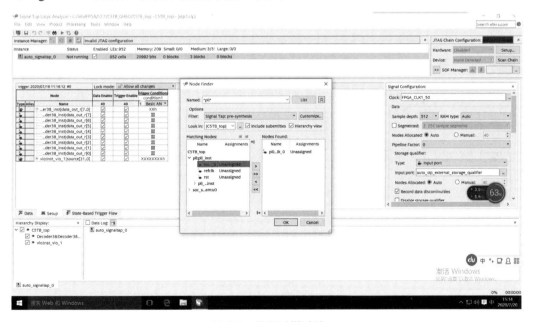

图 C.9 设置采样时钟

打开 Signal TAP 后,在 Signal Configuration 中选择 Show More Search Option 按钮,展开搜索选项。在 Named 中输入*PLL*,在 Filter 选择 Signal TAP: pre-synthesis 选项,单击 List,选择搜索出来的锁相环输出时钟信号。单击 Copy to Select Nodes list 按钮,将时钟加入右侧,单击 OK。

设置 Signal TAP 被观测数据信号。

选中在 Signal TAP 界面下的 setup 标签页，双击空白区域，添加需要观测的数据信号，见图 C.10。

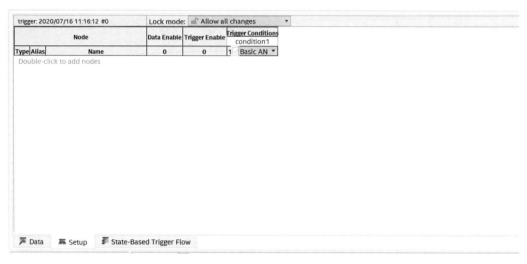

图 C.10　Signal TAP 标签页界面

将 38 译码器的输入和输出信号添加为观测信号。设置完成之后，保存并关闭 Signal TAP 设置框，参见图 C.11。

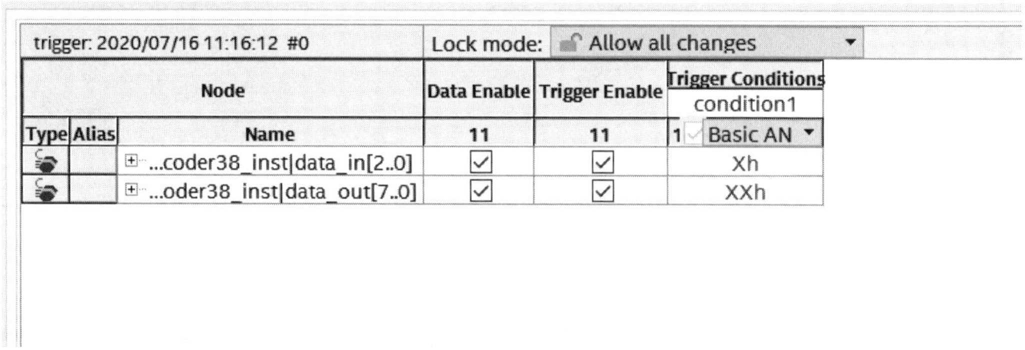

图 C.11　添加观测信号界面

5．编译整个工程

单击 Quartus Prime 软件上方菜单栏中的 Start Compilation 按钮，对工程进行编译、布局布线、生成 sof 文件等操作。根据工程大小的不同，所用时间不同一般需要 10 分钟。编译工程界面如图 C.12 所示。

附录 C
人工智能边缘实验室-FPGA 开发板调试

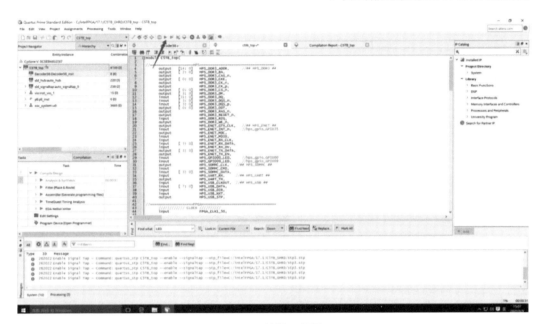

图 C.12　编译工程界面

6．生成 rbf 文件

编译完成后，会在工程目录下生成一个 sof 文件。该文件可以直接通过 JTAG 方式烧写进 FPGA 开发板进行实验。由于我们采用的是云平台在线调试的方式，因此需要将 sof 文件转换成 rbf 文件进行在线烧录。

单击工程目录下的 sof_to_rbf.bat 执行相应的命令行，转换完成后按任意键退出，会在当前目录下生成.rbf 文件，见图 C.13。

7．上传 rbf 文件

打开虚拟主机桌面的 SoC EDS（以下简称 SoC EDS 窗口一），输入命令：cdc:/intelFPGA/17.1/C5TB_GHRD/output_files，切换到工程目录下。

切换到工程目录下之后，输入命令：scp soc_system.rbf root@10.1.47.167:/root/，将 rbf 文件上传到 FPGA 开发板运行的 Linux 操作系统目录下，如图 C.14 所示。

在输入第二条指令时所用到的 IP 地址及板卡的密码就是前面在 AIGO 实验平台获取的远程信息中的 IP 地址及密码。

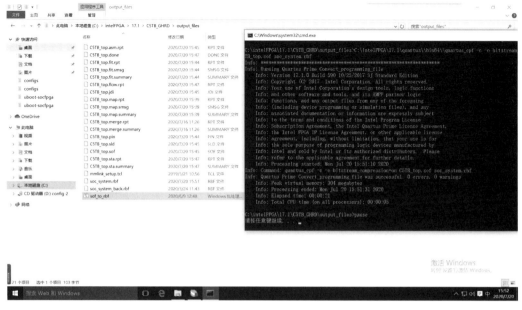

图 C.13　生成 rbf 文件

图 C.14　上传 rbf 文件

8. 配置 FPGA

在打开一个 SoC EDS 窗口（以下简称 SoC EDS 窗口二）后，在该窗口中输入命令 ssh root@10.1.47.167，使用 SSH 的方式远程连接 FPGA 开发板运行的 Linux 操作系统。这里的 IP 地址填写的是前面获取的远程信息中的 FPGA 实验板卡 IP 地址、FPGA 实验板卡密码。使用 SSH 方式登录到 FPGA 开发板所运行的 Linux 开发板后，不可对 Linux 开发板根目录的文件进行操作，否则会造成板卡失效，需要联系管理员重置。

连接到 FPGA 开发板的 Linux 操作系统后，在 SoC EDS 窗口二中输入命令./hps_config_fpga soc_system.rbf，执行在线配置命令对 FPGA 进行配置，如图 C.15 所示。

图 C.15 配置 FPGA

9. 启动远程调试服务

切换到 SoC EDS 窗口一，执行命令：system-console -jtag_server --rc_script=./mmlink_setup.tcl ./C5TB_top.sof 10.1.47.167 3333。这条命令中的 IP 地址需要填写前面获取的远程信息中的 FPGA 实验板卡的 IP 地址及相应的端口，如图 C.16 所示。

图 C.16 启动远程调试服务界面

10．设置 Signal TAP 调试环境

打开 Signal TAP，单击 Signal TAP 窗口右上角的 setup 按钮，选择下载器为 SystemConsole on localhost:50515，之后单击 close。选择下载器界面如图 C.17 所示。

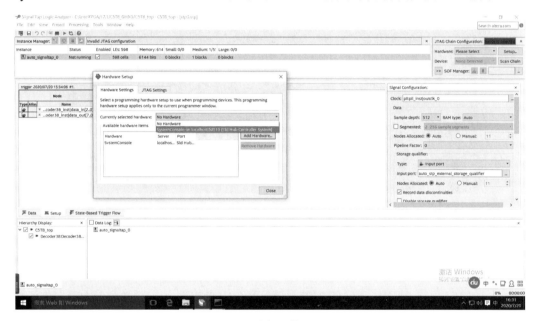

图 C.17　选择下载器界面

连接成功后，会在 Instance Manage 窗口显示 Ready to acquire 信息，如图 C.18 所示。

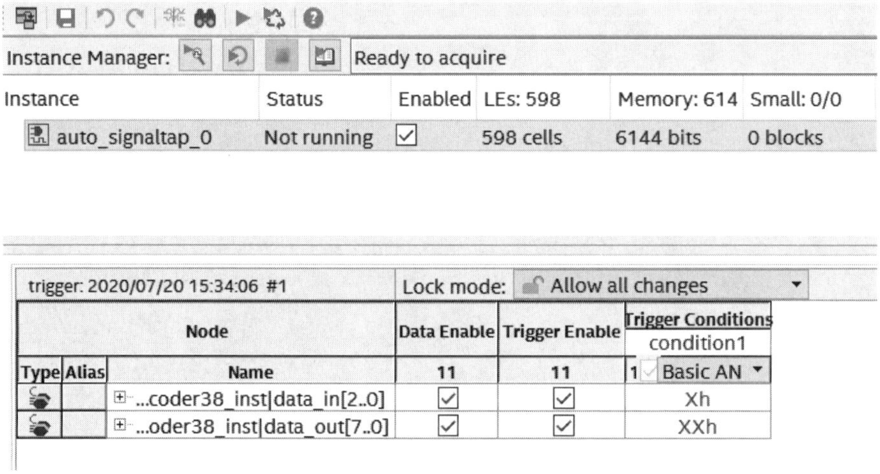

图 C.18　连接成功标识界面

11. 开始在线调试

在 Signal TAP 窗口下，单击 Instance Manager 右方的 Run Analysis，立即触发，在线调试，如图 C.19 所示。

图 C.19　在线调试界面

触发后，会在 Signal TAP 获得数据信息。当 38 译码器的输入为 0 时，输出为 FF，符合设计要求。

接下来，可以改变 38 译码器的输入值进行调试，打开 In-System Sources and Probes Editor，与 Signal TAP 添加下载器的步骤相同，设置下载器，见图 C.20。

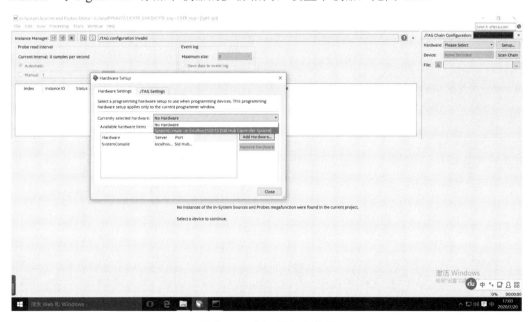

图 C.20　ISSP 设置下载器

设置完下载器之后，可以通过鼠标单击相应的值来改变 38 译码器的输入值，更改之后回到 Signal TAP，再次单击触发按钮进行信号采集。改变信号输入值界面见图 C.21。

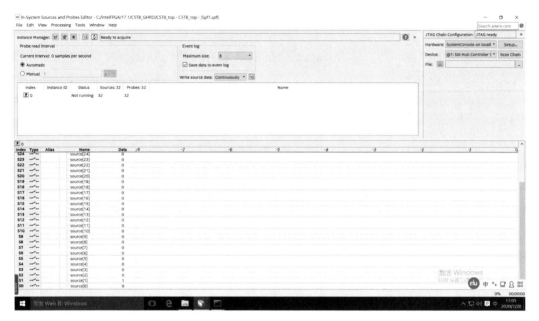

图 C.21　改变信号输入值界面

附录 D

正文中的程序代码

1. MIPS 架构处理器设计相关代码

```verilog
// TOP.v
`timescale 1ns / 1ps
module TOP(
    input clk,
    input rst_n
    );

    wire RegDst;
    wire RegWr;
    wire Branch;
    wire Jump;
    wire Extop;
    wire ALUSrc;
    wire [3:0] ALUctr;
    wire MemWr;
    wire MemtoReg;
    wire [31:0] instruction;

    Controler Controler (
        .instruction(instruction),
        .RegDst(RegDst),
        .RegWr(RegWr),
```

```verilog
        .Branch(Branch),
        .Jump(Jump),
        .ExtOp(ExtOp),
        .ALUSrc(ALUSrc),
        .ALUctr(ALUctr),
        .MemWr(MemWr),
        .MemtoReg(MemtoReg)
    );

    SingleDataPath SingleDataPath (
        .clk(clk),
        .rst_n(rst_n),
        .RegDst(RegDst),
        .RegWr(RegWr),
        .Branch(Branch),
        .Jump(Jump),
        .Extop(Extop),
        .ALUSrc(ALUSrc),
        .ALUctr(ALUctr),
        .MemWr(MemWr),
        .MemtoReg(MemtoReg),
        .instruction(instruction)
    );

endmodule
```

```verilog
// Adder.v
`timescale 1ns / 1ps

module Adder(
    input [31:0] data_A,
    input [31:0] data_B,
    input cin,
    input [3:0] alu_ctr,      //alu控制信号
    output add_carry,          //本位和向高位的进位
    output add_overflow,       //溢出标志位
```

```verilog
    output add_zero,          //用于判断结果add_result是否为0
    output [31:0] add_result  //本位和
    );
    assign {add_carry,add_result} = data_A + data_B + cin;
    assign add_zero = ~(|add_result);   //检查运算结果是否为0，用"|(缩或)"运
算符去实现
                                        //当add_result为0时，缩或的结果就是0，取反之
后add_zero就为1
    assign add_overflow = ((alu_ctr==4'b0001) & ~data_A[31] & ~data_B[31] & add_result[31]
                         |(alu_ctr==4'b0001) &  data_A[31] &  data_B[31] & ~add_result[31]
                         |(alu_ctr==4'b0011) &  data_A[31] & ~data_B[31] & ~add_result[31]
                         |(alu_ctr==4'b0011) & ~data_A[31] &  data_B[31] & add_result[31]);
    Endmodule

// alu.v
`timescale 1ns / 1ps
module alu(
    input [31:0] alu_da,      //ALU第一个输入数据端口
    input [31:0] alu_db,      //ALU第二个输入数据端口
    input [3:0]  alu_ctr,     //ALU运算功能编码，12种指令需要4位编码
    input [4:0]  alu_shift,   //ALU需要移动的位数

    output alu_zero,          //运算结果全零标志
    output alu_overflow,      //有符号运算溢出标志
    output reg [31:0] alu_dc  //ALU运算结果
    );

//******************generate ctr******************
    wire subctr;              //控制当前的运算是加法运算，还是减法运算，减法运算时将它置一，加
法运算时将它置零
    wire [1:0] logicctr;      //4种逻辑运算
    wire sigctr;              //小于置一运算
    wire [1:0] shift_ctr;     //移位运算
    wire ovctr;               //对于溢出，只考虑带符号数的加法和减法，只有执行这两个操
```

作时将它置一，其他操作时置零

```
    wire [1:0] opctr;            //控制输出结果属于4类运算中的哪一类（加法、逻辑、小于
置一、移位）

    assign subctr =(~alu_ctr[3] & ~alu_ctr[2] & alu_ctr[1]) | (alu_ctr[3] &
~alu_ctr[2]);
    assign sigctr = alu_ctr[0];
    assign ovctr = alu_ctr[0] & ~alu_ctr[3] & ~alu_ctr[2];
    assign logicctr = alu_ctr[1:0];
    assign shift_ctr = alu_ctr[1:0];        //00:sll（逻辑左移） 01:srl（逻辑右移）
10:sra（算术右移）

    assign opctr = alu_ctr[3:2];    //利用alu_ctr的高两位来区分是4种类型中的哪一
种类型的运算
                                    //opctr用来控制4类数据的选择输出

//******************logic op******************逻辑运算
reg [31:0] logic_result;

always@(*)begin
    case(logicctr)
        2'b00:logic_result = alu_da & alu_db;
        2'b01:logic_result = alu_da | alu_db;
        2'b10:logic_result = alu_da ^ alu_db;
        2'b11:logic_result = ~(alu_da | alu_db);
    endcase
end

//******************shift op******************移位运算
wire [31:0] shift_result;

Shifter Shifter0(
    .data(alu_db),
    .shift(alu_shift),
    .shift_ctr(shift_ctr),
    .shift_result(shift_result)
);
```

```verilog
//*******************add sub op******************加法运算
wire [31:0] add_result;
wire [31:0] bit_m,xor_m;
wire add_carry;        //本位相加向高位的进位
wire add_overflow;

assign bit_m = {32{subctr}};
assign xor_m = bit_m ^ alu_db;

Adder Adder0 (
    .data_A(alu_da),
    .data_B(xor_m),
    .cin(subctr),
    .alu_ctr(alu_ctr),
    .add_carry(add_carry),
    .add_overflow(add_overflow),
    .add_zero(alu_zero),
    .add_result(add_result)
);
assign alu_overflow = add_overflow & ovctr;


//*******************slt op******************小于置一运算
wire [31:0] slt_result;
wire less_m1,less_m2,less_s/*,slt_m*/;

assign less_m1 = add_carry ^ subctr;        //无符号数的大小比较结果
assign less_m2 = add_overflow ^ add_result[31];        //带符号数的大小比较结果
assign less_s = (sigctr == 1'b0)?less_m1:less_m2;    //二选一数据选择器,sigctr
为0时是无符号数比较，反之为带符号数比较
    assign slt_result = (less_s)?32'hffff_ffff:32'h0000_0000;      //当结果less_s
为1时,把它扩展成一个32的1输出;当结果less_s为0时,把它扩展成一个32的0输出


//*******************alu result******************
always@(*)begin
    case(opctr)
        2'b00: alu_dc <= add_result;        //add输出
        2'b01: alu_dc <= logic_result;      //逻辑输出
```

```verilog
                2'b10: alu_dc <= slt_result;        //小于置一输出
                2'b11: alu_dc <= shift_result;      //移位输出
            endcase
        end

endmodule
```

```verilog
// aluControl.v
`timescale 1ns / 1ps

module aluControl(
    input  [5:0] func,
    output [3:0] aluOp
    );
    wire add  = (func==6'b100000);
    wire addu = (func==6'b100001);
    wire sub  = (func==6'b100010);
    wire subu = (func==6'b100011);
    wire and1 = (func==6'b100100);
    wire or1  = (func==6'b100101);
    wire xor1 = (func==6'b100110);
    wire nor1 = (func==6'b100111);
    wire sltu = (func==6'b101011);
    wire slt  = (func==6'b101010);
    wire sll  = (func==6'b000000);
    wire srl  = (func==6'b000010);
    wire sra  = (func==6'b000011);

    assign aluOp =  ({4{add  }}&4'b0001)|
                    ({4{addu }}&4'b0000)|
                    ({4{sub  }}&4'b0011)|
                    ({4{subu }}&4'b0010)|
                    ({4{and1 }}&4'b0100)|
                    ({4{or1  }}&4'b0101)|
                    ({4{xor1 }}&4'b0110)|
                    ({4{nor1 }}&4'b0111)|
                    ({4{sltu }}&4'b1000)|
```

```verilog
                    ({4{slt }}&4'b1001)|
                    ({4{sll }}&4'b1100)|
                    ({4{srl }}&4'b1101)|
                    ({4{sra }}&4'b1110);
endmodule
```

```verilog
// Controler.v
`timescale 1ns / 1ps
module Controler(
    input  [31:0] instruction,
    output RegDst,
    output RegWr,
    output Branch,
    output Jump,
    output ExtOp,
    output ALUSrc,
    output [3:0] ALUctr,
    output MemWr,
    output MemtoReg
    );
    wire [5:0] op;
    wire [5:0] func;
    wire R_type;
    wire [3:0] aluOp1;
    wire [3:0] aluOp2;

    assign op = instruction[31:26];
    assign func = instruction[5:0];

    maincontrol maincontrol (
        .op(op),
        .RegDst(RegDst),
        .RegWr(RegWr),
        .Branch(Branch),
        .Jump(Jump),
        .ExtOp(ExtOp),
        .ALUSrc(ALUSrc),
        .aluOp(aluOp1),
```

```verilog
        .MemWr(MemWr),
        .MemtoReg(MemtoReg),
        .R_type(R_type)
    );

    aluControl aluControl (
        .func(func),
        .aluOp(aluOp2)
    );

    assign ALUctr = (R_type)?aluOp2:aluOp1;

endmodule
```

```verilog
// DataMem.v
`timescale 1ns / 1ps

module DataMem(
    input clk,
    input wen,
    input [7:0] WrAddr,
    input [31:0] WrData,
    input [7:0] RdAddr,
    output [31:0] RdData
    );
    reg [31:0] ram [255:0];
    always@(posedge clk)begin
        if(wen)
            ram[WrAddr] <= WrData;
    end
    assign RdData = ram[RdAddr];
endmodule
```

```verilog
// ifetch.v
`timescale 1ns / 1ps
module ifetch(
    input clk,
```

```verilog
    input rst_n,
    input zero,
    input branch,
    input jump,
    output [31:0] instruction
    );
    reg  [29:0] PC;
    wire [29:0] PC_next;
    wire [29:0] PC_INC;
    wire [29:0] PC_Branch;
    wire [15:0] imme;
    wire [29:0] PC_sel;
    wire [31:0] pc_32bit;
    assign pc_32bit = {PC,2'b00};
    assign imme = instruction[15:0];

    always@(posedge clk or negedge rst_n)begin
        if(~rst_n)
            PC <= 30'd0;
        else
            PC <= PC_next;
    end

    wire [7:0] addr;
    assign addr = {PC[5:0],2'd0};

    Rom_No_Delay u1(
        .a(addr),            // input  [7 : 0] a
        .spo(instruction)    // output [31 : 0] spo
    );

    assign PC_INC = PC + 1'b1;    //顺序执行，程序计数器加1，执行下一条指令
    assign PC_Branch = PC_INC + {{14{imme[15]}},imme};   //分支指令beq
    assign PC_sel = (branch & zero)?PC_Branch:PC_INC;
    assign PC_next = (jump)?{PC[29:26],instruction[25:0]}:PC_sel;

endmodule
```

```verilog
// maincontrol.v
`timescale 1ns / 1ps
module maincontrol(
    input  [5:0] op,
    output RegDst,
    output RegWr,
    output Branch,
    output Jump,
    output ExtOp,
    output ALUSrc,
    output [3:0] aluOp,
    output MemWr,
    output MemtoReg,
    output R_type
    );
    wire ls;
    wire ori  = (op==6'b001101);
    wire andi = (op==6'b001100);
    wire lw   = (op==6'b100011);
    wire sw   = (op==6'b101011);
    wire beq  = (op==6'b000100);
    wire j    = (op==6'b000010);
    wire addi = (op==6'b001000);//增加一条addi指令
    
    assign R_type=(op==6'b000000);
    assign RegDst=R_type;
    assign RegWr=R_type|ori|andi|lw|addi;
    assign Branch=beq;
    assign Jump=j;
    assign ExtOp=lw|sw|addi;
    assign ALUSrc=ori|andi|lw|sw|addi;
    assign MemWr=sw;
    assign MemtoReg=lw;
    assign ls=lw|sw;
    
    assign aluOp =  ({4{ori}} &4'b0101)|
                    ({4{andi}}&4'b0100)|
                    ({4{ls}}  &4'b0001)|
```

```verilog
                    ({4{addi}}&4'b0001)|
                    ({4{beq}} &4'b0011);
endmodule
// ram.v
`timescale 1ns / 1ps
module ram(
    input           clk,
    input           rst_n,
    input   [4:0]   Ra,
    input   [4:0]   Rb,
    input   [4:0]   Rw,
    input           Wen,
    input   [31:0]  BusW,
    output  [31:0]  BusA,
    output  [31:0]  BusB
    );

    reg [31:0] DataReg [31:0];
    wire DataWen [31:0];

    //generate register's Wen signals
    assign DataWen[0] = 1'b0;
    genvar i;
    generate for(i=1;i<32;i=i+1)
        begin:data_en
            assign DataWen[i] = (Wen&(Rw==i));
        end
    endgenerate

    //register's writing
    genvar j;
    generate for(j=0;j<32;j=j+1)
        begin:data_writing
            always@(posedge clk or negedge rst_n)begin
                if(~rst_n)
                    DataReg[j] <= 32'd0;
                else if(DataWen[j])
                    DataReg[j] <= BusW;
```

```verilog
            end
        end
    endgenerate

    assign BusA=DataReg[Ra];
    assign BusB=DataReg[Rb];
endmodule
// Shift.v
`timescale 1ns / 1ps

module Shifter(
    input [31:0] data,      //移位的数据
    input [4:0] shift,      //需要移动的位数
    input [1:0] shift_ctr,  //移位的控制:00:sll(逻辑左移) 01:srl(逻辑右移) 10:sra
(算术右移)
    output reg [31:0] shift_result  //移位的结果
    );
    wire [5:0] shift_n;
    assign shift_n = 6'd32 - shift;
    always@(*)begin
        case(shift_ctr)
            2'b00:shift_result <= data << shift;    //逻辑左移运算符 << 实现
            2'b01:shift_result <= data >> shift;    //逻辑右移运算符 >> 实现
            2'b10:shift_result <= ({32{data[31]}} << shift_n) | (data >> shift);
            default:shift_result <= data;
        endcase
    end
endmodule
// SingleDataPath.v
`timescale 1ns / 1ps
module SingleDataPath(
    input clk,
    input rst_n,
    input RegDst,
    input RegWr,
    input Branch,
    input Jump,
    input Extop,
```

```verilog
        input ALUSrc,
        input [3:0] ALUctr,
        input MemWr,
        input MemtoReg,
        output [31:0] instruction
    );
    wire zero;
    wire [4:0] Rw;
    wire Rwen;
    wire [31:0] BusA;
    wire [31:0] BusB;
    wire [31:0] BusBm;
    wire [31:0] BusW;
    wire [31:0] ALU_DC;
    wire [31:0] RdData;
    wire overflow;
    wire [31:0] Extimme;

    //**********译码**********
    wire [4:0] Rs;
    wire [4:0] Rt;
    wire [4:0] Rd;
    wire [4:0] shift;
    wire [15:0] imme;

    assign Rs = instruction[25:21];
    assign Rt = instruction[20:16];
    assign Rd = instruction[15:11];
    assign shift = instruction[10:6];
    assign imme = instruction[15:0];

    //**********register file**********
    assign Rw = (RegDst)?Rd:Rt;
    assign Rwen = ~overflow & RegWr;
    assign BusW = (MemtoReg)?RdData:ALU_DC;

    ram register_file (
        .clk(clk),
```

```verilog
        .rst_n(rst_n),
        .Ra(Rs),
        .Rb(Rt),
        .Rw(Rw),
        .Wen(Rwen),
        .BusW(BusW),
        .BusA(BusA),
        .BusB(BusB)
);

//**********alu**********
assign Extimme = (Extop)?{{16{imme[15]}},imme}:{16'd0,imme};
assign BusBm = (ALUSrc)?Extimme:BusB;

alu alu (
    .alu_da(BusA),
    .alu_db(BusBm),
    .alu_ctr(ALUctr),
    .alu_shift(shift),
    .alu_zero(zero),
    .alu_overflow(overflow),
    .alu_dc(ALU_DC)
);

//**********data ram**********
DataMem DataRam (
    .clk(clk),
    .wen(MemWr),
    .WrAddr(ALU_DC),
    .WrData(BusB),
    .RdAddr(ALU_DC),
    .RdData(RdData)
);

//**********ifetch**********
ifetch ifetch (
    .clk(clk),
    .rst_n(rst_n),
```

```verilog
            .zero(zero),
            .branch(Branch),
            .jump(Jump),
            .instruction(instruction)
        );

endmodule

// tb_SingleDataPath.v
`timescale 1ns / 1ps

module tb_SingleDataPath;

    // Inputs
    reg clk;
    reg rst_n;
    reg RegDst;
    reg RegWr;
    reg Branch;
    reg Jump;
    reg Extop;
    reg ALUSrc;
    reg [3:0] ALUctr;
    reg MemWr;
    reg MemtoReg;

    // Outputs
    wire [31:0] instruction;

    // Instantiate the Unit Under Test (UUT)
    SingleDataPath uut (
        .clk(clk),
        .rst_n(rst_n),
        .RegDst(RegDst),
        .RegWr(RegWr),
        .Branch(Branch),
        .Jump(Jump),
        .Extop(Extop),
```

```verilog
        .ALUSrc(ALUSrc),
        .ALUctr(ALUctr),
        .MemWr(MemWr),
        .MemtoReg(MemtoReg),
        .instruction(instruction)
    );
    always #10 clk = ~clk;

    initial begin
        // Initialize Inputs
        clk = 1;
        rst_n = 0;
        RegDst = 0;
        RegWr = 0;
        Branch = 0;
        Jump = 0;
        Extop = 0;
        ALUSrc = 0;
        ALUctr = 0;
        MemWr = 0;
        MemtoReg = 0;
        // Wait 100 ns for global reset to finish
        #20;
        rst_n = 1'b1;

        ////////////////////////////////////////////////
        ////////////////////////////////////////////////
        //向寄存器堆中先存储数据,方便后面ALU根据地址取操作数时有数据可取
        //寄存器堆中的0号寄存器的数据就用初始化时的0,下面向2号寄存器写入数据 100
        RegDst = 0;
        RegWr = 1;
        Branch = 0;
        Jump = 0;
        Extop = 1;
        ALUSrc = 1;
        ALUctr = 4'b0001;
        MemWr = 0;
        MemtoReg = 0;
```

```
#20;

//寄存器堆中的0号寄存器的数据就用初始化时的0,下面向3号寄存器写入数据 60
RegDst = 0;
RegWr = 1;
Branch = 0;
Jump = 0;
Extop = 1;
ALUSrc = 1;
ALUctr = 4'b0001;
MemWr = 0;
MemtoReg = 0;
#20;


////////////////////////////////////////////////
////////////////////////////////////////////////
//add指令的仿真验证
RegDst = 1;
RegWr = 1;
Branch = 0;
Jump = 0;
Extop = 0;
ALUSrc = 0;
ALUctr = 4'b0001;
MemWr = 0;
MemtoReg = 0;
#20;

//sub指令的仿真验证
RegDst = 1;
RegWr = 1;
Branch = 0;
Jump = 0;
Extop = 0;
ALUSrc = 0;
ALUctr = 4'b0011;
MemWr = 0;
```

```verilog
MemtoReg = 0;
#20;

//and指令的仿真验证
RegDst = 1;
RegWr = 1;
Branch = 0;
Jump = 0;
Extop = 0;
ALUSrc = 0;
ALUctr = 4'b0100;
MemWr = 0;
MemtoReg = 0;
#20;

//or指令的仿真验证
RegDst = 1;
RegWr = 1;
Branch = 0;
Jump = 0;
Extop = 0;
ALUSrc = 0;
ALUctr = 4'b0101;
MemWr = 0;
MemtoReg = 0;
#20;

//xor指令的仿真验证
RegDst = 1;
RegWr = 1;
Branch = 0;
Jump = 0;
Extop = 0;
ALUSrc = 0;
ALUctr = 4'b0110;
MemWr = 0;
MemtoReg = 0;
#20;
```

```
//nor指令的仿真验证
RegDst = 1;
RegWr = 1;
Branch = 0;
Jump = 0;
Extop = 0;
ALUSrc = 0;
ALUctr = 4'b0111;
MemWr = 0;
MemtoReg = 0;
#20;

//slt指令的仿真验证
RegDst = 1;
RegWr = 1;
Branch = 0;
Jump = 0;
Extop = 0;
ALUSrc = 0;
ALUctr = 4'b1001;
MemWr = 0;
MemtoReg = 0;
#20;

//sll指令的仿真验证
RegDst = 1;
RegWr = 1;
Branch = 0;
Jump = 0;
Extop = 0;
ALUSrc = 0;
ALUctr = 4'b1100;
MemWr = 0;
MemtoReg = 0;
#20;

//addi指令的仿真验证
```

```
RegDst = 0;
RegWr = 1;
Branch = 0;
Jump = 0;
Extop = 1;
ALUSrc = 1;
ALUctr = 4'b0001;
MemWr = 0;
MemtoReg = 0;
#20;

//ori指令的仿真验证
RegDst = 0;
RegWr = 1;
Branch = 0;
Jump = 0;
Extop = 0;
ALUSrc = 1;
ALUctr = 4'b0101;
MemWr = 0;
MemtoReg = 0;
#20;

//beq指令的仿真验证
RegDst = 1;
RegWr = 1;
Branch = 1;
Jump = 0;
Extop = 0;
ALUSrc = 0;
ALUctr = 4'b0011;
MemWr = 0;
MemtoReg = 0;
#20;

//j指令的仿真验证
RegDst = 1;
RegWr = 1;
```

```verilog
            Branch = 0;
            Jump = 1;
            Extop = 0;
            ALUSrc = 0;
            ALUctr = 4'b0000;
            MemWr = 0;
            MemtoReg = 0;
            #40;
            $finish;
            
    end
    
endmodule
```

```verilog
// tb_top.v
`timescale 1ns / 1ps
module tb_top;

    // Inputs
    reg clk;
    reg rst_n;
    
    // Instantiate the Unit Under Test (UUT)
    TOP uut (
        .clk(clk),
        .rst_n(rst_n)
    );
    
    always#10 clk = ~clk;
    
    initial begin
        // Initialize Inputs
        clk = 1;
        rst_n = 0;
        
        // Wait 100 ns for global reset to finish
        #20;
        rst_n = 1;
```

```
            #400;
            $finish;

    end
endmodule
```

2. RISC-V 架构处理器设计相关代码

```verilog
// add_1.v
`timescale 1ns / 1ps
module add_1(
            a,
            b,
            c,
            d,
            out
    );
    input [63:0]a,b,c,d;

    output [63:0]out;

    assign out = a + b +c +d ;
endmodule


// add_eight.v
`timescale 1ns / 1ps

module add_eight(
            a,
            b,
            c,
            d,
            e,
            f,
            g,
            h,
            out
    );
    input [63:0]a,b,c,d,e,f,g,h;
```

```verilog
        output  [63:0]out;

        assign out = a + b +c +d +e+f+g+h;
endmodule
// addsub32.v
`timescale 1ns / 1ps
module addsub32( a,b,sub,s
    );
    input   [31:0]  a,b;
    input           sub;

    output  [31:0]  s   ;

    cla32 as32(
            .a  (a          ),
            .b  (b^{32{sub}}),
            .ci (sub        ),
            .s  (s          )
    );

    //assign s = a + b^{32{sub}} + sub;
endmodule
```

```verilog
// alu.v
`timescale 1ns / 1ps
module alu(a,b,aluc,r,z,ov ,clk,rst_n,more,moreu
    );

    input   [31:0]  a,b;
    input   [3:0]   aluc;
    input           clk,rst_n;

    output  reg [31:0]  r   ;
    output  z;
    output  ov;
    output  more,moreu;
```

```verilog
    wire    [31:0]  d_and       = a & b;
    wire    [31:0]  d_or        = a | b;
    wire    [31:0]  d_xor       = a ^ b;
    wire    [31:0]  d_lui       = a;
    //wire  [31:0]  d_and_or    = aluc[2]?d_or : d_and;
    //wire  [31:0]  d_xor_lui   = aluc[2]?d_lui: d_xor;
    wire    [31:0]  d_as,d_sh;
    wire    [31:0]  r0,r0u;
    wire    [63:0]  out_data;   //mul_result

    addsub32 as32 (
                .a   (a          ) ,
                .b   (b          ) ,
                .sub (aluc[0]    ) ,
                .s   (d_as       )
                );

    //mux4x32    select (
    //              .a0(d_as        ) ,
    //              .a1(d_and_or    ) ,
    //              .a2(d_xor_lui   ) ,
    //              .a3(d_sh        ) ,
    //              .s (aluc[1:0]   ) ,
    //              .y (r           )
    //);

    shift shifter(
                .d      (a           ),
                .sa     (b[4:0]      ),
                .right  (~aluc[0]    ),
                .arith  (~aluc[1]    ),
                .sh     (d_sh        )
    );

    compare com(
                .a      (a       ),
                .b      (b       ),
                .more   (more    ),
```

```verilog
                    .moreu    (moreu    )
        );

        mul mul0(  .clk       (clk      ),
                   .rst_n     (rst_n    ),
                   .sum_1     (a        ),
                   .sum_2     (b        ),
                   .out_data  (out_data )
        );

        assign r0 = more?0:32'h1;
        assign r0u= moreu?0:32'h1;

        always@(*)begin
        case(aluc)
        0,1:r =  d_as;
        2:r = d_and;
        3:r = d_or;
        4:r = d_xor;
        5:r = d_lui;
        6,7,8:r = d_sh;
        9:  r = r0;
        10:r = r0u;
        11:r = out_data[31:0];
        12:r = out_data[63:32];
        endcase
        end

        assign z = ~|r;
        assign ov = 0;        //~aluc[2] & ~a[31] & ~b[31] &  r[31] & ~aluc[1] & ~aluc[0]
    |
                              //~aluc[2] &  a[31] &  b[31] & ~r[31] & ~aluc[1] & ~aluc[0]
    |
                              //aluc[2] & ~a[31] &  b[31] &  r[31] & ~aluc[1] & ~aluc[0]
    |
                              //aluc[2] &  a[31] & ~b[31] & ~r[31] & ~aluc[1] &
~aluc[0] ;
```

```verilog
endmodule
```

```verilog
// cla_2.v
`timescale 1ns / 1ps
module cla_2(a,b,c_in,g_out,p_out,s
    );
    input   [1:0]a,b;
    input   c_in;
    
    output  g_out,p_out;
    output  [1:0]s;
    
    wire    [1:0]g,p;
    wire    c_out;
    
    fa_structural add0(a[0],b[0],c_in,  g[0],p[0],s[0]);
    
    fa_structural add1(a[1],b[1],c_out, g[1],p[1],s[1]);
    
    g_p g_p0(g,p,c_in,g_out,p_out,c_out);
endmodule
```

```verilog
// cla_4.v
`timescale 1ns / 1ps
module cla_4(a,b,c_in,g_out,p_out,s
    );
    input   [3:0]a,b;
    input   c_in;
    
    output  g_out,p_out;
    output  [3:0]s;
    
    wire    [1:0]g,p;
    wire    c_out;
    
    cla_2 cla0(a[1:0],b[1:0],c_in,  g[0],p[0],s[1:0]);
    
    cla_2 cla1(a[3:2],b[3:2],c_out, g[1],p[1],s[3:2]);
```

```verilog
    g_p g_p0(g,p,c_in,g_out,p_out,c_out);
endmodule
```

```verilog
// cla_8.v
`timescale 1ns / 1ps
module cla_8(a,b,c_in,g_out,p_out,s
    );

    input   [7:0]a,b;
    input   c_in;

    output  g_out,p_out;
    output  [7:0]s;

    wire    [1:0]g,p;
    wire    c_out;

    cla_4 cla0(a[3:0],b[3:0],c_in,  g[0],p[0],s[3:0]);

    cla_4 cla1(a[7:4],b[7:4],c_out, g[1],p[1],s[7:4]);

    g_p g_p0(g,p,c_in,g_out,p_out,c_out);
endmodule
```

```verilog
// cla_16.v
`timescale 1ns / 1ps
module cla_16(a,b,c_in,g_out,p_out,s
    );

    input   [15:0]a,b;
    input   c_in;

    output  g_out,p_out;
    output  [15:0]s;

    wire    [1:0]g,p;
    wire    c_out;
```

```verilog
    cla_8 cla0(a[7:0],b[7:0],c_in,   g[0],p[0],s[7:0]);

    cla_8 cla1(a[15:8],b[15:8],c_out,    g[1],p[1],s[15:8]);

    g_p g_p0(g,p,c_in,g_out,p_out,c_out);
endmodule
```

```verilog
// cla_32.v
`timescale 1ns / 1ps
module cla_32(a,b,c_in,g_out,p_out,s
    );

    input   [31:0]a,b;
    input   c_in;

    output  g_out,p_out;
    output  [31:0]s;

    wire    [1:0]g,p;
    wire    c_out;

    cla_16 cla0(a[15:0],b[15:0],c_in,    g[0],p[0],s[15:0]);

    cla_16 cla1(a[31:16],b[31:16],c_out,   g[1],p[1],s[31:16]);

    g_p g_p0(g,p,c_in,g_out,p_out,c_out);
endmodule
```

```verilog
// compare.v
`timescale 1ns / 1ps
module compare( a,
                b,
                more,
                moreu
    );

    input [31:0]    a,b;
```

```verilog
        output    more,moreu;
        
        assign more = ~a[31]&b[31] | ~a[31]&~b[31] & (a>=b) |  a[31]&b[31] & (a<=b) ;
        assign moreu = a[31]&~b[31] |  ~a[31]&~b[31] & (a>=b)  | a[31]&b[31] & (a>=b);
        //always@(posedge clk )begin
        //case({a[31],b[31]})
        //2'b00:begin more = (a>=b);
        //          moreu = (a>=b);end
        //2'b01:begin more = 1'b1;
        //          moreu = 1'b0;end
        //2'b10:begin more = 1'b0;
        //          moreu = 1'b1;end
        //2'b11:begin more = (a<=b);
        //          moreu = (a>=b);end
        //endcase
        //end
endmodule


// connect_reg.v
`timescale 1ns / 1ps
module connect_reg(
                    clk             ,
                    rst_n           ,
                    east_valid      ,
                    east_ack        ,
                    east_indata     ,
                    east_outdata    ,
                    east_o_valid    ,
                    east_i_ack      ,
                    east_r_en       ,
                    east_w_en       ,
                    south_valid     ,
                    south_ack       ,
                    south_indata    ,
                    south_outdata   ,
                    south_o_valid   ,
                    south_i_ack     ,
```

```verilog
                        south_r_en      ,
                        south_w_en      ,
                        west_valid      ,
                        west_ack        ,
                        west_indata     ,
                        west_outdata    ,
                        west_o_valid    ,
                        west_i_ack      ,
                        west_r_en       ,
                        west_w_en       ,
                        north_valid     ,
                        north_ack       ,
                        north_indata    ,
                        north_outdata   ,
                        north_o_valid   ,
                        north_i_ack     ,
                        north_r_en      ,
                        north_w_en
    );

    input   clk ,rst_n;
    input   east_valid,south_valid,west_valid,north_valid;
    input   east_i_ack,south_i_ack,west_i_ack,north_i_ack;
    input   [31:0]  east_indata,south_indata,west_indata,north_indata;
    input   east_r_en,east_w_en,south_r_en,south_w_en,west_r_en,west_w_en,north_r_en,north_w_en;

    output  [31:0]  east_outdata,south_outdata,west_outdata,north_outdata;
    output  reg     east_ack,south_ack,west_ack,north_ack;
    output  reg     east_o_valid,south_o_valid,west_o_valid,north_o_valid;

    reg [31:0]  east,south,west,north;

    always@(posedge clk or negedge rst_n)begin
        if(~rst_n)begin
            east <= 1'b0;
            east_ack <= 1'b0;
        end
```

```verilog
        else if(east_w_en)begin
            east     <= east_indata;
            east_ack <= 1'b0; end
        else if(east_valid) begin
            east     <= east_indata;
            east_ack <= 1'b1; end
        else begin
            east <= east;
            east_ack <= 1'b0; end
    end

    always@(posedge clk or negedge rst_n)begin
        if(~rst_n)begin
            south      <= 1'b0;
            south_ack  <= 1'b0;
            end
        else if(south_w_en)begin
            south     <= south_indata;
            south_ack <= 1'b0; end
        else if(south_valid) begin
            south     <= south_indata;
            south_ack  <=  1'b1   ;
            end
        else   begin
            south <= south;
            south_ack   <=   1'b0   ;end
    end

    always@(posedge clk or negedge rst_n)begin
        if(~rst_n)begin
            west       <=0;
            west_ack   <= 1'b0;
            end
        else if(west_w_en)begin
            west     <= west_indata;
            west_ack <= 1'b0; end
        else if(west_valid)begin
            west     <= west_indata;
```

```verilog
            west_ack    <= 1'b1;
            end
        else begin
            west        <= west;
            west_ack    <= 1'b0;end
    end

    always@(posedge clk or negedge rst_n)begin
        if(~rst_n)begin
            north       <= 1'b0;
            north_ack   <= 1'b0;
            end
        else if(north_w_en)begin
            north       <= north_indata;
            north_ack <= 1'b0; end
        else if(north_valid) begin
            north       <= north_indata;
            north_ack   <= 1'b1;end
        else begin
            north       <= north;
            north_ack   <= 1'b0;end
    end

    assign east_outdata   =   east;
    assign south_outdata  =   south;
    assign west_outdata   =   west;
    assign north_outdata  =   north;

    always@(posedge clk or negedge rst_n)begin
     if(~rst_n)
        east_o_valid <= 1'b0;
    else if(east_i_ack)
        east_o_valid <= 1'b0;
    else if(east_r_en)
        east_o_valid <= 1'b1;
    else
        east_o_valid <= east_o_valid;
    end
```

```verilog
    always@(posedge clk or negedge rst_n)begin
    if(~rst_n)
        south_o_valid <= 1'b0;
    else if(south_i_ack)
        south_o_valid <= 1'b0;
    else if(south_r_en)
        south_o_valid <=    1'b1;
    else
        south_o_valid <=    south_o_valid;
    end

    always@(posedge clk or negedge rst_n)begin
    if(~rst_n)
        west_o_valid <= 1'b0;
    else if(west_i_ack)
        west_o_valid <= 1'b0;
    else if(west_r_en)
        west_o_valid <= 1'b1;
    else
        west_o_valid <= west_o_valid;
    end

    always@(posedge clk or negedge rst_n)begin
    if(~rst_n)
        north_o_valid <= 1'b0;
    else if(north_i_ack)
        north_o_valid <= 1'b0;
    else if(north_r_en)
        north_o_valid <= 1'b1;
    else
        north_o_valid <= north_o_valid;
    end
endmodule


// csrreg.v
`timescale 1ns / 1ps
module csrreg( addr_csr,clk,rst_n,wen_csr,d_csr, q_csr ,
```

```verilog
d_mepc,d_mstatus,d_mie,d_mip,d_mcause,intr_en,q_mepc ,SMIE,q_mtvec
    );
    input   [11:0]  addr_csr;
    input           clk,rst_n;
    input           wen_csr;
    input   [31:0]  d_csr;
    input   [31:0]  d_mepc,d_mstatus,d_mie,d_mip,d_mcause;
    input           intr_en;

    output  reg [31:0]  q_csr;
    output      [31:0]  q_mepc,q_mtvec;
    output              SMIE;

    reg [31:0] mtvec,mepc,mstatus,mie,mip,mcause;

    always@(posedge clk or negedge rst_n)begin
    if(~rst_n) begin
        mtvec    <= 0;
        mepc     <= 0;
        mstatus <= 32'h00001808;
        mie     <= 32'h00000800;
        mip     <= 32'h0;
        mcause   <= 0 ;end
    else if(intr_en) begin
        mepc     <= d_mepc   ;
        mstatus  <= d_mstatus;
        mie      <= d_mie    ;
        mip      <= d_mip    ;
        mcause   <= d_mcause ;end
    else if(wen_csr)begin
        case(addr_csr)
        12'h300:mstatus <= d_csr;
        12'h304:mie     <= d_csr;
        12'h305:mtvec   <= d_csr;
        12'h341:mepc    <= d_csr;
        12'h342:mcause  <= d_csr;
        12'h344:mip     <= d_csr;
        endcase end
```

```verilog
        else begin
            mstatus <= mstatus ;
            mie     <= mie     ;
            mtvec   <= mtvec   ;
            mepc    <= mepc    ;
            mcause  <= mcause  ;
            mip     <= mip     ;end

    end

    always@(*)begin
    case(addr_csr)
    12'h300:q_csr = mstatus    ;
    12'h304:q_csr = mie        ;
    12'h305:q_csr = mtvec      ;
    12'h341:q_csr = mepc       ;
    12'h342:q_csr = mcause     ;
    12'h344:q_csr = mip        ;
    default : q_csr =0;
    endcase
    end

    assign q_mepc = mepc;
    assign q_mtvec=mtvec;
    assign SMIE = mstatus[3];
endmodule
```

```verilog
// d_chufa.v
`timescale 1ns / 1ps
module d_chufa( clk,
                rst_n,
                a,
                d
    );

    input               clk,rst_n;
    input   [63:0]      a;
    output reg [63:0]   d;
```

```verilog
    always@(posedge clk or negedge rst_n)begin
    if(~rst_n)
        d<=0;
    else
        d<= a;

    end
endmodule
```

```verilog
// dffe32.v
`timescale 1ns / 1ps
module dffe32(d,clk,rst_n,e,q
    );

    input           [31:0]  d               ;
    input                   clk,rst_n,e     ;
    output  reg     [31:0]  q               ;

    always@(posedge clk or negedge rst_n)
    begin
        if(!rst_n)
        q   <=  0           ;
        else if(e)
        q   <=  d   ;

    end
endmodule
```

```verilog
// fa_structural.v
`timescale 1ns / 1ps
module fa_structural(a,b,c,g,p,s
    );
    input   a,b,c;
    output  g,p,s;

    assign s    =   a^b^c;
    assign g    =   a&b;
```

```verilog
    assign p     =   a|b;
endmodule
```

```verilog
// g_p.v
`timescale 1ns / 1ps
module g_p(g,p,c_in,g_out,p_out,c_out
    );

    input   [1:0]g,p;
    input   c_in;

    output  g_out,p_out,c_out;

    assign g_out    =   g[1]|p[1]&g[0];
    assign p_out    =   p[1]&p[0];
    assign c_out    =   g[0]|p[0]&c_in;
endmodule
```

```verilog
// inst_memort.v
`timescale 1ns / 1ps
module inst_memort(input clk,

            input [31:0] Raddr,
            output [31:0] Rdat,
            input Wd,
            input [31:0] Waddr,
            input [31:0] Wdat);

    reg [31:0] ram[63:0];

    initial
    begin
//    $readmemh("D:/ISE/risc_v_cpu_1/file2.txt",ram);
    end

    always@(posedge clk)
        if(Wd) ram[Waddr] <= Wdat;
```

```verilog
    //always@(posedge clk)
    //   if(Rd) Rdat <= ram[Raddr];
    assign Rdat = ram[Raddr];
endmodule
```

```verilog
// mem_stage.v
`timescale 1ns / 1ps
module mem_stage(
    mselect_s,
    mselect_l,
    mwmem    ,
    malu     ,
    mb       ,
    clock    ,
    mmo
);
    input   [2:0]    mselect_s,mselect_l;
    input   [31:0]   malu,mb;
    input            mwmem;
    input            clock;

    output reg [31:0] mmo;

    reg [31:0]mb1;
    wire    [31:0]   mmo0;

    always@(*)begin
    case(mselect_s)
    3'b100:mb1 = mb;
    3'b010:mb1 = {16'h0,mb[15:0]};
    3'b001:mb1 = {24'h0,mb[7:0]};
    default:mb1 = mb;
    endcase
    end

    inst_memort memory(
                .clk    (clock) ,
                .Raddr  (malu[7:2] )  ,
```

```verilog
                    .Rdat   (mmo0)    ,
                    .Wd     (mwmem)   ,
                    .Waddr  (malu[7:2] )   ,
                    .Wdat   (mb1)
                    );

    //pipemem memip(
    //              .we     (mwmem      ),
    //              .a      (malu[7:2]  ),
    //              .d      (mb1        ),
    //              .clk    (clock      ),
    //              .spo    (mmo0       )
    //              );

    always@(*)begin
    case(mselect_l)
    3'b100:mmo = mb;
    3'b010:mmo = {16'h0,mmo0[15:0]};
    3'b001:mmo = {24'h0,mmo0[7:0]};
    default:mmo = mmo0;
    endcase
    end
endmodule


// mini_csralu.v
`timescale 1ns / 1ps
module mini_csralu( q_rs1,q_csr,q_csrimm,d_csr,csr_control
    );

    input  [31:0] q_rs1,q_csr;
    input  [4:0]  q_csrimm;
    input  [2:0]  csr_control;

    output reg [31:0] d_csr;

    always@(*)begin
       case(csr_control)
          3'b001:d_csr = q_rs1;
```

```verilog
                3'b010:d_csr = q_csr | q_rs1;
                3'b011:d_csr = q_csr&(~q_rs1);
                3'b101:d_csr = {26'b0,q_csrimm};
                3'b110:d_csr = q_csr | {26'b0,q_csrimm};
                3'b111:d_csr = q_csr &(~{26'b0,q_csrimm});
                default :d_csr = 0;
            endcase
        end
endmodule
```

```verilog
// mini_decode.v
`timescale 1ns / 1ps
module mini_decode( ins,
                    pc,
                    j_b_npc,
                    //q_rs1,
                    ealu,
                    malu,
                    mmo,
                    wreg,
                    em2reg,
                    ewreg,
                    mm2reg,
                    mwreg,
                    drn,
                    ern,
                    mrn,
                    prdt_taken,
                    relate,
                    //i_rs1,
                    i_fence,
                    ins0,
                    i_mul,
                    clk,
                    rst_n
        );

        input   [31:0]  ins,ins0;
```

```verilog
    input   [4:0]   drn,ern,mrn;
    input   [31:0]  pc  ;
    input           wreg,ewreg,em2reg,mwreg,mm2reg;
    input   [31:0]  ealu,malu,mmo;
    input clk,rst_n;

    output  [31:0]j_b_npc   ;
    output      prdt_taken  ;
    output      relate  ;
    //output        i_rs1;
    output      i_fence;
    output      i_mul;

    wire    [6:0]opcode ;

//  wire            i_branch;
    wire            i_jal;
    wire            i_jalr;
    wire            i_bxx;
    wire            i_mul;
    wire            j_take;
    wire            i_fence;
    //wire  [4:0]       i_rs1;
    wire    [31:0]      jr_rs;
    wire    [11:0]      ext12;
    wire    [19:0]      ext20;
    wire    [31:0]      j_offset,jr_offset,bxx_offset;
    wire    [31:0]      a,b;
    reg     [1:0]       fwdr    ;
    wire                e       ;
    reg                 a1,b1;

    assign opcode = ins[6:0];
    //assign i_rs1  = (ins==32'h0)? i_rs1:ins[19:15];

    assign e = ins[31];
    assign ext12 = {11{e}};
    assign ext20 = {19{e}};
```

```verilog
        assign j_offset = {ext12,ins[31],ins[19:12],ins[20],ins[30:21],1'b0};
        assign jr_offset = {ext20,ins[31:20]};
        assign bxx_offset = {ext20,ins[31],ins[7],ins[30:25],ins[11:8],1'b0};
        
        assign  i_jal    = opcode[6] & opcode[5] &~opcode[4] & opcode[3] & opcode[2] & opcode[1] & opcode[0];
        //assign  i_jalr   = opcode[6] & opcode[5] &~opcode[4] &~opcode[3] & opcode[2] & opcode[1] & opcode[0];
        assign  i_bxx    = opcode[6] & opcode[5] &~opcode[4] &~opcode[3] &~opcode[2] & opcode[1] & opcode[0];
        assign  i_mul    =~opcode[6] & opcode[5] & opcode[4] &~opcode[3] &~opcode[2] & opcode[1] & opcode[0];
        //assign    i_branch = i_jal | i_jalr | i_bxx;
        
        assign prdt_taken = (i_jal   |(i_bxx&ins[31]));
        assign i_fence   =  ~ins0[6] & ~ins0[5] &~ins0[4] & ins0[3] & ins0[2] & ins0[1] & ins0[0];
        
        assign a = pc;
        assign b = i_jal?j_offset:bxx_offset;
        
        //cla32 j_pc(  .a  (a      ),
        //             .b  (b      ),
        //             .ci (1'b0   ),
        //             .s  (j_b_npc)
        //);
        //always@(posedge clk ) begin
        //if(~rst_n)begin
        //  a1 = 0;
        //  b1 = 0; end
        //  else   begin
        //  a1 = a;
        //  b1 = b;end
        //  end
        assign j_b_npc = a + b;
        
        //assign relate = ((i_jalr|ins==32'h0) & wreg &(drn!=0) & (drn == i_rs1) )|((i_jalr|ins==32'h0) & ewreg & (ern != 0) & (ern == i_rs1) & em2reg);
```

```verilog
    //assign relate = 0;

    //always@(ewreg or mwreg or ern or mrn or em2reg or mm2reg or i_rs1  )
    //begin
    //    fwdr = 2'b00;
    //    if(ewreg & (ern != 0) & (ern == i_rs1) & ~em2reg) begin
    //         fwdr = 2'b01;   //select exe_alu
    //         end
    //    else if(mwreg & (mrn!=0) & (mrn == i_rs1 ) & ~mm2reg ) begin
    //         fwdr = 2'b10; // select mem_alu
    //         end
    //    else if(mwreg & (mrn!=0) & (mrn == i_rs1 ) & mm2reg )  begin
    //         fwdr = 2'b11; // select mem_lw
    //         end
    //
    //end

    //mux4x32    jrrs (
    //             .a0     (q_rs1   ),
    //             .a1     (ealu    ),
    //             .a2     (malu    ),
    //             .a3     (mmo     ),
    //             .s      (fwdr    ),
    //             .y      (jr_rs   )
    //);
    //

    assign relate = 0;
endmodule


// mul_shift.v
`timescale 1ns / 1ps
module mul_shift(
              data,
              sum,
              out
    );
    input    [31:0] data;
```

```
        input       [4:0]    sum;

        output  [63:0] out;

        assign out = data <<sum;

endmodule
```

```
// mul.v
`timescale 1ns / 1ps
module mul( clk,
            rst_n,
            sum_1,
            sum_2,
            out_data
    );
    input clk,rst_n;
    input [31:0] sum_1,sum_2;

    output [63:0] out_data;
    wire [63:0] sum_shift [31:0];

    wire    [63:0] mux_out [31:0];
    wire    [63:0] add_out1 [7:0];
    wire    [63:0] d_add_out1 [7:0];

    genvar j;
    generate for(j=0;j<32;j=j+1)
            begin:lable
            mul_shift s0(
                .data   (sum_1          ),
                .sum    ( j             ),
                .out    (sum_shift[j]   )
            );
            mux2_1 mux(
                .a      (64'b0),
                .b      (sum_shift[j]),
                .sel    (sum_2[j]),
```

```verilog
                .out    (mux_out[j])
            );
        end
    endgenerate
    
    genvar i;
    generate for(i=0;i< 8;i=i+1)
        begin:add
        add_1   add0(
                .a      (mux_out[i*4]   ),
                .b      (mux_out[i*4+1] ),
                .c      (mux_out[i*4+2] ),
                .d      (mux_out[i*4+3] ),
                .out    (add_out1[i]    )
            );
        d_chufa D_diff1(
                .clk    (clk            ),
                .rst_n  (rst_n          ),
                .a      (add_out1[i]    ),
                .d      (d_add_out1[i]  )
            );
        end
    endgenerate
    
    add_eight   add_8(
        .a      (d_add_out1[0]),
        .b      (d_add_out1[1]),
        .c      (d_add_out1[2]),
        .d      (d_add_out1[3]),
        .e      (d_add_out1[4]),
        .f      (d_add_out1[5]),
        .g      (d_add_out1[6]),
        .h      (d_add_out1[7]),
        .out    (out_data)
    );
endmodule
```

```verilog
// mux2_1.v
```

```verilog
`timescale 1ns / 1ps
module mux2_1(
            a,
            b,
            sel,
            out
    );

    input  [63:0]a,b;
    input    sel;

    output [63:0] out;

    assign out = sel?b:a;
endmodule
```

```verilog
// mux2x5.v
`timescale 1ns / 1ps
module mux2x5(a0,a1,s,y
    );

    input   [4:0]    a0,a1   ;
    input            s       ;

    output  [4:0]    y       ;

    assign    y   =   s?a1:a0;
endmodule
```

```verilog
// mux2x32.v
`timescale 1ns / 1ps
module mux2x32(a0,a1,s,y
    );

    input   [31:0]  a0,a1   ;
    input           s       ;

    output  [31:0]  y       ;
```

```
    assign       y    =    s?a1:a0;
endmodule
```

```
// mux4x32.v
`timescale 1ns / 1ps
module mux4x32(a0,a1,a2,a3,s,y
    );

    input   [31:0]   a0,a1,a2,a3;
    input   [1:0]    s;

    output  reg [31:0]  y;

    always@(*)begin
    case(s)
        0:  y   =   a0;
        1:  y   =   a1;
        2:  y   =   a2;
        3:  y   =   a3;
    endcase
    end

endmodule
```

```
// pipedereg.v
`timescale 1ns / 1ps
module pipedereg(    dwreg      ,
                     dm2reg     ,
                     dwmem      ,
                     daluc      ,
                     daluimm    ,
                     da         ,
                     db         ,
                     dimm       ,
                     drn        ,
                     dshift     ,
                     djal       ,
```

```
                dpc4        ,
                clk         ,
                clrn        ,
                ewreg       ,
                em2reg      ,
                ewmem       ,
                ealuc       ,
                ealuimm     ,
                ea          ,
                eb          ,
                eimm        ,
                ern         ,
                eshift      ,
                ejal        ,
                epc4        ,
                earith      ,
                ecancel     ,
                eisbr       ,
                emfc0       ,
                pce         ,
                arith       ,
                cancel      ,
                isbr        ,
                mfc0        ,
                pcd         ,
                simm        ,
                esimm       ,
                i_shift     ,
                i_s         ,
                i_lui       ,
                i_auipc     ,
                ei_shift    ,
                ei_s        ,
                ei_lui      ,
                ei_auipc    ,
                uimm        ,
                euimm       ,
                select_s    ,
```

```
                    select_l    ,
                    eselect_s   ,
                    eselect_l   ,
                    i_csr       ,
                    ei_csr      ,
                    rd_mem      ,
                    erd_mem     ,
                    mul_wreg    ,
                    emul_wreg   ,
                    sign        ,
                    esign       ,
                    b_type      ,
                    eb_type     ,
                    inst        ,
                    einst       ,
                    bpcx        ,
                    ebpcx
);

input   [31:0]  da,db,dimm,dpc4 ,simm;
input   [4:0]   drn;
input   [3:0]   daluc;
input           dwreg,dm2reg,dwmem,daluimm,dshift,djal;
input           clk,clrn;
input           arith   ;
input           cancel  ;
input           isbr    ;
input   [1:0]   mfc0    ;
input   [31:0]  pcd     ;
input           i_shift ;
input           i_s     ;
input           i_lui   ;
input           i_auipc ;
input   [19:0]  uimm    ;
input   [2:0]select_s,select_l;
input           i_csr;
input           rd_mem;
input           mul_wreg;
```

```verilog
    input           sign,b_type;
    input   [31:0]  bpcx;
    input   [31:0]  inst;

    output reg [31:0]   ea,eb,eimm,epc4,esimm;
    output reg [4:0]    ern ;
    output reg [3:0]    ealuc;
    output reg          ewreg,em2reg,ewmem,ealuimm,eshift,ejal;
    output reg          earith  ;
    output reg          ecancel ;
    output reg          eisbr   ;
    output reg [1:0]    emfc0   ;
    output reg [31:0]   pce     ;
    output reg          ei_shift;
    output reg          ei_s    ;
    output reg          ei_lui  ;
    output reg          ei_auipc;
    output reg [19:0]   euimm;
    output reg [2:0]eselect_s,eselect_l;
    output reg          ei_csr  ;
    output reg          erd_mem ;
    output reg          emul_wreg;
    output reg          esign,eb_type;
    output reg [31:0]   einst,ebpcx;


//always@(posedge clk or negedge clrn)begin
//   if(~clrn)begin
//       ewreg   <= 0;
//       em2reg  <= 0;
//       ewmem   <= 0;
//       ealuc   <= 0;
//       ealuimm <= 0;
//       ea      <= 0;
//       eb      <= 0;
//       eimm    <= 0;
//       ern     <= 0;
//       eshift  <= 0;
```

```
//         ejal     <=  0;
//         epc4     <=  0;
//         earith   <=  0;
//         ecancel  <=  0;
//         eisbr    <=  0;
//         emfc0    <=  0;
//         pce      <=  0;
//         esimm    <=  0;
//         ei_shift <=  0;
//         ei_s     <=  0;
//         ei_lui   <=  0;
//         ei_auipc <=  0;
//         euimm    <= 0;
//         eselect_s<= 0;
//         eselect_l<= 0;
//         erd_mem  <=  0;
//         emul_wreg <= 0;
//     end
// else begin
//         ewreg    <=  dwreg   ;
//         em2reg   <=  dm2reg  ;
//         ewmem    <=  dwmem   ;
//         ealuc    <=  daluc   ;
//         ealuimm  <=  daluimm ;
//         ea       <=  da      ;
//         eb       <=  db      ;
//         eimm     <=  dimm    ;
//         ern      <=  drn     ;
//         eshift   <=  dshift  ;
//         ejal     <=  djal    ;
//         epc4     <=  dpc4    ;
//         earith   <=  arith   ;
//         ecancel  <=  cancel  ;
//         eisbr    <=  isbr    ;
//         emfc0    <=  mfc0    ;
//         pce      <=  pcd     ;
//         esimm    <=  simm    ;
//         ei_shift <=  i_shift ;
```

```verilog
//        ei_s      <= i_s       ;
//        ei_lui    <= i_lui     ;
//        ei_auipc  <= i_auipc ;
//        euimm     <= uimm;
//        eselect_s<=select_s;
//        eselect_l<=select_l;
//        ei_csr    <= i_csr;
//        erd_mem   <= rd_mem;
//        emul_wreg<=mul_wreg;
//
//      end
//end

always@(posedge clk or negedge clrn)begin
if(~clrn)
ewreg   <= 0;
else
ewreg   <= dwreg    ;
end

always@(posedge clk or negedge clrn)begin
if(~clrn)
em2reg  <= 0;
else
em2reg  <= dm2reg   ;
end

always@(posedge clk or negedge clrn)begin
if(~clrn)
ewmem   <= 0;
else
ewmem   <= dwmem    ;
end

always@(posedge clk or negedge clrn)begin
if(~clrn)
ealuc   <= 0;
else
```

```
        ealuc     <= daluc    ;
        end

        always@(posedge clk or negedge clrn)begin
        if(~clrn)
        ealuimm    <= 0;
        else
        ealuimm    <= daluimm   ;
        end

        always@(posedge clk or negedge clrn)begin
        if(~clrn)
        ea   <= 0;
        else
        ea   <= da  ;
        end

        always@(posedge clk or negedge clrn)begin
        if(~clrn)
        eb   <= 0;
        else
        eb   <= db  ;
        end

        always@(posedge clk or negedge clrn)begin
        if(~clrn)
        eimm    <= 0;
        else
        eimm    <= dimm    ;
        end

        always@(posedge clk or negedge clrn)begin
        if(~clrn)
        ern    <= 0;
        else
        ern    <= drn    ;
        end
```

```verilog
always@(posedge clk or negedge clrn)begin
if(~clrn)
eshift   <=  0;
else
eshift   <=  dshift  ;
end

always@(posedge clk or negedge clrn)begin
if(~clrn)
ejal     <=  0;
else
ejal     <=  djal    ;
end

always@(posedge clk or negedge clrn)begin
if(~clrn)
epc4     <=  0;
else
epc4     <=  dpc4    ;
end

always@(posedge clk or negedge clrn)begin
if(~clrn)
earith   <=  0;
else
earith   <=  arith   ;
end

always@(posedge clk or negedge clrn)begin
if(~clrn)
ecancel  <=  0;
else
ecancel  <=  cancel  ;
end

always@(posedge clk or negedge clrn)begin
if(~clrn)
eisbr    <=  0;
```

```verilog
    else
        eisbr    <=  isbr    ;
end

always@(posedge clk or negedge clrn)begin
    if(~clrn)
        emfc0    <=  0;
    else
        emfc0    <=  mfc0    ;
end

always@(posedge clk or negedge clrn)begin
    if(~clrn)
        pce      <=  0;
    else
        pce      <=  pcd     ;
end

always@(posedge clk or negedge clrn)begin
    if(~clrn)
        esimm    <=  0;
    else
        esimm    <=  simm    ;
end

always@(posedge clk or negedge clrn)begin
    if(~clrn)
        ei_shift <=  0;
    else
        ei_shift <=  i_shift ;
end

always@(posedge clk or negedge clrn)begin
    if(~clrn)
        ei_s     <=  0;
    else
        ei_s     <=  i_s     ;
end
```

```verilog
always@(posedge clk or negedge clrn)begin
if(~clrn)
ei_lui   <=  0;
else
ei_lui   <=  i_lui   ;
end

always@(posedge clk or negedge clrn)begin
if(~clrn)
ei_auipc    <=  0;
else
ei_auipc    <=  i_auipc    ;
end

always@(posedge clk or negedge clrn)begin
if(~clrn)
euimm   <=  0;
else
euimm   <=  uimm    ;
end

always@(posedge clk or negedge clrn)begin
if(~clrn)
eselect_s   <=  0;
else
eselect_s   <=  select_s   ;
end

always@(posedge clk or negedge clrn)begin
if(~clrn)
eselect_l   <=  0;
else
eselect_l   <=  select_l   ;
end

always@(posedge clk or negedge clrn)begin
if(~clrn)
```

```verilog
          erd_mem    <=  0;
          else
          erd_mem    <=  rd_mem  ;
          end

          always@(posedge clk or negedge clrn)begin
          if(~clrn)
          emul_wreg  <=  0;
          else
          emul_wreg  <=  mul_wreg  ;
          end

          always@(posedge clk or negedge clrn)begin
          if(~clrn)
          ei_csr  <=  0;
          else
          ei_csr  <=  i_csr  ;
          end

          always@(posedge clk or negedge clrn)begin
          if(~clrn)
          esign   <=  0;
          else
          esign   <=  sign   ;
          end

          always@(posedge clk or negedge clrn)begin
          if(~clrn)
          eb_type    <=  0;
          else
          eb_type    <=  b_type  ;
          end

          always@(posedge clk or negedge clrn)begin
          if(~clrn) begin
          einst  <=  0;
          ebpcx  <=  0; end
          else  begin
```

```verilog
        einst    <=  inst;
        ebpcx    <=  bpcx ; end
    end
endmodule
```

```verilog
// pipeemreg.v
`timescale 1ns / 1ps
module pipeemreg(
                    ewreg    ,
                    em2reg   ,
                    ewmem    ,
                    ealu     ,
                    eb       ,
                    ern      ,
                    clk      ,
                    clrn     ,
                    mwreg    ,
                    mm2reg   ,
                    mwmem    ,
                    malu     ,
                    mb       ,
                    mrn      ,
                    misbr    ,
                    pcm      ,
                    eisbr    ,
                    pce      ,
                    eselect_s,
                    eselect_l,
                    mselect_s,
                    mselect_l ,
                    erd_mem  ,
                    mrd_mem
                    
    );
    
    input   [31:0]   ealu,eb,pce;
    input   [4:0]    ern;
    input            ewreg,em2reg,ewmem;
```

```verilog
    input           clk,clrn;
    input           eisbr;
    input    [2:0]  eselect_l,eselect_s;
    input           erd_mem;

output  reg [31:0]  malu,mb,pcm;
output  reg [4:0]   mrn;
output  reg         mwreg,mm2reg,mwmem;
output  reg         misbr;
output  reg [2:0]   mselect_l,mselect_s;
output  reg         mrd_mem;

always@(posedge clk or negedge clrn)begin
    if(~clrn)begin
        mwreg    <=  0;
        mm2reg   <=  0;
        mwmem    <=  0;
        malu     <=  0;
        mb       <=  0;
        mrn      <=  0;
        misbr    <=  0;
        pcm      <=  0;
        mselect_s<=  0;
        mselect_l<=  0;
        mrd_mem  <=  0;
        end
    else begin
        mwreg    <=  ewreg    ;
        mm2reg   <=  em2reg   ;
        mwmem    <=  ewmem    ;
        malu     <=  ealu     ;
        mb       <=  eb       ;
        mrn      <=  ern      ;
        misbr    <=  eisbr    ;
        pcm      <=  pce      ;
        mselect_s<= eselect_s;
        mselect_l<= eselect_l;
        mrd_mem  <= erd_mem;
```

```verilog
            end
    end
endmodule
```

```verilog
// pipeexe.v
`timescale 1ns / 1ps
module pipeexe(
            ealuc   ,
            ealuimm ,
            ea      ,
            eb      ,
            eimm    ,
            esimm   ,
            eshift  ,
            ern0    ,
            epc4    ,
            ejal    ,
            ern     ,
            ealu    ,
            sta     ,
            cau     ,
            epc     ,
            emfc0   ,
            ov      ,
            ewreg0  ,
            ewreg   ,
            earith  ,
            ei_sw   ,
            euimm   ,
            ei_auipc   ,
            ei_shift   ,
            ei_lui  ,
            pce     ,
            ei_csr  ,
            clk     ,
            rst_n   ,
            emul_wreg,
            brush   ,
```

```verilog
                pc_brush,
                eb_type ,
                einst   ,
                ebpcx   ,
                sign
);
input   [31:0]  ea,eb,eimm,epc4,esimm,einst;
input   [19:0]  euimm;
input   [4:0]   ern0    ;
input   [3:0]   ealuc   ;
input           ealuimm,eshift,ejal;
input   [31:0]  sta,cau,epc,pce,ebpcx;
input   [1:0]   emfc0;
input           ewreg0;
input           earith;
input           ei_sw;
input           ei_shift;
input           ei_lui;
input           ei_auipc;
input           ei_csr;
input           clk     ;
input           rst_n   ;
input           emul_wreg;
input           eb_type;
input           sign;

output  [31:0]  ealu    ;
output  [4:0]   ern;
output          ov;
output          ewreg   ;
output          brush;
output  [31:0]  pc_brush;

reg     emul_wreg2;
reg     [3:0]   aluc_delay ;
reg     [31:0]  alub;

wire    [31:0]  alua,ealu0,epc8,eimm2,r;
```

```verilog
    wire    [4:0]   sa;
    wire    z;
    assign sa   =   ei_shift?eimm[4:0]:eb[4:0];   //转移位数取低五位
    wire    [31:0]  pc8c0r ;
    wire    [3:0]   ealuc1;
    reg     [4:0]   ern1;
    wire a_eq_b;
    wire    [4:0]   alub_sele;

    wire    b_type  ;
    wire    i_beq   ;
    wire    i_bne   ;
    wire    i_blt   ;
    wire    i_bge   ;
    wire    i_bltu  ;
    wire    i_bgeu  ;
    wire    more,moreu;
    wire    [6:0]op;
    wire    [2:0]func3;

    //cla32 ret_addr(
    //              .a  (epc4   )   ,
    //              .b  (32'h4  )   ,
    //              .ci (1'b0   )   ,
    //              .s  (epc8   )
    //);
    //mux2x32 alu_ina(
    //              .a0 (ea         ),
    //              .a1 (sa         ),
    //              .s  (eshift ),
    //              .y  (alua   )
    ///);
    mux2x32 alu_ina(
              .a0 (ea         ),
              .a1 ({euimm[19:0],12'b0}),
              .s  (ei_auipc   |ei_lui),
              .y  (alua   )
    );
```

```verilog
//mux2x32 imm(
//          .a0 (eimm      ),
//          .a1 (esimm     ),
//          .s  (ei_sw     ),
//          .y  (eimm2     )
//);


//mux2x32 alu_inb(
//          .a0 (eb        ),
//          .a1 (eimm2     ),
//          .s  (ealuimm   ),
//          .y  (alub      )
//);

mux2x32 save_pc8(
          .a0 (ealu0                ),
          .a1 (pc8c0r               ),
          .s  (ejal|emfc0[1]|emfc0[0] ),
          .y  (ealu                 )
);

always@(*)begin
    case(alub_sele)
    5'b00000:alub = eb;
    5'b00001:alub = 0;
    5'b10000:alub = eimm;
    5'b11000:alub = esimm;
    5'b00100,5'b10100: alub = {27'b0,sa};
    5'b10010:alub = pce;

    default: alub = eb;
    endcase
end

assign alub_sele = {ealuimm,ei_sw,eshift,ei_auipc,ei_csr};
```

```verilog
    mux4x32 fromc0 (
            .a0    (epc4   ),
            .a1    (sta    ),
            .a2    (cau    ),
            .a3    (epc    ),
            .s     (emfc0  ),
            .y     (pc8c0r )
);

alu al_unit(
            .a    (alua    )  ,
            .b    (alub    )  ,
            .aluc (ealuc1   )  ,
            .r    (ealu0       )  ,
            .z    (z        )  ,
            .ov   (ov       )  ,
            .clk  (clk      )  ,
            .rst_n(rst_n    )  ,
            .more (more     )  ,
            .moreu(moreu    )
        );

assign  ewreg = ewreg0 & ~(ov & earith) |emul_wreg2;

always@(posedge clk or negedge rst_n)begin
    if(~rst_n)
    emul_wreg2 <=0;
    else
    emul_wreg2 <= emul_wreg;
end

always@(posedge clk or negedge rst_n)begin
    if(~rst_n)begin
        ern1      <=0;
        aluc_delay <= 0;end
    else  begin
        ern1     <=  ern0;
```

```
                aluc_delay <= ealuc;end
            end

    //assign  ealu0 = emul_wreg2? r_delay:   r     ;
    assign   ealuc1= emul_wreg2? aluc_delay:ealuc;
    assign   ern   = emul_wreg2?ern1:ern0;

    assign a_eq_b = (ea==eb) ;
    assign func3 = einst[14:12];
    assign op    = einst[6:0];
    assign b_type =     op[6] & op[5] &~op[4] &~op[3] &~op[2] & op[1] & op[0];
    assign  i_beq   =    b_type& ~func3[2]&~func3[1]&~func3[0]           ;
    assign  i_bne   =    b_type& ~func3[2]&~func3[1]& func3[0]           ;
    assign  i_blt   =    b_type&  func3[2]&~func3[1]&~func3[0]           ;
    assign  i_bge   =    b_type&  func3[2]&~func3[1]& func3[0]           ;
    assign  i_bltu  =    b_type&  func3[2]& func3[1]&~func3[0]           ;
    assign  i_bgeu  =    b_type&  func3[2]& func3[1]& func3[0]           ;
//always@(posedge clk ) begin
//if(~rst_n)begin
//a1 = 0;
//b1 = 0;end
//else begin
//a1 <= a;
//b1 <= b;end
//end

    assign brush = i_beq& (sign^a_eq_b) | i_bne & ~(sign^a_eq_b) | i_blt &
~(more^sign) | i_bltu & ~(moreu^sign) | i_bge& (more^sign) |i_bgeu & (moreu^sign);
    assign pc_brush =sign&(i_beq&~a_eq_b | i_bne&a_eq_b | i_blt & more | i_bltu
& moreu | i_bge&~more | i_bgeu & ~moreu)?epc4:ebpcx;
    endmodule
```

```
// pipeid.v
`timescale 1ns / 1ps
module pipeid(  mwreg   ,
                mrn     ,
                ern     ,
                ewreg   ,
```

```
                em2reg   ,
                mm2reg   ,
                dpc4     ,
                inst     ,
                wrn      ,
                wdi      ,
                ealu     ,
                malu     ,
                mmo      ,
                wwreg    ,
                clk      ,
                clrn     ,
                bpc      ,
                jpc      ,
                pcsource ,
                nostall  ,
                wreg     ,
                m2reg    ,
                wmem     ,
                aluc     ,
                aluimm   ,
                a2       ,
                b        ,
                imm      ,
                rd       ,
                shift    ,
                jal      ,
                selpc    ,
                sta      ,
                cau      ,
                epc      ,
                intr     ,
                ecancel  ,
                ov       ,
                earith   ,
                eisbr    ,
                misbr    ,
                inta     ,
```

```
mfc0    ,
isbr    ,
arith   ,
cancel  ,
pc      ,
pcd     ,
pce     ,
pcm     ,
brush   ,
pc_brush,
dsuspend,
simm    ,
i_shift ,
i_s     ,
i_lui   ,
i_auipc ,
uimm    ,
select_s,
select_l,
//i_rs1 ,
// q_rs1 ,
i_csr   ,
q_mepc  ,
q_mtvec ,
brush_intr,
rd_mem  ,
mul_wreg,
east_valid,
south_valid,
west_valid,
north_valid,
east_i_ack,
south_i_ack,
west_i_ack,
north_i_ack,
east_ack,
south_ack,
west_ack,
```

```verilog
            north_ack,
            east_o_valid,
            south_o_valid,
            west_o_valid,
            north_o_valid,
            east_indata0,
            south_indata0,
            west_indata0,
            north_indata0,
            east_outdata,
            south_outdata,
            west_outdata,
            north_outdata,
            led         ,
            sign        ,
            b_type      ,
            bpcx        ,
            ebrush
    );

    input   [31:0]  dpc4,inst,wdi,ealu,malu,mmo;
    input   [4:0]   ern,mrn,wrn;
    input           mwreg,ewreg,em2reg,mm2reg,wwreg;
    input           clk,clrn;
    input           intr;
    input           ecancel ;
    input           ov      ;
    input           earith  ;
    input           eisbr   ;
    input           misbr   ;
    input   [31:0]  pc,pcd,pce,pcm;
    input           dsuspend;
    input   east_valid,south_valid,west_valid,north_valid;
    input   east_i_ack,south_i_ack,west_i_ack,north_i_ack;
    input   [31:0]  east_indata0,south_indata0,west_indata0,north_indata0;
    input       ebrush;
```

```verilog
    output  [31:0]  bpc,jpc,a2,b,imm,simm;
    output  [4:0]   rd ;
    output  [3:0]   aluc;
    output  [1:0]   pcsource;
    output          nostall,wreg,m2reg,wmem,aluimm,shift,jal;
    output  [31:0]  sta,cau,epc;
    output          inta;
    output  [1:0]   selpc,mfc0;
    output          isbr    ;
    output          arith   ;
    output          cancel  ;
    output          brush   ;
    output  [31:0]  pc_brush;
    output          i_shift, i_s, i_lui, i_auipc;
    output  [19:0]  uimm   ;
    output  [2:0]   select_s,select_l;
  //output  [31:0]  q_rs1;
    output          i_csr;
    output  [31:0]  q_mepc    ,q_mtvec;
    output          brush_intr;
    output          rd_mem;
    output          mul_wreg;
    output          east_ack,south_ack,west_ack,north_ack;
    output          east_o_valid,south_o_valid,west_o_valid,north_o_valid;
    output  [31:0]  east_outdata,south_outdata,west_outdata,north_outdata;
    output  [15:0]  led;
    output          sign;
    output          b_type;
    output          bpcx;

    wire    [6:0]   op;
    wire    [2:0]   func3;
    wire    [6:0]   func7;
    wire    [4:0]   rs,rt;
    wire    [31:0]  qa,qb,br_offset;
    wire    [18:0]  ext16;
    wire    [1:0]   fwda,fwdb;
    wire            regrt,sext,rsrtequ,e;
```

```verilog
    wire    [1:0]   sepc;
    wire    [31:0]  sta_in,cau_in,epc_in,stalr,epcin,epc10,cause,pc8c0r,next_pc;

    wire    [1:0]   mfc0;
    wire            sign;
    wire    [31:0]  bpcx;
    wire    [19:0]  ext20;
    wire    [11:0]  addr_csr;
    wire    [4:0]   csrimm;
    wire    [2:0]   csr_control;
    wire            wen_csr;
    wire    [31:0]  d_mepc,d_mstatus,d_mie,d_mip,q_csr,d_csr;
    wire    [31:0]  exception_code;
    wire            intr_en;
    wire        MIE;
    wire    [31:0]  a;
//  wire    [1:0]   selpc;
    wire    i_io_wr     ;
    wire    i_io_rd     ;
    wire    i_coreg_rd  ;
    wire    i_coreg_wr  ;
    wire [31:0]east_indata   ;
    wire [31:0]south_indata  ;
    wire [31:0]west_indata   ;
    wire [31:0]north_indata  ;
    wire    [31:0]con_outdata;

    wire    east_o_valid0,south_o_valid0,west_o_valid0,north_o_valid0;
    wire    i_csr0;

    assign func3 = inst[14:12];
    assign func7 = inst[31:25];
    assign op    = inst[6:0];
    assign rs    = inst[19:15];
    assign rt    = inst[24:20];
    assign rd    = inst[11:7];
    assign jpc   = {dpc4[31:28],inst[25:0],2'b00};
    assign sign = inst[31];
```

```verilog
assign addr_csr =inst[31:20];
assign csrimm = inst [19:15];
assign csr_control = inst[14:12];
assign i_csr = i_csr0 |i_coreg_rd;

pipeidcu cu (
            .mwreg      (mwreg      ),
            .mrn        (mrn        ),
            .ern        (ern        ),
            .ewreg      (ewreg      ),
            .em2reg     (em2reg     ),
            .mm2reg     (mm2reg     ),
            .rsrtequ    (rsrtequ    ),
            .func3      (func3      ),
            .func7      (func7      ),
            .op         (op         ),
            .rs         (rs         ),
            .rt         (rt         ),
            .op1        (rs         ),
            .wreg       (wreg       ),
            .m2reg      (m2reg      ),
            .wmem       (wmem       ),
            .aluc       (aluc       ),
            .regrt      (regrt      ),
            .aluimm     (aluimm     ),
            .fwda       (fwda       ),
            .fwdb       (fwdb       ),
            .nostall    (nostall    ),
            .sext       (sext       ),
            .pcsource   (pcsource   ),
            .shift      (shift      ),
            .jal        (jal        ),//
            .intr       (intr       ),//
            .sta        (sta        ),//
            .ecancel    (ecancel    ),//
            .ov         (ov         ),//
            .earith     (earith     ),//
            .eisbr      (eisbr      ),//
```

```
    .misbr          (misbr          ),//
    .inta           (inta           ),//
    .selpc          (selpc          ),//
    .exc            (exc            ),//
    .sepc           (sepc           ),//
    .cause          (cause          ),//
    .mtc0           (mtc0           ),//
    .wepc           (wepc           ),//
    .wcau           (wcau           ),//
    .wsta           (wsta           ),//
    .mfc0           (mfc0           ),
    .isbr           (isbr           ),
    .arith          (arith          ),
    .cancel         (cancel         ),
    .rd             (rd             ),
    .a              (a              ),
    .b              (b              ),
    .sign           (sign           ),
    .bpc4           (dpc4           ),
    .bpcx           (bpcx           ),
    .brush          (brush          ),
    .pc_brush       (pc_brush       ),
    .dsuspend       (dsuspend       ),
    .i_shift        (i_shift        ),
    .i_s            (i_s            ),
    .i_lui          (i_lui          ),
    .i_auipc        (i_auipc        ),
    .select_s       (select_s       ),
    .select_l       (select_l       ),
    .wen_csr        (wen_csr        ),
    .i_csr          (i_csr0         ),
    .csrimm         (csrimm         ),
    .exception_code (exception_code )  ,
    .intr_en        (intr_en        )  ,
    .MIE            (MIE            )  ,
    .i_mret         (i_mret         )  ,
    .brush_intr     (brush_intr     )  ,
    .rd_mem         (rd_mem         )  ,
```

```
            .mul_wreg      (mul_wreg      ) ,
            .east_rden     (east_rden     ) ,
            .west_rden     (west_rden     ) ,
            .south_rden    (south_rden    ) ,
            .north_rden    (north_rden    ) ,
            .east_wren     (east_wren     ) ,
            .west_wren     (west_wren     ) ,
            .south_wren    (south_wren    ) ,
            .north_wren    (north_wren    ) ,
            .i_io_wr       (i_io_wr       ),
            .i_io_rd       (i_io_rd       ),
            .i_coreg_rd    (i_coreg_rd    ),
            .i_coreg_wr    (i_coreg_wr    ),
            .clk           (clk     ),
            .rst_n         (clrn    ),
            .b_type        (b_type),
            .ebrush        (ebrush  )
    );

    regfile rf (
            .rna    (rs ),
            .rnb    (rt ),
          //.rnj    (i_rs1),
            .d      (wdi),
            .wn     (wrn),
            .we     (wwreg),
            .clk    (~clk),
            .rst_n  (clrn),
            .qa     (qa),
            .qb     (qb),
          //.q_rs1    (q_rs1),
            .reg_led (led)
    );

/*  mux2x5 des_reg_no(
            .a0 (rd    ),
            .a1 (rt    ),
            .s  (regrt ),
```

```verilog
                        .y      (rn      )
        );*/

        mux4x32 alu_a (
                    .a0     (qa     ),
                    .a1     (ealu   ),
                    .a2     (malu   ),
                    .a3     (mmo    ),
                    .s      (fwda   ),
                    .y      (a      )
        );

        mux4x32 alu_b (
                    .a0     (qb     ),
                    .a1     (ealu   ),
                    .a2     (malu   ),
                    .a3     (mmo    ),
                    .s      (fwdb   ),
                    .y      (b      )
        );

        assign rsrtequ    = ~|(a^b); // rsrtequ = (a == b )
        assign e          = sext & inst[31];
        assign ext16      = {19{e}};
        assign ext20      = {20{e}};
        assign simm       = {ext20,inst[31:25],inst[11:7]};
        assign imm        = {ext20,inst[31:20]};
        assign br_offset  = {ext16,inst[31],inst[7],inst[30:25],inst[11:8],1'b0};
        assign uimm       = inst[31:12];
        assign d_mie      = intr_en?32'h0:32'h00000800;
        assign d_mip      = intr?32'h00000800:32'h0;
        assign d_mstatus  = intr_en?32'h00001880:32'h00000008;
        assign a2 = i_csr0?q_csr:i_coreg_rd?con_outdata:a;
        assign d_mepc = intr?dpc4:pcd;
        assign con_outdata = east_rden?
east_outdata :west_rden?west_outdata:south_rden?south_outdata:north_outdata;
        cla32 br_addr (
                    .a  (pcd        ),
```

```
                    .b  (br_offset ),
                    .ci (1'b0      ),
                    .s  (bpcx      )
);

dffe32 c0_status   (
                    .d     (sta_in ),
                    .clk   (clk    ),
                    .rst_n (clrn   ),
                    .e     (wsta   ),
                    .q     (sta    )
                    );

dffe32 c0_cause (
                    .d     (cau_in ),
                    .clk   (clk    ),
                    .rst_n (clrn   ),
                    .e     (wcau   ),
                    .q     (cau    )
                    );

dffe32 c0_epc   (
                    .d     (epc_in ),
                    .clk   (clk    ),
                    .rst_n (clrn   ),
                    .e     (wepc   ),
                    .q     (epc    )
                    );

mux2x32 sta_mx(
            .a0 (stalr   ),
            .a1 (b       ),
            .s  (mtc0    ),
            .y  (sta_in  )
);

mux2x32 cau_mx(
            .a0 (cause   ),
```

```verilog
                .a1 (b          ),
                .s  (mtc0       ),
                .y  (cau_in     )
);

mux2x32 epc_mx(
                .a0 (epcin      ),
                .a1 (b          ),
                .s  (mtc0       ),
                .y  (epc_in     )
);

mux4x32 epc_l0 (
                .a0 (pc         ),
                .a1 (pcd        ),
                .a2 (pce        ),
                .a3 (pcm        ),
                .s  (sepc       ),
                .y  (epcin      )
                );

mux2x32 sta_lr(
                .a0 ({4'h0,sta[31:4]}),
                .a1 ({sta[27:0],4'h0}),
                .s  (exc        ),
                .y  (stalr      )
);

mini_csralu mini_csr(
                .q_rs1     (a         ) ,
                .q_csr     (q_csr     ) ,
                .q_csrimm  (csrimm    ) ,
                .d_csr     (d_csr     ) ,
                .csr_control(csr_control)
);
reg [11:0] addr_csr1;
reg [31:0] d_csr1;
reg wen_csr1;
```

```verilog
always@(posedge clk or negedge clrn)begin
if(~clrn)begin
d_csr1      <=0;
addr_csr1   <=0;
wen_csr1    <=0;end
else  begin
d_csr1      <=d_csr      ;
addr_csr1   <=addr_csr   ;
wen_csr1    <=wen_csr    ;end
end

csrreg csr_regfile(
            .addr_csr   (addr_csr1  )       ,

            .clk        (clk        )       ,
            .rst_n      (clrn       )       ,
            .wen_csr    (wen_csr1   )       ,
            .d_csr      (d_csr1     )       ,
            .q_csr      (q_csr      )       ,
            .d_mepc (d_mepc     )    ,
            .d_mstatus  (d_mstatus  )   ,
            .d_mie      (d_mie      )   ,
            .d_mip      (d_mip      )   ,
            .d_mcause   (exception_code )   ,
            .intr_en    (intr_en |i_mret    )   ,
            .q_mepc     (q_mepc     )   ,
            .SMIE       (MIE        )   ,
            .q_mtvec    (q_mtvec    )
);

assign east_indata = i_coreg_wr? qb : east_indata0 ;
assign south_indata= i_coreg_wr? qb : south_indata0;
assign west_indata = i_coreg_wr? qb : west_indata0 ;
assign north_indata= i_coreg_wr? qb : north_indata0;
assign east_o_valid= i_coreg_rd?  1'b0: east_o_valid0 ;
assign west_o_valid= i_coreg_rd?  1'b0: west_o_valid0 ;
assign south_o_valid= i_coreg_rd? 1'b0 :south_o_valid0;
```

```verilog
assign north_o_valid= i_coreg_rd? 1'b0 :north_o_valid0;

connect_reg  re1(
                .clk            (clk                ),
                .rst_n          (clrn               ),
                .east_valid     (east_valid         ),
                .east_ack       (east_ack           ),
                .east_indata    (east_indata        ),
                .east_outdata   (east_outdata       ),
                .east_o_valid   (east_o_valid0      ),
                .east_i_ack     (east_i_ack         ),
                .east_r_en      (east_rden          ),
                .east_w_en      (east_wren          ),
                .south_valid    (south_valid        ),
                .south_ack      (south_ack          ),
                .south_indata   (south_indata       ),
                .south_outdata  (south_outdata      ),
                .south_o_valid  (south_o_valid0     ),
                .south_i_ack    (south_i_ack        ),
                .south_r_en     (south_rden         ),
                .south_w_en     (south_wren         ),
                .west_valid     (west_valid         ),
                .west_ack       (west_ack           ),
                .west_indata    (west_indata        ),
                .west_outdata   (west_outdata       ),
                .west_o_valid   (west_o_valid0      ),
                .west_i_ack     (west_i_ack         ),
                .west_r_en      (west_rden          ),
                .west_w_en      (west_wren          ),
                .north_valid    (north_valid        ),
                .north_ack      (north_ack          ),
                .north_indata   (north_indata       ),
                .north_outdata  (north_outdata      ),
                .north_o_valid  (north_o_valid0     ),
                .north_i_ack    (north_i_ack        ),
                .north_r_en     (north_rden         ),
                .north_w_en     (north_wren         )
        );
```

endmodule

```verilog
// pipeidcu.v
`timescale 1ns / 1ps
module pipeidcu(
            mwreg    ,
            mrn      ,
            ern      ,
            ewreg    ,
            em2reg   ,
            mm2reg   ,
            rsrtequ  ,
            func3    ,
            func7    ,
            op       ,
            rs       ,
            rt       ,
            op1      ,
            wreg     ,
            m2reg    ,
            wmem     ,
            aluc     ,
            regrt    ,
            aluimm   ,
            fwda     ,
            fwdb     ,
            nostall  ,
            sext     ,
            pcsource,
            shift    ,
            jal      ,//
            intr     ,
            sta      ,
            ecancel  ,
            ov       ,
            earith   ,
            eisbr    ,
            misbr    ,
```

```
inta    ,
selpc   ,
exc     ,
sepc    ,
cause   ,
mtc0    ,
wepc    ,
wcau    ,
wsta    ,
mfc0    ,
isbr    ,
arith   ,
cancel  ,
rd      ,
a       ,
b       ,
sign    ,
bpc4    ,
bpcx    ,
brush   ,
pc_brush,
dsuspend,
i_shift ,
i_s     ,
i_lui,
i_auipc,
select_s,
select_l,
wen_csr,
i_csr,
csrimm,
exception_code,
intr_en,
MIE     ,
i_mret,
brush_intr,
rd_mem  ,
mul_wreg,
```

```
                    east_rden   ,
                    west_rden   ,
                    south_rden  ,
                    north_rden  ,
                    east_wren   ,
                    west_wren   ,
                    south_wren  ,
                    north_wren  ,
                    i_io_wr          ,
                    i_io_rd          ,
                    i_coreg_rd   ,
                    i_coreg_wr       ,
                    clk         ,
                    rst_n       ,
                    b_type      ,
                    ebrush

);

input            mwreg,ewreg,em2reg,mm2reg,rsrtequ;
input     [4:0]  mrn,ern,rs,rt,op1;
input     [6:0]  op        ;
input     [2:0]  func3     ;
input     [4:0]  rd;
input     [6:0]  func7;
input     [31:0] a,b;
input            sign;
input     [31:0] bpc4,bpcx;
input            dsuspend;
input     [4:0]  csrimm;
input      MIE;
input         clk;
input         rst_n;
input         ebrush;

output           wreg,m2reg,wmem,regrt,aluimm,sext,shift,jal;
output   reg [3:0]    aluc;
```

```
output      [1:0]    pcsource;
output      [1:0]    fwda,fwdb;
output               nostall;
output               brush;
output      [31:0]   pc_brush;
output               i_shift;
output               i_s,i_lui,i_auipc;
output      [2:0]    select_s,select_l;
output      [31:0]   exception_code;
output               intr_en;
output               i_mret;
output               i_csr;
output               rd_mem;
output               mul_wreg;

//new for interrupt/exception
input       intr,ecancel,ov,earith,eisbr,misbr;
input       [31:0]   sta;

output      inta,exc,mtc0,wepc,wcau,wsta,isbr,arith,cancel;
output      [1:0]    selpc,mfc0,sepc;
output      [31:0]   cause;
output               wen_csr;
output      brush_intr;
output      east_rden   ;
output      west_rden   ;
output      south_rden  ;
output      north_rden  ;
output      east_wren       ;
output      west_wren       ;
output      south_wren      ;
output      north_wren  ;
output      i_io_wr         ;
output      i_io_rd         ;
output      i_coreg_rd   ;
output      i_coreg_wr   ;
output      b_type;
```

```verilog
    assign    isbr = i_beq | i_bne | i_j | i_jal;

    assign    arith= i_add | i_sub | i_addi ;

    wire overflow = ov&earith;
    wire    i_rs,i_rt;
    wire    i_csr;
    wire    unimplemented_i;
    wire    i_ecall,i_ebreak;
    assign  inta = exc_int;
    wire exc_int = sta[0]&intr;
    wire exc_sys = sta[1]&i_syscall;
    wire exc_uni = sta[2]&unimplemented_inst;
    wire exc_ovr = sta[3]&overflow;

    assign    exc      =0;// exc_int | exc_sys | exc_ovr | exc_uni;

    assign    cancel    = exc; //always cancel next inst
    assign    sepc[1]   = exc_uni & eisbr |exc_ovr;
    assign    sepc[0] = exc_int & isbr | exc_sys |exc_uni & ~eisbr
|exc_ovr&misbr;

    //Excode
    // 0 0 : intr
    // 0 1 : i_syscall
    // 1 0 : unimplemented_inst
    // 1 1 : overflow
    wire Excode0 = i_syscall | overflow;
    wire Excode1 = unimplemented_inst | overflow;

    assign cause = {eisbr,27'h0,Excode1,Excode0,2'b00};
    assign mtc0    = i_mtc0;
    assign wsta    = exc | mtc0 & rd_is_status | i_eret;
    assign wcau    = exc | mtc0 & rd_is_cause ;
    assign wepc    = exc | mtc0 & rd_is_epc ;

    wire    rd_is_status = (rd == 5'd12);
    wire    rd_is_cause  = (rd == 5'd13);
```

```verilog
    wire    rd_is_epc     = (rd == 5'd14);
    wire    connect_type;

    //mfc0
    // 0 0 : pc+8
    // 0 1 : sta
    // 1 0 : cau
    // 1 1 : epc
    assign mfc0[0] = i_mfc0 & rd_is_status |i_mfc0 & rd_is_epc;
    assign mfc0[1] = i_mfc0 & rd_is_cause  |i_mfc0 & rd_is_epc;

    //selpc
    // 0 0 : npc
    // 0 1 : epc
    // 1 0 : EXC_BASE
    // 1 1 : x
    //assign selpc[0] = i_eret;
    //assign selpc[1] = exc;
    assign selpc= intr_en?2'b10:i_mret?2'b01:2'b00;

    wire i_eret;
    wire    c0_type =0;                    //~op[5]&
op[4]&~op[3]&~op[2]&~op[1]&~op[0]    ;
    wire    i_mfc0 = 0;                    //c0_type &
~op1[4]&~op1[3]&~op1[2]&~op1[1]&~op1[0]    ;
    wire    i_mtc0 = 0;                    //c0_type & ~op1[4]&~op1[3]&
op1[2]&~op1[1]&~op1[0]    ;
    assign   i_eret =    0;                //c0_type &
op1[4]&~op1[3]&~op1[2]&~op1[1]&~op1[0]&~func[5]& func[4]&
func[3]&~func[2]&~func[1]&~func[0]    ;
    wire i_syscall=    0;                  //r_type&~func[5]&~func[4]&
func[3]& func[2]&~func[1]&~func[0]    ;
    wire unimplemented_inst = 0;           //~( i_mfc0 | i_mtc0 | i_eret |
i_syscall | i_add | i_sub | i_and |
                                           //i_or | i_xor | i_sll | i_srl |
i_sra | i_addi| i_andi|
                                           //i_ori | i_xori | i_lw  |i_jr |
i_sw | i_beq | i_bne |
```

```verilog
                                    //i_lui  | i_j      | i_jal);

        reg     [1:0]      fwda,fwdb;
        reg     [31:0]     a1,b1;

        wire    r_type,i_add,i_sub,i_and,i_or,i_xor,i_sll,i_srl,i_sra,i_jr,i_slt,
i_sltu;
        wire    i_addi,i_andi,i_ori,i_xori,i_lw,i_sw,i_beq,i_bne,i_lui,i_j,i_jal,
i_slti;
        wire    i_type,s_type,i2_type,b_type;
        wire    i_auipc,i_jalr,i_bgeu,i_bltu,i_bge,i_blt,i_lhu,i_lbu,i_lh,i_lb;
        wire    i_sb,i_sh,i_srai,i_srli,i_slli,i_sltiu ;
        wire    fence,rd_mem;

        wire a_eq_b,more0,moreu0;
        wire    more,moreu;
        wire NOP;
        wire i_io_wr        ;
        wire i_io_rd        ;
        wire i_coreg_rd ;
        wire i_coreg_wr ;

        assign   NOP         =    ~op[6]&~op[5]&~op[4]&~op[3]&~op[2]&~op[1]&~op[0];
        assign    r_type     =    ~op[6]& op[5]& op[4]&~op[3]&~op[2]& op[1]& op[0]
&~i_mul_type;
        assign    fence      =    ~op[6]&~op[5]&~op[4]& op[3]& op[2]& op[1]& op[0];
        assign   connect_type =    op[6]& op[5]& op[4]& op[3]& op[2]& op[1]& op[0];

        assign    i_add      =    r_type&~func3[2]&~func3[1]&~func3[0]&~func7[5];
        assign    i_sub      =    r_type&~func3[2]&~func3[1]&~func3[0]&func7[5]    ;
        assign    i_and      =    r_type& func3[2]& func3[1]& func3[0]             ;
        assign    i_or       =    r_type& func3[2]& func3[1]&~func3[0]             ;
        assign    i_xor      =    r_type& func3[2]&~func3[1]&~func3[0]             ;
        assign    i_sll      =    r_type&~func3[2]&~func3[1]& func3[0]             ;
        assign    i_srl      =    r_type& func3[2]&~func3[1]& func3[0]&~func7[5]   ;
        assign    i_sra      =    r_type& func3[2]&~func3[1]& func3[0]& func7[5]   ;
        assign    i_slt      =    r_type&~func3[2]& func3[1]&~func3[0]             ;
        assign    i_sltu     =    r_type&~func3[2]& func3[1]& func3[0]             ;
```

```verilog
//assign   i_jr    =   r_type&~func3[2]&~func3[1]&~func3[0]           ;
//assign   i_jalr  =   op[6] & op[5] &~op[4] &~op[3] & op[2] & op[1] & op[0];
assign   i_type   =  ~op[6]&~op[5]& op[4]&~op[3]&~op[2]& op[1]& op[0]   ;
assign   i_addi   =   i_type & ~func3[2]&~func3[1]&~func3[0]            ;
assign   i_andi   =   i_type &  func3[2]& func3[1]& func3[0]            ;
assign   i_ori    =   i_type &  func3[2]& func3[1]&~func3[0]            ;
assign   i_xori   =   i_type &  func3[2]&~func3[1]&~func3[0]            ;
assign   i_slti   =   i_type & ~func3[2]& func3[1]&~func3[0]            ;
assign   i_sltiu  =   i_type & ~func3[2]& func3[1]& func3[0]            ;
assign   i_slli   =   i_type & ~func3[2]&~func3[1]& func3[0]            ;
assign   i_srli   =   i_type &  func3[2]&~func3[1]& func3[0]&~func7[5]  ;
assign   i_srai   =   i_type &  func3[2]&~func3[1]& func3[0]& func7[5]  ;

assign   s_type   =  ~op[6]& op[5]&~op[4]&~op[3]&~op[2]& op[1]& op[0]   ;
assign   i_sw     =   s_type& ~func3[2]& func3[1]&~func3[0]             ;
assign   i_sh     =   s_type& ~func3[2]&~func3[1]& func3[0]             ;
assign   i_sb     =   s_type& ~func3[2]&~func3[1]&~func3[0]             ;

assign   i2_type  =  ~op[6]&~op[5]&~op[4]&~op[3]&~op[2]& op[1]& op[0]   ;
assign   i_lw     =   i2_type & ~func3[2]& func3[1]&~func3[0]           ;
assign   i_lb     =   i2_type &  func3[2]& func3[1]& func3[0]           ;
assign   i_lh     =   i2_type & ~func3[2]&~func3[1]& func3[0]           ;
assign   i_lbu    =   i2_type &  func3[2]&~func3[1]&~func3[0]           ;
assign   i_lhu    =   i2_type &  func3[2]&~func3[1]& func3[0]           ;

assign   b_type   = op[6] & op[5] &~op[4] &~op[3] &~op[2] & op[1] & op[0];
assign   i_beq    =   b_type& ~func3[2]&~func3[1]&~func3[0]             ;
assign   i_bne    =   b_type& ~func3[2]&~func3[1]& func3[0]             ;
assign   i_blt    =   b_type&  func3[2]&~func3[1]&~func3[0]             ;
assign   i_bge    =   b_type&  func3[2]&~func3[1]& func3[0]             ;
assign   i_bltu   =   b_type&  func3[2]& func3[1]&~func3[0]             ;
assign   i_bgeu   =   b_type&  func3[2]& func3[1]& func3[0]             ;
```

```
        assign     i_mul_type  =~op[6] & op[5] & op[4]&~op[3] &~op[2] & op[1] & op[0]
&~func7[6]&~func7[5] & ~func7[4]&~func7[3]&~func7[2]& ~func7[1]& func7[0];
        assign     i_mul     =      i_mul_type & ~func3[2]&~func3[1]&~func3[0] ;
        assign     i_mulhu   =      i_mul_type & ~func3[2]& func3[1]& func3[0] ;

        assign     i_lui     =~op[6] & op[5] & op[4] &~op[3] & op[2] & op[1] & op[0];
        assign     i_auipc   =~op[6] &~op[5] & op[4] &~op[3] & op[2] & op[1] & op[0];
        assign     i_jal     = op[6] & op[5] &~op[4] & op[3] & op[2] & op[1] & op[0];
        assign     i_jalr    = op[6] & op[5] &~op[4] &~op[3] & op[2] & op[1] & op[0];

        assign     i_csrrw  = i_csr & ~func3[2]&~func3[1]& func3[0]              ;
        assign     i_csrrs  = i_csr & ~func3[2]& func3[1]&~func3[0]              ;
        assign     i_csrrc  = i_csr & ~func3[2]& func3[1]& func3[0]              ;
        assign     i_csrrwi = i_csr &  func3[2]&~func3[1]& func3[0]              ;
        assign     i_csrrsi = i_csr &  func3[2]& func3[1]&~func3[0]              ;
        assign     i_csrrci = i_csr &  func3[2]& func3[1]& func3[0]              ;
        assign     i_ecall  = i_csr &~func3[2]&~func3[1]&~func3[0]    &
~func7[6]&~func7[5] & ~func7[4]&~func7[3]&~func7[2]& ~func7[1]&~func7[0]     ;
        assign     i_ebreak = i_csr &~func3[2]&~func3[1]&~func3[0] &
~func7[6]&~func7[5] & ~func7[4]&~func7[3]&~func7[2]& ~func7[1]&~func7[0]          ;
        assign     i_mret    = i_csr & ~func7[6]&~func7[5] & func7[4]&
func7[3]&~func7[2] & ~func7[1]&~func7[0] & ~func3[2]&~func3[1]&~func3[0];
        assign     i_io_wr      = connect_type& ~func3[2]&~func3[1]&~func3[0] ;
        assign     i_io_rd      = connect_type& ~func3[2]&~func3[1]& func3[0] ;
        assign     i_coreg_rd   = connect_type& ~func3[2]& func3[1]& func3[0] ;
        assign     i_coreg_wr   = connect_type& ~func3[2]& func3[1]&~func3[0] ;

        assign     east_rden  = (i_io_rd | i_coreg_rd)&&~rs[1]&&~rs[0];
        assign     west_rden  = (i_io_rd | i_coreg_rd)&&~rs[1]&& rs[0];
        assign     south_rden = (i_io_rd | i_coreg_rd)&& rs[1]&&~rs[0];
        assign     north_rden = (i_io_rd | i_coreg_rd)&& rs[1]&& rs[0];

        assign     east_wren  = (i_io_wr | i_coreg_wr)&&~rs[1]&&~rs[0];
        assign     west_wren  = (i_io_wr | i_coreg_wr)&&~rs[1]&& rs[0];
        assign     south_wren = (i_io_wr | i_coreg_wr)&& rs[1]&&~rs[0];
        assign     north_wren = (i_io_wr | i_coreg_wr)&& rs[1]&& rs[0];
```

```verilog
        assign    i_rs    =    i_add  | i_sub | i_and | i_or  | i_xor | i_sll | i_srl
| i_sra | i_slt |i_sltu  |
                          i_addi | i_andi| i_ori | i_xori| i_lw  | i_sw  | i_beq |
i_bne | i_slti| i_sltiu|
                          i_jalr | i_bgeu| i_bltu| i_bge | i_blt | i_lhu | i_lbu |
i_lh  | i_lb  | i_slli |
                          i_sb   | i_sh  | i_srai| i_srli|i_csrrw|i_csrrs|i_csrrc ;

        assign unimplemented_i = ~(    i_add  | i_sub | i_and | i_or  | i_xor | i_sll
| i_srl | i_sra | i_slt |i_sltu  |
                          i_addi | i_andi| i_ori | i_xori| i_lw  | i_sw  |
i_beq | i_bne | i_slti| i_sltiu|
                          i_jalr | i_bgeu| i_bltu| i_bge | i_blt | i_lhu |
i_lbu | i_lh  | i_lb  | i_slli |
                          i_sb   | i_sh  | i_srai|
i_srli|i_csrrw|i_csrrs|i_csrrc|i_ecall|i_ebreak| i_jal |
                          i_auipc|i_lui  |i_csrrwi|i_csrrsi|i_csrrci |NOP
|i_mret | fence |i_mul_type |i_io_wr|
                          i_io_rd| i_coreg_rd | i_coreg_wr );
     assign    i_rt    =    r_type  | s_type | b_type | i_coreg_wr;

     assign   i_csr   = op[6]&op[5]& op[4]& ~op[3]& ~op[2]& op[1]& op[0]      ;

     assign    wen_csr = i_csr&~(rs == 5'b0)&~(csrimm== 5'b0);
     assign    rd_mem   =    i2_type  |s_type;


     assign exception_code       =
unimplemented_i?32'd2:intr?32'd11:i_ebreak?32'd3:0;
     assign intr_en             = unimplemented_i | intr&MIE | i_ebreak ;
     assign brush_intr          = intr_en | i_mret;

     assign   nostall =    ~(ewreg & em2reg & (ern!=0) & (i_rs & (ern == rs ) | i_rt
& (ern == rt)));

     always@(ewreg or mwreg or ern or mrn or em2reg or mm2reg or rs or rt )
     begin
```

```verilog
            fwda = 2'b00;
            if(ewreg & (ern != 0) & (ern == rs) & ~em2reg) begin
                fwda = 2'b01;  //select exe_alu
                end
            else if(mwreg & (mrn!=0) & (mrn == rs ) & ~mm2reg ) begin
                fwda = 2'b10; // select mem_alu
                end
            else if(mwreg & (mrn!=0) & (mrn == rs ) & mm2reg )  begin
                fwda = 2'b11; // select mem_lw
                end

        end

        always@(ewreg or mwreg or ern or mrn or em2reg or mm2reg or rs or rt )
        begin
            fwdb = 2'b00;
            if(ewreg & (ern != 0) & (ern == rt) & ~em2reg) begin
                fwdb = 2'b01;  //select exe_alu
                end
            else if(mwreg & (mrn!=0) & (mrn == rt ) & ~mm2reg ) begin
                fwdb = 2'b10; // select mem_alu
                end
            else if(mwreg & (mrn!=0) & (mrn == rt ) & mm2reg )  begin
                fwdb = 2'b11; // select mem_lw
                end

        end

        assign wreg = (    r_type   | i_type | i2_type | i_lui | i_auipc | i_jal | i_jalr
|i_csr |i_coreg_rd)& nostall&~ecancel & ~exc_ovr & ~dsuspend&~ebrush;
        assign mul_wreg = i_mul_type;
        //assign regrt = i_addi| i_andi| i_ori| i_xori | i_lw  | i_lui | i_mfc0;
        assign jal    = i_jal | i_jalr;
        assign m2reg = i2_type ;
        assign shift = i_sll | i_srl | i_sra | i_slli | i_srli | i_srai ;
        assign aluimm= i_type| i2_type  | s_type | i_auipc;
        assign sext  = i_addi| i_lw  | i_sw | i_slti | i_andi | i_sltiu | i_ori | i_xori
```

```verilog
|i2_type | s_type |b_type;
    assign i_shift = i_slli | i_srli | i_srai ;
    assign i_s    = i_sw | i_sb | i_sh;

    /*assign aluc[3] = i_sra;
    assign aluc[2] = i_sub | i_or  | i_srl | i_sra | i_ori | i_lui;
    assign aluc[1] = i_xor | i_sll | i_srl | i_sra | i_xori| i_beq |
                     i_bne | i_lui;
    assign aluc[0] = i_and | i_or  | i_sll | i_srl | i_sra | i_andi |
                     i_ori;*/
    wire alu_add ,alu_sub , alu_and , alu_or  ,alu_xor , alu_lui , alu_sll ,
alu_srl , alu_sra , alu_slt , alu_sltu;


    assign alu_add = i_add | i_addi | i_lw  | i_sw  | i_lhu | i_lbu | i_lh  | i_lb
|i_sb  | i_sh  | i_auipc | i_csr;
    assign alu_sub = i_sub ;
    assign alu_and = i_and    | i_andi;
    assign alu_or  = i_or     | i_ori;
    assign alu_xor = i_xor    |i_xori;
    assign alu_lui = i_lui;
    assign alu_sll = i_slli   | i_sll;
    assign alu_srl = i_srli   | i_srl;
    assign alu_sra = i_srai   | i_sra;
    assign alu_slt = i_slt    | i_slti;
    assign alu_sltu= i_sltu   | i_sltiu;
    assign alu_mul = i_mul;
    assign alu_mulhu = i_mulhu;

    always@(*)
    begin
    case({alu_mulhu,alu_mul,alu_add , alu_sub , alu_and , alu_or , alu_xor ,
alu_lui , alu_sll , alu_srl , alu_sra , alu_slt , alu_sltu})
        13'h1000:aluc= 4'd12;      //alu_mulhu
        12'h800:aluc = 4'd11;      //alu_mul
        13'h400:aluc = 4'd0;       //alu_add
        13'h200:aluc = 4'd1;       //alu_sub
```

```verilog
            13'h100:aluc = 4'd2;       //alu_and
            13'h80 :aluc = 4'd3;       //alu_or
            13'h40 :aluc = 4'd4;       //alu_xor
            13'h20 :aluc = 4'd5;       //alu_lui
            13'h10 :aluc = 4'd7;       //alu_srl
            13'h8  :aluc = 4'd6;       //alu_sll
            13'h4  :aluc = 4'd8;       //alu_sra
            13'h2  :aluc = 4'd9;       //alu_slt
            13'h1  :aluc = 4'd10;      //alu_sltu
            default:aluc = 4'd0;
        endcase
    end

    //assign a_eq_b = (a==b) ;
    //
    //
    //
    //compare2 com(    .a        (a        ),
    //                 .b        (b        ),
    //                 .more     (more     ),
    //                 .moreu    (moreu    )
    //);

    //always@(posedge clk ) begin
    //if(~rst_n)begin
    //a1 = 0;
    //b1 = 0;end
    //else begin
    //a1 <= a;
    //b1 <= b;end
    //end


    //assign brush = i_beq& (sign^a_eq_b) | i_bne & ~(sign^a_eq_b) | i_blt &
~(more^sign) | i_bltu & ~(moreu^sign) | i_bge& (more^sign) |i_bgeu & (moreu^sign)
|i_jalr;
    //assign pc_brush = i_jalr?a:sign&(i_beq&~a_eq_b | i_bne&a_eq_b | i_blt & more
```

```
    | i_bltu & moreu | i_bge&~more | i_bgeu & ~moreu)?bpc4:bpcx;
    assign brush = i_jalr;
    assign pc_brush = a;
    
    //always@(* )begin
    //case({i_beq,i_bne,i_blt,i_bltu,i_bge,i_bgeu})
    //6'b100000:begin
    //          case({a_eq_b,sign})
    //          2'b00:begin brush = 0;
    //                  pc_brush = 0;end
    //          2'b01:begin brush = 1;
    //                  pc_brush = bpc4;end
    //          2'b10:begin brush = 1;
    //                  pc_brush = bpcx;end
    //          2'b11:begin brush = 0;
    //                  pc_brush = 0;end
    //          endcase end
    //6'b010000:begin
    //          case({a_eq_b,sign})
    //          2'b00:begin brush = 1;
    //                  pc_brush = bpcx;end
    //          2'b01:begin brush = 0;
    //                  pc_brush = 0;end
    //          2'b10:begin brush = 0;
    //                  pc_brush = 0;end
    //          2'b11:begin brush = 1;
    //                  pc_brush = bpc4;end
    //          endcase end
    //6'b001000:begin
    //          case({more,sign})
    //          2'b00:begin brush = 1;
    //                  pc_brush = bpcx;end
    //          2'b01:begin brush = 0;
    //                  pc_brush = 0;end
    //          2'b10:begin brush = 0;
    //                  pc_brush = 0;end
    //          2'b11:begin brush = 1;
```

```
//                pc_brush = bpc4;end
//         endcase end
//
//6'b000100:begin
//        case({moreu,sign})
//        2'b00:begin brush = 1;
//                pc_brush = bpcx;end
//        2'b01:begin brush = 0;
//                pc_brush = 0;end
//        2'b10:begin brush = 0;
//                pc_brush = 0;end
//        2'b11:begin brush = 1;
//                pc_brush = bpc4;end
//        endcase
//        end
//
//6'b000010:begin
//        case({more,sign})
//        2'b00:begin brush = 0;
//                pc_brush = 0;end
//        2'b01:begin brush = 1;
//                pc_brush = bpc4;end
//        2'b10:begin brush = 1;
//                pc_brush = bpcx;end
//        2'b11:begin brush = 0;
//                pc_brush = 0;end
//        endcase
//        end
//6'b000001:begin
//        case({moreu,sign})
//        2'b00:begin brush = 0;
//                pc_brush = 0;end
//        2'b01:begin brush = 1;
//                pc_brush = bpc4;end
//        2'b10:begin brush = 1;
//                pc_brush = bpcx;end
//        2'b11:begin brush = 0;
//                pc_brush = 0;end
```

```verilog
//           endcase end
//default:begin brush = 0;   pc_brush = 0;end
//endcase
//end

    assign select_s = {i_sw,i_sh,i_sb};
    assign select_l = {i_lw,i_lh,i_lb};

    assign wmem    = (i_sw | i_sh | i_sb) & nostall & ~ecancel & ~exc_ovr & ~dsuspend &~ebrush;

    //assign pcsource[1] = i_jr | i_j | i_jal;
    //assign pcsource[0] = i_beq&rsrtequ | i_bne & ~rsrtequ | i_j | i_jal;

endmodule


// pipeif.v
`timescale 1ns / 1ps
module pipeif(
            pcsource,
            pc      ,
            bpc     ,
            rpc     ,
            jpc     ,
            npc     ,
            pc4     ,
            ins     ,
            selpc   ,
            epc     ,
            brush   ,
       //   q_rs1   ,
            ealu    ,
            malu    ,
            mmo     ,
            wreg    ,
            em2reg  ,
            ewreg   ,
            mm2reg  ,
```

```
                    mwreg    ,
                    drn      ,
                    ern      ,
                    mrn      ,
            //      i_rs1    ,
                    pc_brush,
                    relate   ,
                    suspend  ,
                    q_mepc   ,
                    q_mtvec  ,
                    brush_intr,
                    rd_mem   ,
                    erd_mem  ,
                    mrd_mem  ,
                    fence_block,
                    clk,
                    rst_n,
                    i_mul,
                    ebrush,
                    epc_brush

                    );

input   [31:0]      pc,bpc,rpc,jpc,epc,pc_brush;
input   [1:0]       pcsource              ;
input   [1:0]       selpc                 ;
input               brush                 ;
//input [31:0]      q_rs1                 ;
input   [31:0] ealu,malu,mmo              ;
input          wreg,em2reg,ewreg,mm2reg,mwreg  ;
input   [4:0]  drn,ern,mrn                ;
input   [31:0] q_mepc,q_mtvec;
input          brush_intr;
input      rd_mem,erd_mem,mrd_mem;
input      clk,rst_n;
input      ebrush;
input   [31:0] epc_brush;
```

```verilog
output  [31:0]    npc,pc4;
//output  [4:0]     i_rs1;
output            relate;
output            suspend;
output  [31:0]    ins;
output            fence_block;
output            i_mul;

parameter EXC_BASE = 32'h00000008;
parameter NOP = 32'h00000000;
reg     mul_nop;

wire [31:0] next_pc,j_b_npc,next_pc2;
wire    relate;
wire    prdt_taken;
wire    fence_block;

wire [31:0] ins0,ins1;
wire    i_mul;

/*mux4x32 m_next_pc (
            .a0 (pc4        ),
            .a1 (bpc        ),
            .a2 (rpc        ),
            .a3 (jpc        ),
            .s  (pcsource   ),
            .y  (next_pc    )
            );*/
//pipeimem inst_mem (
//              .a({2'b00,pc[31:2]}),
//              .spo(ins0)
//              );
//
inst_memort inst_mem(
                .Raddr({2'b00,pc[31:2]}),
                .Rdat(ins0)
                );
```

```verilog
        assign ins1 = (relate |fence_block) ?NOP:ins0;
        assign ins = (mul_nop)? NOP:ins1;
mux4x32 irq_pc (
            .a0 (next_pc      ),
            .a1 (q_mepc       ),
            .a2 (q_mtvec      ),
            .a3 (32'h0        ),
            .s  (selpc        ),
            .y  (next_pc2     )
            );

cla32 pc_plus4 (
            .a  (pc      )  ,
            .b  (32'h4   )  ,
            .ci (1'b0    )  ,
            .s  (pc4     )  ,
            .co ()
            );

mini_decode  decode(
                .ins         (ins   ),
                .pc          (pc    ),
                .j_b_npc     (j_b_npc),
                //.q_rs1       (q_rs1  ),
                .ealu        (ealu  ),
                .malu        (malu  ),
                .mmo         (mmo   ),
                .wreg        (wreg  ),
                .em2reg      (em2reg ),
                .ewreg       (ewreg ),
                .mm2reg      (mm2reg ),
                .mwreg       (mwreg ),
                .drn         (drn   ),
                .ern         (ern   ),
                .mrn         (mrn   ),
                .prdt_taken  (prdt_taken),
                .relate      (relate ),
                //.i_rs1       (i_rs1  ),
```

```verilog
                        .i_fence    (i_fence),
                        .ins0       (ins0   ),
                        .i_mul      (i_mul  ),
                        .clk        (clk    ),
                        .rst_n      (rst_n  )
        );

    assign  fence_block = (i_fence &( rd_mem | erd_mem | mrd_mem))?1'b1:1'b0;
    assign  next_pc =   prdt_taken ? j_b_npc :  pc4 ;
    assign  npc     =   ebrush?epc_brush:brush?pc_brush:next_pc2           ;
    assign  suspend = brush | brush_intr |ebrush;

    //pipeimem inst_mem (
    //              .a({2'b00,pc[31:2]}),
    //              .spo(ins0)
    //              );
    //always@(negedge clk)begin
    //case(relate)
    //0:ins = ins0;
    //1:ins = 32'b0;
    //default :ins = ins0;
    //endcase
    //end
    always@(posedge clk or negedge rst_n)begin
        if(~rst_n)
            mul_nop <=0;
        else
            mul_nop <=i_mul; end

endmodule


// pipeir.v
`timescale 1ns / 1ps
module pipeir(
            pc    ,
            pc4   ,
            ins   ,
            wir   ,
```

```verilog
                        clk     ,
                        clrn    ,
                        dpc4    ,
                        inst    ,
                        pcd     ,
                        suspend,
                        dsuspend
    );
    input   [31:0]  pc,pc4,ins;
    input           wir,clk,clrn;
    input           suspend;

    output  [31:0]  dpc4,inst,pcd;
    output      reg dsuspend;

    dffe32 pc_plus4 (
                        .d      (pc4    ),
                        .clk    (clk    ),
                        .rst_n  (clrn   ),
                        .e      (wir    ),
                        .q      (dpc4   )
                    );

    dffe32 instruction  (
                        .d      (ins    ),
                        .clk    (clk    ),
                        .rst_n  (clrn   ),
                        .e      (wir    ),
                        .q      (inst   )
                    );
    dffe32 pc_d         (
                        .d      (pc ),
                        .clk    (clk    ),
                        .rst_n  (clrn   ),
                        .e      (wir    ),
                        .q      (pcd    )
                    );
```

```verilog
    always@(posedge clk or negedge clrn)
    begin
        if(!clrn)
            dsuspend    <= 0           ;
        else
            dsuspend    <= suspend ;

    end
endmodule
```

```verilog
// pipelinedcpu.v
`timescale 1ns / 1ps
module pipelinedcpu(    clock,
                        resetn,
                        //pc,
                        intr,
                        led
                        //inst,
                        //ealu,
                        //malu,
                        //walu,
                        //inta,

                        //east_valid         ,
                        //south_valid        ,
                        //west_valid         ,
                        //north_valid        ,
                        //east_i_ack         ,
                        //south_i_ack        ,
                        //west_i_ack         ,
                        //north_i_ack        ,
                        //east_ack           ,
                        //south_ack          ,
                        //west_ack           ,
                        //north_ack          ,
                        //east_o_valid       ,
                        //south_o_valid      ,
```

```
                    //west_o_valid   ,
                    //north_o_valid  ,
                    //east_indata0   ,
                    //south_indata0  ,
                    //west_indata0   ,
                    //north_indata0  ,
                    //east_outdata   ,
                    //south_outdata  ,
                    //west_outdata   ,
                    //north_outdata

);
input              clock,resetn;
input              intr;
wire/*input*/      east_valid,south_valid,west_valid,north_valid;
wire/*input*/      east_i_ack,south_i_ack,west_i_ack,north_i_ack;
wire/*input*/      [31:0] east_indata0,south_indata0,west_indata0,north_indata0;

wire/*output*/     [31:0] pc,inst,ealu,malu,walu,einst;
wire/*output*/            inta;
wire/*output*/            east_ack,south_ack,west_ack,north_ack;
wire/*output*/            east_o_valid,south_o_valid,west_o_valid,north_o_valid;
wire/*output*/     [31:0] east_outdata,south_outdata,west_outdata,north_outdata;
output             [15:0]led;

parameter EXC_BASE = 32'h00000008;

wire    [31:0] bpc,jpc,npc,pc4,ins,dpc4,da,db,dimm,ea,eb,eimm,pc_brush,simm,esimm,b;
wire    [31:0] epc4,mb,mmo,wmo,wdi;
wire    [4:0]  drn,ern0,ern,mrn,wrn;
wire    [3:0]  daluc,ealuc;
wire    [1:0]  pcsource;
wire           wpcir;
wire           dwreg,dm2reg,dwmem,daluimm,dshift,djal;
```

```verilog
    wire          ewreg,em2reg,ewmem,ealuimm,eshift,ejal;
    wire          mwreg,mm2reg,mwmem;
    wire          wwreg,wmreg;

    wire   [31:0] pcd;
    wire   [1:0]  selpc;
    wire   [31:0] sta,cau,epc;
    wire   [1:0]  emfc0;
    wire          earith,ecancel,eisbr    ;
    wire   [31:0] pce      ;
    wire          arith    ;
    wire          cancel   ;
    wire          isbr     ;
    wire   [1:0]  mfc0     ;
    wire          misbr    ;
    wire   [31:0] pcm      ;
    wire          ov       ;
    wire          relate   ;
    wire   [4:0]  i_rs1    ;
    wire   [31:0] q_rs1    ;
    wire          suspend,dsuspend;
    wire          brush;
    wire          i_shift;
    wire          i_s      ;
    wire          i_lui    ;
    wire          i_auipc;
    wire   [19:0] uimm,euimm;
    wire   [2:0]  select_s,select_l,eselect_s,eselect_l,mselect_s,mselect_l;
    wire   [31:0] q_mepc   , q_mtvec;
    wire          brush_intr;
    wire          rd_mem,erd_mem,mrd_mem;
    wire          fence_block;
    wire          i_mul,sign,esign,b_type,eb_type;
    wire   [31:0] bpcx,ebpcx,epc_brush;
    wire          ebrush;

    pipepc prog_cnt    (
                .npc    (npc    ),
```

```
                    .wpc       (wpcir&~relate&~fence_block &~i_mul),
                    .clk       (clock   ),
                    .clrn      (resetn  ),
                    .pc        (pc      )
                    );

    pipeif  if_stage   (
                    .pcsource    (pcsource    ),
                    .pc          (pc          ),
                    .bpc         (bpc         ),
                    .rpc         (rpc         ),
                    .jpc         (jpc         ),
                    .npc         (npc         ),
                    .pc4         (pc4         ),
                    .ins         (ins         ),
                    .selpc       (selpc       ),
                    .epc         (epc         ),
                    .brush       (brush       ),
                    //.q_rs1     (q_rs1       ),
                    .ealu        (ealu        ),
                    .malu        (malu        ),
                    .mmo         (mmo         ),
                    .wreg        (dwreg       ),
                    .em2reg      (em2reg      ),
                    .ewreg       (ewreg       ),
                    .mm2reg      (mm2reg      ),
                    .mwreg       (mwreg       ),
                    .drn         (drn         ),
                    .ern         (ern         ),
                    .mrn         (mrn         ),
                    //.i_rs1     (i_rs1       ),
                    .pc_brush    (pc_brush    ),
                    .relate      (relate      ),
                    .suspend     (suspend     ),
                    .q_mepc      (q_mepc      ),
                    .q_mtvec     (q_mtvec     ),
                    .brush_intr  (brush_intr  ),
                    .rd_mem      (rd_mem      ),
```

```
                .erd_mem    (erd_mem    ),
                .mrd_mem    (mrd_mem    ),
                .fence_block(fence_block),
                .clk        (clock      ),
                .rst_n      (resetn     ),
                .i_mul      (i_mul      ),
                .ebrush     (ebrush     ),
                .epc_brush  (epc_brush  )
                );

    pipeir  inst_reg    (
                .pc         (pc         ),
                .pc4        (pc4        ),
                .ins        (ins        ),
                .wir        (wpcir      ),
                .clk        (clock      ),
                .clrn       (resetn     ),
                .dpc4       (dpc4       ),
                .inst       (inst       ),
                .pcd        (pcd        ),
                .suspend    (suspend    ),
                .dsuspend   (dsuspend   )
                );

    pipeid  id_stage    (
                .mwreg      (mwreg      ),
                .mrn        (mrn        ),
                .ern        (ern        ),
                .ewreg      (ewreg      ),
                .em2reg     (em2reg     ),
                .mm2reg     (mm2reg     ),
                .dpc4       (dpc4       ),
                .inst       (inst       ),
                .wrn        (wrn        ),
                .wdi        (wdi        ),
                .ealu       (ealu       ),
                .malu       (malu       ),
                .mmo        (mmo        ),
```

```
.wwreg    (wwreg     ),
.clk      (clock     ),
.clrn     (resetn    ),
.bpc      (bpc       ),
.jpc      (jpc       ),
.pcsource (pcsource  ),
.nostall  (wpcir     ),
.wreg     (dwreg     ),
.m2reg    (dm2reg    ),
.wmem     (dwmem     ),
.aluc     (daluc     ),
.aluimm   (daluimm   ),
.a2       (da        ),
.b        (b         ),
.imm      (dimm      ),
.rd       (drn       ),
.shift    (dshift    ),
.jal      (djal      ),
.selpc    (selpc     ),
.sta      (sta       ),
.cau      (cau       ),
.epc      (epc       ),
.intr     (intr      ),
.ecancel  (ecancel   ),
.ov       (ov        ),//
.earith   (earith    ),
.eisbr    (eisbr     ),
.misbr    (misbr     ),
.inta     (inta      ),
.mfc0     (mfc0      ),
.isbr     (isbr      ),
.arith    (arith     ),
.cancel   (cancel    ),
.pc       (pc        ),
.pcd      (pcd       ),
.pce      (pce       ),
.pcm      (pcm       ),
.brush    (brush     ),
```

```verilog
    .pc_brush       (pc_brush       ),
    .dsuspend       (dsuspend       ),
    .simm           (simm           ),
    .i_shift        (i_shift        ),
    .i_s            (i_s            ),
    .i_lui          (i_lui          ),
    .i_auipc        (i_auipc        ),
    .uimm           (uimm           ),
    .select_s       (select_s       ),
    .select_l       (select_l       ),
//  .i_rs1          (i_rs1          ),
//  .q_rs1          (q_rs1          ),
    .i_csr          (i_csr          ),
    .q_mepc         (q_mepc         ),
    .q_mtvec        (q_mtvec        ),
    .brush_intr     (brush_intr     ),
    .rd_mem         (rd_mem         ),
    .mul_wreg       (mul_wreg       ),
    .east_valid     (east_valid     ),
    .south_valid    (south_valid    ),
    .west_valid     (west_valid     ),
    .north_valid    (north_valid    ),
    .east_i_ack     (east_i_ack     ),
    .south_i_ack    (south_i_ack    ),
    .west_i_ack     (west_i_ack     ),
    .north_i_ack    (north_i_ack    ),
    .east_ack       (east_ack       ),
    .south_ack      (south_ack      ),
    .west_ack       (west_ack       ),
    .north_ack      (north_ack      ),
    .east_o_valid   (east_o_valid   ),
    .south_o_valid  (south_o_valid  ),
    .west_o_valid   (west_o_valid   ),
    .north_o_valid  (north_o_valid  ),
    .east_indata0   (east_indata0   ),
    .south_indata0  (south_indata0  ),
    .west_indata0   (west_indata0   ),
    .north_indata0  (north_indata0  ),
```

```
                    .east_outdata   (east_outdata  ),
                    .south_outdata  (south_outdata ),
                    .west_outdata   (west_outdata  ),
                    .north_outdata  (north_outdata ),
                    .led            (led           ),
                    .sign           (sign          ),
                    .b_type         (b_type        ),
                    .bpcx           (bpcx          ),
                    .ebrush         (ebrush        )

                );

    pipedereg   de_reg  (
                    .dwreg          (dwreg         ),
                    .dm2reg         (dm2reg        ),
                    .dwmem          (dwmem         ),
                    .daluc          (daluc         ),
                    .daluimm        (daluimm       ),
                    .da             (da            ),
                    .db             (b             ),
                    .dimm           (dimm          ),
                    .simm           (simm          ),
                    .drn            (drn           ),
                    .dshift         (dshift        ),
                    .djal           (djal          ),
                    .dpc4           (dpc4          ),
                    .clk            (clock         ),
                    .clrn           (resetn        ),
                    .ewreg          (ewreg0        ),
                    .em2reg         (em2reg        ),
                    .ewmem          (ewmem         ),
                    .ealuc          (ealuc         ),
                    .ealuimm        (ealuimm       ),
                    .ea             (ea            ),
                    .eb             (eb            ),
                    .eimm           (eimm          ),
                    .ern            (ern0          ),
                    .eshift         (eshift        ),
```

```
.ejal       (ejal       ),
.epc4       (epc4       ),
.arith      (arith      ),
.cancel     (cancel     ),
.isbr       (isbr       ),
.mfc0       (mfc0       ),
.pcd        (pcd        ),
.earith     (earith     ),
.ecancel    (ecancel    ),
.eisbr      (eisbr      ),
.emfc0      (emfc0      ),
.pce        (pce        ),
.esimm      (esimm      ),
.i_shift    (i_shift    ),
.i_s        (i_s        ),
.i_lui      (i_lui      ),
.i_auipc    (i_auipc    ),
.ei_shift   (ei_shift   ),
.ei_s       (ei_s       ),
.ei_lui     (ei_lui     ),
.ei_auipc   (ei_auipc   ),
.uimm       (uimm       ),
.euimm      (euimm      ),
.select_s   (select_s   ),
.select_l   (select_l   ),
.eselect_s  (eselect_s  ),
.eselect_l  (eselect_l  ),
.i_csr      (i_csr      ),
.ei_csr     (ei_csr     ),
.rd_mem     (rd_mem     ),
.erd_mem    (erd_mem    ),
.mul_wreg   (mul_wreg   ),
.emul_wreg  (emul_wreg  ),
.sign       (sign       ),
.esign      (esign      ),
.b_type     (b_type     ),
.eb_type    (eb_type    ),
.inst       (inst       )  ,
```

```
                .einst      (einst   ),
                .bpcx       (bpcx   ) ,
                .ebpcx      (ebpcx  )
                );

pipeexe     exe_stage(
                .clk        (clock   ),
                .rst_n      (resetn  ),
                .ealuc      (ealuc   ),
                .ealuimm    (ealuimm ),
                .ea         (ea      ),
                .eb         (eb      ),
                .eimm       (eimm    ),
                .esimm      (esimm   ),
                .eshift     (eshift  ),
                .ern0       (ern0    ),
                .epc4       (epc4    ),
                .ejal       (ejal    ),
                .ern        (ern     ),
                .ealu       (ealu    ),
                .sta        (sta     ),
                .cau        (cau     ),
                .epc        (epc     ),
                .emfc0      (emfc0   ),
                .ov         (ov      ),
                .ewreg0     (ewreg0  ),
                .ewreg      (ewreg   ),
                .earith     (earith  ),
                .ei_sw      (ei_s    ),
                .euimm      (euimm   ),
                .ei_auipc   (ei_auipc ),
                .ei_shift   (ei_shift ),
                .ei_lui     (ei_lui  ),
                .pce        (pce     ),
                .ei_csr     ( ei_csr ),
                .emul_wreg  (emul_wreg ),
                .sign       (esign   ),
                .eb_type    (eb_type ),
```

```verilog
                .einst      (einst      ),
                .ebpcx      (ebpcx      ),
                .brush      (ebrush     ),
                .pc_brush   (epc_brush  )

                );

    pipeemreg   em_reg (
                .ewreg      (ewreg      ),
                .em2reg     (em2reg     ),
                .ewmem      (ewmem      ),
                .ealu       (ealu       ),
                .eb         (eb         ),
                .ern        (ern        ),
                .clk        (clock      ),
                .clrn       (resetn     ),
                .mwreg      (mwreg      ),
                .mm2reg     (mm2reg     ),
                .mwmem      (mwmem      ),
                .malu       (malu       ),
                .mb         (mb         ),
                .mrn        (mrn        ),
                .misbr      (misbr      ),
                .pcm        (pcm        ),
                .eisbr      (eisbr      ),
                .pce        (pce        ),
                .eselect_s  (eselect_s  ),
                .eselect_l  (eselect_l  ),
                .mselect_s  (mselect_s  ),
                .mselect_l  (mselect_l  ),
                .erd_mem    (erd_mem    ),
                .mrd_mem    (mrd_mem    )
                );

    mem_stage mem_stage1 (
                .mselect_s  (mselect_s  ),
                .mselect_l  (mselect_l  ),
                .mwmem      (mwmem      ),
```

```verilog
                    .malu       (malu      ),
                    .mb         (mb        ),
                    .clock      (clock     ),
                    .mmo        (mmo       )

                    );

        pipemwreg    mw_reg   (
                    .mwreg      (mwreg     ),
                    .mm2reg     (mm2reg    ),
                    .mmo        (mmo       ),
                    .malu       (malu      ),
                    .mrn        (mrn       ),
                    .clk        (clock     ),
                    .clrn       (resetn    ),
                    .wwreg      (wwreg     ),
                    .wm2reg     (wm2reg    ),
                    .wmo        (wmo       ),
                    .walu       (walu      ),
                    .wrn        (wrn       )
                    );

    mux2x32 wb_stage    (
                    .a0 (walu   ),
                    .a1 (wmo    ),
                    .s  (wm2reg ),
                    .y  (wdi    )

        );
endmodule


// pipemwreg.v
`timescale 1ns / 1ps
module pipemwreg(
            mwreg   ,
            mm2reg  ,
            mmo     ,
            malu    ,
```

```verilog
            mrn     ,
            clk     ,
            clrn    ,
            wwreg   ,
            wm2reg  ,
            wmo     ,
            walu    ,
            wrn
    );

    input   [31:0]  mmo,malu;
    input   [4:0]   mrn;
    input           clk,clrn;
    input           mwreg,mm2reg;

    output  reg [31:0]  wmo,walu;
    output  reg [4:0]   wrn;
    output  reg         wwreg,wm2reg;

    always@(posedge clk or negedge clrn)begin
    if(~clrn)begin
        wwreg   <=0;
        wm2reg  <=0;
        wmo     <=0;
        walu    <=0;
        wrn     <=0;end
    else begin
        wwreg   <=mwreg ;
        wm2reg  <=mm2reg ;
        wmo     <=mmo   ;
        walu    <=malu  ;
        wrn     <=mrn   ;end
    end
endmodule


// pipepc.v
`timescale 1ns / 1ps
module pipepc(
```

```verilog
              npc       ,
              wpc       ,
              clk       ,
              clrn      ,
              pc
    );
    input   [31:0]  npc         ;
    input           wpc,clk,clrn;

    output  [31:0]  pc          ;

    dffe32 program_counter  (
                        .d      (npc    ),
                        .clk    (clk    ),
                        .rst_n  (clrn   ),
                        .e      (wpc    ),
                        .q      (pc     )
                        );
endmodule
```

```verilog
// regfile.v
`timescale 1ns / 1ps
module regfile( rna,
                rnb,
                d,
                wn,
                we,
                clk,
                rst_n,
                qa,
                qb,
                //rnj,
                //q_rs1,
                reg_led
    );

    input   [4:0]   rna,rnb,wn      ;
    input   [31:0]  d               ;
```

```verilog
    input            we,clk,rst_n         ;

    output   [31:0]  qa,qb                ;
    output   [15:0]  reg_led;
    reg      [31:0]  register[1:31]       ;      //31*32-bits    regs

    //2 read   ports

    assign   qa  =  (rna    == 0  )?  0  :  register[rna]  ;
    assign   qb  =  (rnb    == 0  )?  0  :  register[rnb]  ;
    //assign   q_rs1 =  (rnj    == 0  )?  0  :  register[rnj]  ;
    assign   reg_led = register[1][15:0];

    //1 write   port
    integer i ;
    always@(posedge clk or negedge rst_n)
    begin
        if(!rst_n)
        begin

            for(i=1;   i<32;   i=i+1  )
                register[i] <= 0   ;
        end
        else if(   (wn!=0) &&  we  )
            register[wn]    <= d  ;
    end

endmodule


// shift.v
`timescale 1ns / 1ps
module shift(d,sa,right,arith,sh
    );

    input   [31:0]   d             ;
    input   [4:0]    sa            ;
    input            right,arith   ;
```

```verilog
    output [31:0] sh            ;

    reg    [31:0] sh;

    always@(*)
    begin
        if(!right)
            sh = d  <<  sa ;
        else if(!arith)
            sh = d  >>  sa ;
        else
            sh = $signed(d) >>> sa ;

    end
endmodule
```

反侵权盗版声明

电子工业出版社依法对本作品享有专有出版权。任何未经权利人书面许可，复制、销售或通过信息网络传播本作品的行为；歪曲、篡改、剽窃本作品的行为，均违反《中华人民共和国著作权法》，其行为人应承担相应的民事责任和行政责任，构成犯罪的，将被依法追究刑事责任。

为了维护市场秩序，保护权利人的合法权益，我社将依法查处和打击侵权盗版的单位和个人。欢迎社会各界人士积极举报侵权盗版行为，本社将奖励举报有功人员，并保证举报人的信息不被泄露。

举报电话：（010）88254396；（010）88258888

传　　真：（010）88254397

E-mail： dbqq@phei.com.cn

通信地址：北京市万寿路 173 信箱
　　　　　电子工业出版社总编办公室

邮　　编：100036